基于 Hadoop 的大数据分析和处理

魏祖宽　刘兆宏　编著

电子工业出版社
Publishing House of Electronics Industry
北京·BEIJING

内 容 简 介

本书基于云计算和大数据，介绍大数据处理和分析的技术，分为两部分。第一部分介绍 Hadoop 基础知识，内容包括：Hadoop 的介绍和集群构建、Hadoop 的分布式系统架构、MapReduce 及其应用、Hadoop 的版本特征及进化。第二部分介绍以云计算为主题，详细论述利用 Hadoop 的大数据分析和处理工具，以及 NoSQL 技术，内容包括：云计算和 Hadoop、Amazon 服务中的 MapReduce 应用、Hadoop 应用下的大数据分析、NoSQL、HBase。提供配套电子课件。

本书不单纯地讲述理论和概念，而是基于具体的工具和技术（Hadoop 和 NoSQL），利用大量实际案例，通过实际的操作和应用来组织大数据处理和分析技术，有利于读者从工程应用的角度进行实际掌握和利用。

本书可作为高等学校计算机和软件等专业高年级本科生和研究生相关课程的教材和课程实习用书，也可作为软件工程技术人员的参考用书。

未经许可，不得以任何方式复制或抄袭本书之部分或全部内容。
版权所有，侵权必究。

图书在版编目（CIP）数据

基于 Hadoop 的大数据分析和处理 / 魏祖宽，刘兆宏编著. — 北京：电子工业出版社，2017.6
ISBN 978-7-121-31739-2

I. ①基… II. ①魏… ②刘… III. ①数据处理软件－高等学校－教材 IV. ①TP274

中国版本图书馆 CIP 数据核字（2017）第 124131 号

策划编辑：王羽佳
责任编辑：王羽佳　　　文字编辑：陈晓莉
印　　刷：北京虎彩文化传播有限公司
装　　订：北京虎彩文化传播有限公司
出版发行：电子工业出版社
　　　　　北京市海淀区万寿路 173 信箱　　邮编：100036
开　　本：787×1092　1/16　印张：16.75　字数：510 千字
版　　次：2017 年 6 月第 1 版
印　　次：2022 年 2 月第 5 次印刷
定　　价：45.00 元

凡所购买电子工业出版社图书有缺损问题，请向购买书店调换。若书店售缺，请与本社发行部联系，联系及邮购电话：（010）88254888，88258888。
质量投诉请发邮件至 zlts@phei.com.cn，盗版侵权举报请发邮件至 dbqq@phei.com.cn。
本书咨询联系方式：（010）88254535，wyj@phei.com.cn。

前　言

欧盟的"INFO2000 计划"中对内容产业的定义是：那些制造、开发、包装和销售信息产品及其服务的企业，其中包括在各种媒介上的印刷品（报纸、书籍、杂志等）、电子出版物（联机数据库、音像制品服务，以传真及光盘为基础的服务和电子游戏等）、音像传播（电视、录像、广播和影院），还有一些定义把部分软件业（包括课程软件）也放进去了。

"在不久的未来，信息服务内容的质量高低将取决于如何加工大数据"。

很久以前就已经感觉到，内容（contents），在大部分的服务和产品中，已经成为最重要的决定要素。最初由谷歌推出、最近各家厂商纷纷跟进的互联网电视就是这样一个例子，虽然产品硬件各有特色，但其中最核心的内容的提供才是吸引顾客的关键。

问题是，随着互联网技术的急速发展，构建信息内容的数据量也在急速增加。这类量级巨大、急速增加的数据信息被称为"大数据"。一般来讲，当我们说"信息内容的质量高低取决于如何加工信息大数据"的时候，就意味着优质、高效地加工这些信息大数据所对应的软件技术是必需的。

我们通过本书试图与读者们分享和思考"如何存储和处理这类信息大数据"。我们看到的 YouTube 或其他视频网站已经在多年前就在思考这些问题：适应不同的服务平台，根据顾客的兴趣，精心地经过推荐和过滤等环节，从成千上万个视频中向顾客提供高质量的内容视频。本书正是要介绍可以简单地完成这些数据加工任务的开源软件 Hadoop 及其关联工具，特别对和 Hadoop 一起用于实际大数据分析的专用工具进行了有深度的探讨，并基于图表和案例进行了形象的说明。比起对 Hadoop 的相关开源代码的理解来说，本书更着重于让读者在实战中对实际大数据分析平台的理解和见识。特别是在数据分析处理、平台架构构建时针对大数据处理所遇见的共通性必需技术进行了详细的介绍。

第一部分包括第 1~4 章，主要内容包括：Hadoop 的介绍和集群构建、Hadoop 分布式处理文件系统、大数据和 MapReduce、Hadoop 版本特征及进化。该部分从 Hadoop 的历史起源开始，分析 Hadoop 分布式文件系统的系统结构；讲述大数据分析所需的软件框架 MapReduce，并通过丰富的应用案例，探讨 MapReduce 应用；最后通过对 Hadoop 版本发展和各版本特征的讲述，描绘 Hadoop 的发展方向。

第二部分包括第 5~9 章，主要内容包括：云计算和 Hadoop，Amazon Elastic MapReduce 的倍增利用，Hadoop 应用下的大数据分析，数据中的 DBMS、NoSQL、HBase：Hadoop 中的 NoSQL。该部分从云计算的基本概念讲起，通过介绍 Amazon 的主要服务内容，详细了解将云计算和大数据有效结合的典型云服务——Amazon Hadoop 服务，对 Hive、Pig、EC2 等可供应用的技术进行了说明；通过了解 Mahout、R + RHive 和 Giraph Framework 等工具的设置方法和应用实例，进一步了解大数据分析的具体方法；最后介绍高度综合大数据存储、实时查询及分析功能为一体的 NoSQL 技术，并详细讲解了 Hadoop 生态界中的 NoSQL——HBase 技术。

我们向使用本书作为教材的教师提供配套电子课件，请登录华信教育资源网（http://www.hxedu.com.cn）注册下载。

本书的读者包括希望成为数据分析师、平台架构师的大学生、研究生和相关研发人员们，希望借此对中国的大数据的相关软件技术教育有相应的贡献。

鉴于科技发展迅速，作者虽已尽力，但书中误漏之处难免，敬请读者批评指正。

作者
2017 年春 于西南

目 录

第1章 Hadoop 的介绍和集群构建 ... 1
1.1 Hadoop 介绍 ... 1
1.1.1 云计算和 Hadoop ... 1
1.1.2 Hadoop 的历史 ... 3
1.2 Hadoop 构建案例 ... 5
1.2.1 欧美构建案例 ... 6
1.2.2 韩国构建案例 ... 6
1.3 构建 Hadoop 集群 ... 7
1.3.1 分布式文件系统 ... 8
1.3.2 构建 Hadoop 集群的准备事项 ... 11
1.3.3 构建伪分布式 ... 17
1.3.4 分布式集群（Cluster）构建 ... 28
1.4 Hadoop 分布式文件系统指令 ... 35
1.5 小结 ... 39

第2章 Hadoop 分布式处理文件系统 ... 40
2.1 Hadoop 分布式文件系统的设计 ... 40
2.2 概观 Hadoop 分布式文件系统的整体构造 ... 42
2.3 Namenode 的角色 ... 42
2.3.1 元数据管理 ... 43
2.3.2 元数据的安全保管——Edits 和 FsImage 文件及 Secondary Namenode ... 47
2.3.3 Datanode 管理 ... 50
2.4 Datanode 的角色 ... 57
2.4.1 block 管理 ... 57
2.4.2 数据的复制和过程 ... 60
2.4.3 Datanode 添加 ... 61
2.5 小结 ... 63

第3章 大数据和 MapReduce ... 65
3.1 大数据的概要 ... 65
3.1.1 大数据的概念 ... 66
3.1.2 大数据的价值创造 ... 67
3.2 MapReduce ... 68
3.2.1 MapReduce 示例：词频统计（Word Count） ... 69
3.2.2 MapReduce 开源代码：词频统计（Word Count）——Java 基础 ... 72
3.2.3 MapReduce 开源代码：词频统计（Word Count）——Ruby 语言基础 ... 74

3.3 MapReduce 的结构 ··· 76
3.3.1 通过案例了解 MapReduce 结构 ································ 76
3.3.2 从结构性角度进行的 MapReduce 最优化方案 ·········· 79
3.4 MapReduce 的容错性（Fault Tolerance） ································ 82
3.5 MapReduce 的编程 ··· 83
3.5.1 搜索 ·· 83
3.5.2 排序 ·· 84
3.5.3 倒排索引 ·· 85
3.5.4 查找热门词 ·· 86
3.5.5 合算数字 ·· 86
3.6 构建 Hadoop：通过 MapReduce 的案例介绍 ······························ 87
3.6.1 单词频率统计 MapReduce 的编程 ·· 88
3.6.2 MapReduce—用户界面 ··· 92
3.7 小结 ·· 97

第 4 章 Hadoop 版本特征及进化 ··· 98
4.1 Hadoop 0.1x 版本的 API ··· 99
4.2 Hadoop 附加功能（append） ··· 103
4.3 Hadoop 安全相关功能 ··· 105
4.4 Hadoop 2.0.0 alpha ··· 108
4.4.1 安装 Hadoop 2.0.0 ··· 108
4.4.2 Hadoop 分布式文件系统的更改 ·· 117
4.4.3 跨时代 MapReduce 框架：YARN ··· 124
4.5 小结 ·· 131

第 5 章 云计算和 Hadoop ··· 133
5.1 大规模 Hadoop 集群的构建和案例 ··· 133
5.2 云基础设施服务的登场 ·· 135
5.2.1 Amazon 云服务 ·· 136
5.3 在 Amazon EC2 中构建 Hadoop 集群 ··································· 151
5.3.1 Apache Whirr ·· 151
5.3.2 构建 Hadoop 集群 ·· 152
5.4 小结 ·· 155

第 6 章 Amazon Elastic MapReduce 的倍增利用 ························ 156
6.1 Amazon EMR 的活用 ··· 156
6.1.1 Amazon EMR 的概念 ··· 156
6.1.2 Amazon EMR 的构造 ··· 157
6.1.3 Amazon EMR 的特征 ··· 158
6.1.4 Amazon EMR 的 Job Flow 和 Step ······································ 159
6.1.5 使用 Amazon EMR 前需要了解的事项 ································· 159
6.1.6 Amazon EMR 的实战运用 ··· 165

6.2 小结 172

第7章 Hadoop 应用下的大数据分析 173

7.1 Hadoop 应用下的机器学习（Mahout） 173
    7.1.1 设置及编译 174
    7.1.2 K-means 聚类算法 176
    7.1.3 基于矢量相似度的协同过滤 181
    7.1.4 小结 187
7.2 基于 Hadoop 的统计分析 Rhive（R and Hive） 188
    7.2.1 R 的设置及灵活运用 188
    7.2.2 Hive 的设置及灵活运用 191
    7.2.3 RHive 的设置及灵活运用 194
    7.2.4 小结 200
7.3 利用 Hadoop 的图形数据处理 Giraph 200
7.4 小结 209

第8章 数据中的 DBMS，NoSQL 210

8.1 NoSQL 出现背景：大数据和 Web 2.0 211
    8.1.1 基于 Web 2.0 的大数据的登场 211
    8.1.2 基于大数据的 NoSQL 的登场 213
    8.1.3 适合大数据和 Web 2.0 的数据库 NoSQL 214
8.2 NoSQL 的定义和类别特征 218
8.3 NoSQL 数据模型概要和分类 221
8.4 NoSQL 数据模型化 223
    8.4.1 NoSQL 数据模型化基本概念 224
    8.4.2 一般的 NoSQL 建模方法 226
8.5 主要 NoSQL 的比较和选择 230
8.6 小结 233

第9章 HBase：Hadoop 中的 NoSQL 234

9.1 Hadoop 生态界中的 HBase 234
9.2 HBase 介绍 239
9.3 HBase 数据模型 240
    9.3.1 map 240
    9.3.2 持续性（persistent） 240
    9.3.3 分布性（distributed） 240
    9.3.4 排序性（sorted） 241
    9.3.5 多维性（multidimensional） 242
    9.3.6 稀疏性（sparse） 244
9.4 HBase 的数据库模式 245
9.5 HBase 构造 249
9.6 HBase 的构建及运行 251

9.7 HBase 的扩展——DuoBase 中的 HBase ··· 254
9.8 HBase 的用户定义索引 ·· 256
    9.8.1 HBase 用户定义索引——HFile 格式的扩展 ·· 257
    9.8.2 HBase 用户定义索引——Region 的扩展 ··· 257
9.9 小结 ··· 260

第 1 章 Hadoop 的介绍和集群构建

1.1 Hadoop 介绍
1.2 Hadoop 构建案例
1.3 构建 Hadoop 集群
1.4 Hadoop 界面
1.5 小结

※ 摘要

本章将对最近在大数据处理中广泛使用的 Hadoop 的历史和构建方法进行介绍。在介绍 Hadoop 的历史之前，将先提到作为 Hadoop 的前身——Nucth 和 Lucene 项目，以及 Hadoop 的创始人 Doug Cutting 将 Hadoop Distributed File System(HDFS)和 MapReduce 制作成开源代码的研发过程。Hadoop 构建案例将主要通过雅虎和 KT NEXR 等国内外案例来进行了解分析。在介绍 Hadoop 的构建方法过程中，将从 Hadoop 构建准备事项入手，再介绍通过使用单一服务器来构建伪分布模型的过程。构建伪分布模型 Hadoop 前，需要了解 SSH 的设定以及配置文件的设置方法，然后通过命令语言来使它运行。在用多台服务器构建分散型 Hadoop 模型时，也是采用同样的方法。本章最后部分为通过指令如何直接操作 Hadoop。

云计算时代已经来临。在云计算里，从 CloudStack 和 OpenStack 等基础设施管理开源代码开始，到 Hadoop 的大数据处理开源代码，涉及的众多领域产生了大量的开放源码。Hadoop 在大数据处理领域备受关注的同时被应用到了很多地方。我们引进 Hadoop 的时间并不长，随着 Hadoop 的发展，如今企业已经能够享受到大量的 Hadoop 相关服务。本章将提到以下几点：云计算和 Hadoop 的关系，Hadoop 的历史，企业该如何使用 Hadoop 以及现今全世界范围内 Hadoop 的具体使用情况，最后介绍 Hadoop 的构建方法。

1.1 Hadoop 介绍

Hadoop 是通过开源代码形式提供的软件平台产品。Hadoop 在近来的许多开放源码项目中受到了广泛关注，它跟开源代码的代表产品 Linux 一样，虽然历史由来并不长，但在近期产生的云计算生态界中，大家尤其对它的必要性产生了关注，并被使用到了很多企业中。这里将介绍云计算和 Hadoop 的使用，以及 Hadoop 的历史。

1.1.1 云计算和 Hadoop

目前在 IT 领域中，将云计算称为最受关注的技术毫不为过。但其实云计算所使用的虚拟化技术和分布式系统等相关技术是从 1980 年就开始被研究并延续至今的技术。所以，从真正意义上讲，云计算并不能算作新技术。云计算仅仅是以分布式系统和分布处理技术为基础，融合了对计算能力、存储、网络等进行组织管理的虚拟化技术的一种新构架。基于云计算这样的新构架，经过技术的超速健全发展，我们得以在今天使用到云的相关服务。通过以上技术，韩国 KT 的 ucloud（https://ucloudbiz.olleh.com）和 SKT 的 Tcloud（https://www.tcloudbiz.com）也推出了能够将操作简易化的相关云服务。

云计算技术的发展初期，是以基础设施服务及其解决方案等作为焦点逐步开始的，代表性案例有亚马逊的 EC2（Elastic Compute Cloud，http://aws.amazon.com/ec2/）和 S3（Simple Storage Service，http://aws.amazon.com/s3/）、Citrix（www.citrix.com）等服务。亚马逊是首家通过计算、网络、存储等方面的虚拟技术，开始向客户租赁计算、网络、存储等资源的所谓"公共云"事业的公司。通过对各项资源的利用，逐渐发展成为能够进行海量数据分析的服务，正因为拥有处理海量数据的能力，从而在大数据领域占据了主导地位。现在的亚马逊，正和 Hadoop 一起，重心逐渐向可以在分布环境中处理数据的大数据领域转移。

从很久以前开始，对于不断累积的业务数据的处理问题一直是困扰了很多企业的难题。无论是 Facebook、Twiter 这样积累了大量客户数据的公司，还是像 Google、Yahoo 提供搜索引擎服务的公司，都面临着海量的信息处理问题的难题。这些企业需要处理大量的数据，但又拥有无论如何都不能通过单一高性能的服务器来处理的巨大量数据和巨大量用户。也因此原因，把数据分散到多个服务器，由多个服务器同时处理的分布式处理技术开始受到瞩目。其中，Hadoop 是目前最受瞩目、应用范围最广的技术。

正因为 Hadoop 拥有适合处理大数据的最完美分布式环境，所以受到了人们的关注，Hadoop 已经被使用到像 Yahoo、Facebook 等很多大企业中。尤其，Hadoop 具有能够通过自有的分布式环境平台进行大数据处理的很多优点：通过为数据处理提供存储、计算资源等高效化的管理工具，从而能够处理更多任务；根据使用者的需求，提供可扩展为无限大的存储空间和计算资源的同时，能够更快地处理更多的数据；通过多个服务器间的协作，能够自动检测到服务器故障，实现无间断工作。作为拥有大量优势和不断发展的新架构，可以说 Hadoop 已经占据了云计算主心轴的地位。

分布式文件系统可算作云计算的核心要素。如图 1-1 所示，Hadoop 是将多数的计算机和存储资源用网络连接后形成系统的一项技术。分布式系统不仅可以进行大容量的数据存储和管理，同时能够很快地处理海量的复杂计算。Hadoop 作为代表性的分布式系统由分布式文件系统和分布式处理系统构成。分布式文件系统能将在单一服务器不能处理的海量数据，通过数千个服务器，以网络捆绑的形式进行使用，就好像是一个系统只保有一个服务器一样。分布式处理系统能同时将存储在不同服务器的数据进行并行处理。综上所述，Hadoop 能支持从数据存储到数据处理过程中一系列分布式系统上的操作，可称之为分布式系统的领跑者。

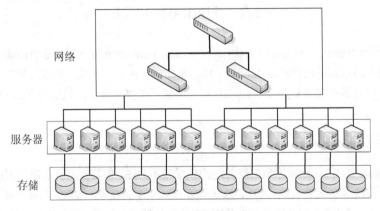

图 1-1　分布式系统构成

下面将介绍作为具有完整性的分布式系统——Hadoop 的构成要素。如图 1-2 所示，从 Hadoop 的官方主页可以看到 Hadoop 所管理的相关项目。Hadoop1.0 主要由以下三部分组成。

- Hadoop Common：对作为 Hadoop 基础的通信方法和 shell 程序进行处理。

第 1 章　Hadoop 的介绍和集群构建

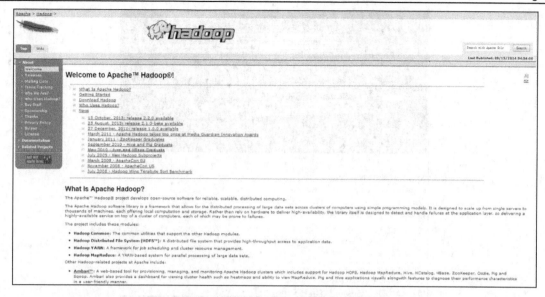

图 1-2　Hadoop 官方网站（http://hadoop.apache.org）

● Hadoop 分布式文件系统（HDFS）：利用 Hadoop Common 对分散环境里的数据进行存储。
● Hadoop MapReduce：在分布式文件系统中有效地处理被分散后的存储数据。

这三个项目构成了 Hadoop 的基础。除此之外，利用这些项目，用户开发了能够提供多种分散环境的项目。Hadoop 对在分布式系统前端工作的分布式数据库 HBase，在分布式环境中对机器学习算法进行处理的 Mahout，存在于分布式环境中的数据仓库 Hive 等分布式处理中需要的功能进行了整体呈现和管理。

Hadoop 的构成能实现多样领域对理想型分布式环境的构建，并且所有的项目的开源代码公开向使用者提供，使用者可以随时使用到最新版本。Hadoop 支持多样的分布式环境，资源完全开放的 Hadoop 以云计算技术作为基础，在全新的业务环境、商业模型、大规模服务、研究课题等大量领域得到了使用。将来，Hadoop 将被使用到更多的领域，Hadoop 无疑将成为云计算技术的奠基石。

1.1.2　Hadoop 的历史

Hadoop 起源于 2002 年的网页搜索引擎 Apache Lucene。早在 Lucene 项目开始初期的 2002 年，只有 Altavista、Lycos、MS、Google 等大型门户网站才拥有搜索引擎技术，正因为搜索引擎技术是直接决定公司技术和利益的公司内部机密，因此绝不会对外公开。基于以上情况，Hadoop 的创始人 Doug Cutting 和 Cafarella 产生了开发搜索引擎开源代码的想法。此后，两位创始人为了维持 10 亿页规模的索引，每月投入了 3 万美元的运营费用和年间 50 万美元的费用用于开发搜索引擎技术。研发成功的搜索引擎 Nutch（Building Nutch:Open Source Search）于 2004 年在 ACM Queue 上发表。以 Nutch 作为开端，Doug Cutting 开始了公开式搜索引擎的开发，公开式搜索引擎向全世界提供开源代码，此举措奠定了 Hadoop 诞生的基础。图 1-3 为 Apache Nutch 项目主页，更多 Nutch 信息可从该网站获取。

追溯 Nutch 项目的历史源头，Lucene 项目又可被称为 Nutch 的前身。Lucene 项目开始的 1999 年正是网络的爆发性增长的时期。随着网络的发展，数据量成等比级数增长，从网页上筛选文档中所需要的文本的技术开始兴起。这项技术促进了 Lucene 项目的开始，可以迅速地从海量的文本中搜索出信息。Doug Cutting 利用这项技术，开发了可以从网络中筛选文本的 Lucene 项目，Lucene 项目的开源代码公开化奠定了 Nutch 和 Hadoop 的开发基础。图 1-4 为 Apache Lucene 项目主页。

图 1-3　Apache Nutch 项目（http://nutch.apache.org）

图 1-4　Apache Lucene 项目（http://lucene.apache.org）

重新回到 Nutch 项目。在开发 Nutch 项目时，Hadoop 项目还未出现，在网络的规模呈现出爆发性增长的时候，大家才意识到，针对不断增加的网页，有必要进行相关信息索引技术的开发。Doug Cutting 以此作为出发点，开发了可以从无数的网页中 Crawling 和查找数据的 Nutch 项目，并将其开源化。

 小贴士

Crawling

搜索引擎中存储了大量的网页。在对海量的网页进行访问的同时，搜索引擎需要对网页副本进行保存。不仅如此，因为网页的内容是可以修改的，搜索引擎会定期访问网页对修改后的内容进行更新保存。如上所述，搜索引擎自动搜索网页并对数据进行备份的技术称为 Crawling。

即便如此，Nutch 也存在局限性。Nutch 可以维持 10 亿网页索引的规模，但是对 10 亿以上的规模扩张管理存在结构上的局限性。在当时，从整体的网页规模上考虑，虽然 Nutch 可以对 10 亿的网页进行管理，但是仅使用 Nutch 不可能对所有的网页进行存储，基于文本形式的搜索在当时存在着技术上的难题。基于以上难题，Google 在 2003 年发表了关于 Google 文件系统（The Google File System）的论文，Doug Cutting 借鉴了此论文的大部分观点，开始了对 Nutch 进行分布式文件系统的研发。这个时期开发的分布式文件系统称为 Nutch 分布式系统（Nutch Distributed File System）。Nutch 分布式系统与 Google 文件系统拥有相同结构，同时这种文件系统具有最适宜对 Web Crawling 和索引过程中的大型文件进行创建的结构。Google 于 2004 年发布了在 Google 分布式系统上处理大容量数据的 MapReduce，MapReduce 也包含在了 Nutch 项目内。

 小贴士

MapReduce

MapReduce 是用于处理海量数据的编程模型，它是通过使用由 Map 函数和 Reduce 函数构成的程序，对海量数据进行并行处理的模型。在 Hadoop 中使用分布式文件系统实现数据存储，对已存储的数据进行处理时使用的编程模型便是 MapReduce。

通过使用 Nutch 项目中的 Nutch 分布式系统和 MapReduce 实现海量数据的存储，大量的数据在分布式处理环境中，通过 Crawling 获得，构成了数据处理的基础。然而，Doug Cutting 充分了解 Nutch 分布式文件系统和 MapReduce 不仅仅是用作 Crawling 和索引的创建的构架，也能以多种用途被使用。于是，在 2006 年 2 月，基于 Nutch 分布式文件系统和 MapReduce，独立处理大容量数据的新项目被创建，这便是 Hadoop 项目的开始。

此后，Hadoop 使分散处理环境中的数据处理变得更加迅速，实现了新一轮的发展。在 Hadoop 作为顶尖的项目到达巅峰的时候，大部分的硬盘容量为 1TB，每秒可读取的容量为 100MB 左右。因此，如果要读取硬盘全部 1TB 的容量，至少需要等待两个半小时以上。然而，Hadoop 因为建立在分布式环境中，所以它可以用其他方式无法比拟的速度对数据进行快速处理。在 2007 年，Hadoop 完成 1TB 磁盘数据的读取和排序仅需要 297 秒。Hadoop 并没有止步于此，通过技术的不断发展，2008 年将上述时间缩短到了 209 秒，同年 11 月又缩短到 68 秒。2009 年 5 月，Yahoo 通过使用 Hadoop 在 62 秒内便完成了磁盘 1TB 数据的读取和排序后的再次存储。实质上，在极短的时间内便实现了技术的高速发展。

在此以后，Hadoop 仍然在不断发展，根据多种多样的需求不断地变化。然而，由于各种 Bug 和性能的问题，在使用了几年 1.0 以下版本后，终于在 2011 年 12 月 27 日推出了划时代意义的 1.0 版本。

Hadoop 发展如此之快归结于许多企业都在使用 Hadoop。目前，Hadoop 被应用到很多领域，以多种目的被使用。因此，了解 Hadoop 在全世界如何被使用显得尤其重要。

1.2 Hadoop 构建案例

1.1 节介绍了 Hadoop 的历史，了解了其发展历程。Hadoop 在历史上仅用了极短的时间就取得辉煌的发展，备受瞩目，现在显然已经成为了数据处理平台的佼佼者。然而，Hadoop 能发展到今天与众多的企业和个人对 Hadoop 广泛的使用是密不可分的。这里将介绍对 Hadoop 的发展做出巨大贡献的国内外构建案例。

1.2.1 欧美构建案例

Yahoo 通过引聘 Hadoop 的创始人 Doug Cutting，解决了 Yahoo 搜索引擎难题的同时促进了 Hadoop 的发展。2006 年 2 月，Hadoop 从 Nutch 项目开始独立后，引起了 Yahoo 的关注。当时，Yahoo 为了战胜新登场的搜索引擎的强者——Google，不得不寻找新的搜索方法。在 Google 利用分布式环境开发强大的搜索引擎的当时，Yahoo 正处于搜索引擎发展停滞不前的阶段。此后，Yahoo 搜索引擎的品质日渐落后于 Google，最终让出了搜索引擎的王位。在此情况下，Yahoo 必须采取极端的措施。当时，Yahoo 的搜索引擎大体由 4 部分构成：抓取全世界网页的 Crawling 部分，将收集到的网页进行关系构建形成 Map 的 WebMap 部分，创建搜索索引的索引器部分，运行用户 Query 的 Runtime 部分。Yahoo 通过使用 Hadoop 对影响搜索品质最大的 WebMap 部分进行了新一轮的开发。为了改善品质，Yahoo 考虑使用 Google 分布式文件系统构建 WebMap 部分，用 C++构建 MapReduce，但 Yahoo 已深知如果想超越 Hadoop 必须要花费一段较长的时间。最终，Yahoo 于 2006 年度聘请了 Hadoop 的创始人 Doug Cutting。Yahoo 为 WebMap 构建了大型的服务器集群，不仅是 WebMap，在其他部分也充分使用了 Hadoop，现在 Yahoo 已经成为拥有全球最大 Hadoop 集群的公司。参照 Hadoop 主页的内容，现在 Yahoo 用 40000$^+$ 台服务器以及里面的 100000$^+$ 个 CPU 构建并运行了 Hadoop 集群环境。其中最大的 Hadoop 集群是由 4500 个服务器构建成的一个集群环境。

小贴士

WebMap

搜索引擎构建和存储了全球所有网站的关系，WebMap 则是对搜索引擎的网页进行分析的工具。为了开发搜索引擎，Yahoo 需要下载全球所有的网页，并对网页间的关系进行分析。不仅需要对下载后的所有网页进行保存，对网页间的关系进行分析也是搜索引擎的主要要素之一。一个网页是否与其他的网页存在链接，全球范围内存在多少个包含链接的网页等一系列信息需要从网页中提取。这类信息对搜索引擎品质的影响非常大。因为搜索引擎需要通过 WebMap 的分析资料作为基础来决定搜索结果中网页的排序。Yahoo 在存储网页并对已存储的网页进行分析的 WebMap 上使用了 Hadoop。

以上是 Yahoo 的案例，下面再补充几个简单的案例。现在访问 Hadoop 的主页浏览 PoweredBy（http://wiki.apache.org/hadoop/PoweredBy）的相关内容，其中包括了许多构建集群的企业的相关介绍。Facebook 拥有使用 1100 个服务器生成 12PB 的存储空间构建的集群环境和使用 300 个服务器生成 3PB 的存储空间构建的集群环境。这些集群的用途为：将 Facebook 自身创建的日志存储到 Hadoop 中，并将这些日志资料进行分析后对整个系统进行分析。

1.2.2 韩国构建案例

韩国也有几家积极使用 Hadoop 的代表性企业，如 Gruter 和 KTCloudware。首先来看 Gruter 的案例（http://kr.gruter.com）。Gruter 将 Hadoop 有欠缺的监视功能进行补全后，开发了能将监视功能和 Hadoop 一同协作的 Cloudmon 产品，同时保有能独自分析 SNS（Social Networking Service）的解决方案产品——seenal。此产品使用 Grubot 数据收集器收集需要分析的 SNS 数据，使用 Bamboo Flume 处理已收集的 SNS 数据，并使用 Hadoop 对处理后的数据进行分析。通过图 1-5 可以确定 seenal 系统的大体结构。

KTCloudware 保有的一体式产品 NDAP 可以利用 Hadoop 对数据进行分析。此产品通过使用 Hadoop 可一次完成大数据收集、数据挖掘、数据存储和数据分析。与 seenal 一样，NDAP 不仅集中于 SNS 数据，还提供了范围广泛的数据分析工具，如图 1-6 所示。

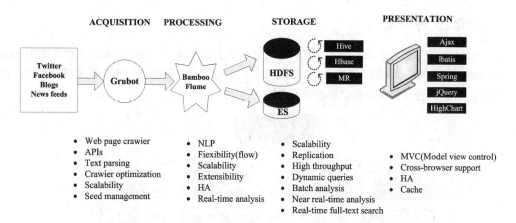

图 1-5　Gruter Seenal 系统介绍（来源：Gruter 主页）

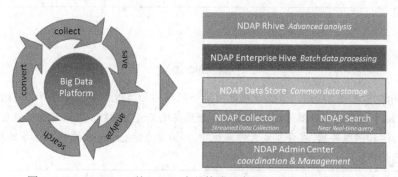

图 1-6　KTCloudware 的 NDAP 产品构成（来源：KTCloudware 主页）

1.3　构建 Hadoop 集群

前面已经介绍了 Hadoop 和构建案例，以及 Hadoop 作为强大的开源代码可以对大数据进行处理。本节将介绍 Hadoop 的基本构成要素（即 Hadoop 分布式文件系统）和 MapReduce 的构建方法。

正如前文所述，Hadoop 是进行数据分布式处理的系统。根据 Hadoop 的构建案例可以了解到，Hadoop 不是通过一台服务器而是使用多台服务器的事实可以在构建时进行确认。即可以将在一台服务器上无法完成的任务，用多台服务器捆绑为集群后构建 Hadoop，从而发挥多种多样的功能。

Hadoop 大体可分为两部分：Hadoop 分布式文件系统和 Hadoop MapReduce。Hadoop 分布式文件可以将用户的信息存储在分布式环境中，因此具有很多优势。例如，即使服务器发生故障，系统的内在功能可将用户信息全部恢复。文件系统的容量不足时，通过添加服务器，在既有的文件系统无须中断的情况下就可以将容量进行扩张。以上功能都是 Hadoop 文件系统具有的特征。Hadoop MapReduce 能利用存储在 Hadoop 文件系统中的数据进行分析。基于 Hadoop 分布式文件系统构成的集群在每个服务器中配置了 CPU 和存储器。CPU 和存储器资源只在构建分布式文件系统时被使用，并不需要很多资源。在利用 MapReduce 分析数据时，通过使用 CPU 和存储器，能够有效地使用服务器的资源。

以上是对 Hadoop 的两种构成要素的介绍，接下来介绍构建集群时普通的分布式文件系统的构成要素和 Hadoop 的构建方法。Hadoop 的构建方法可分为使用单一的节点构成类似于分布式系统的伪分布模型构建方法,以及在几个节点上进行分散后构建的分布式构建方法。我们将在对各种构建方法有一定的了解后再进行实际的构建操作。

1.3.1 分布式文件系统

介绍 Hadoop 的分布式系统之前先了解普通的分布式文件系统。一般的分布式文件系统由 Master node 和 Slave node 构成,如图 1-7 所示。Master node 担任存储实际数据的服务器和其中存储数据的角色,Slave node 担任存储实际数据和根据用户请求传达数据的角色。

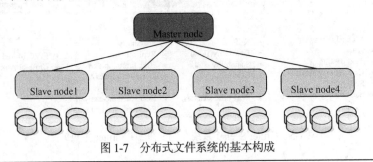

图 1-7 分布式文件系统的基本构成

 小贴士

节点(Node)

节点是网络中使用的词语。节点是被连接到一般网络的通过传输通道进行资料输送的装备。在 Hadoop 系统中所有的服务器通过网络连接,并且实现了通信功能。因此可将节点理解为使各种构成要素同时运作的服务器。在分布式文件系统中,节点由 Master node 运作的服务器和 Slave node 运作的服务器构成。

1. Master node

在分布式文件系统中 Master node 主要担任两个角色,如图 1-8 所示。

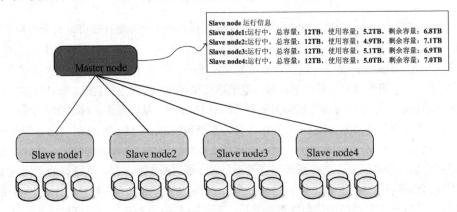

图 1-8 管理 Slave node 信息的 Master node

第一个角色是对现有的分布式文件系统中的所有 Slave node 进行管理。一般来说,在分布式文件系统中有数十、数百、数千个 Slave node 在工作。Master node 必须在确认 Slave node 的状态后,才能在收到用户数据存储请求或数据下载请求时,决定在哪个 Slave node 上存储数据或导出数据。因此,

Master node 的重要角色之一为：判断当前为分布式文件系统工作的 Slave node 是哪一个，或者对 Slave node 工作中产生的故障的相关信息进行实时判断。

Master node 的第二个角色是管理包含目录和文件信息的元数据。在分布式文件系统中，因为 Slave node 对实际的用户数据进行保管，所以 Master node 需要对用户创建的目录和文件目录进行保管，如图 1-9 所示。在分布式文件系统环境中存在另一种重要的元数据，这种元数据是指用户数据存在于哪个 Slave node 上的相关信息。在获取被分散的存储用户信息时，即使查找所有的 Slave node 也无法确认是否有用户需要的信息，因此 Master node 必须对数据存储于哪一个 Slave node 进行正确的判断。如果 Master node 能确定数据的存储位置，那么 Master node 能够很快地判断出将所需信息的请求发送给哪一个 Slave node。并且，Master node 能够实时确保当前的 Slave node 是否在工作中，磁盘容量是否充足的相关信息等。同时担任了用户发出数据上传请求时，基于以上信息决定将数据存储在哪个 Slave node 上的角色。

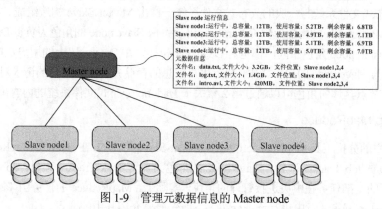

图 1-9　管理元数据信息的 Master node

2. Slave node

用户上传文件时，Slave node 担任存储用户信息的角色，Slave node 将文件进行存储，使用者下载文件时，Slave node 担任数据传输的角色。除此之外，在分布式文件系统中，Slave node 还担任将一个文件同时复制到多个节点以及管理的角色，如图 1-10 所示。这个功能可以算作分布式文件系统最强大的功能。通常情况下，因为存储用户信息的磁盘频繁发生故障，为了防止数据丢失，往往需要在事前进行防备。当前主要使用类似于 RAID1 的技术将数据同时复制到两个磁盘中。然而，使用 RAID1 类似技术时，一旦存储数据的服务器发生故障，在恢复时间内不能使用用户信息。因此，为了简便处理磁盘和服务器故障，在分布式文件系统中，将用户信息存储在多个服务器中。使用此功能可以安全保管用户信息，即使服务器发生故障，也能随时使用数据。

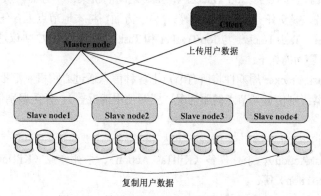

图 1-10　管理和复制用户信息的 Slave node

小贴士

元数据（Metadata）

与文件关联的信息称作元数据。每个类型的文件都有相关的附加信息。例如，照片文件中有照片的分辨率、文件的压缩格式、近期附件信息甚至照片的位置信息。在文件系统存储照片文件时，文件名称、文件大小、文件创建时间等必要的附加信息也被同时保存。此类情报被称作元数据。在分布式文件系统中存储了相关的元数据信息，如文件名称、文件大小、文件创建时间等。将一个文件存储到多个 Slave node 时，存储文件的位置信息作为元数据被保管。

3. Hadoop 分布式文件系统

Hadoop 分布式文件系统与一般的分布式文件系统一样由 Master-Slave 构造组成。在 Hadoop 分布式文件系统中，Master node 的角色为负责 Namenode 的程序，Slave node 的角色为负责 Datanode 的程序。Namenode 与 Master node 角色相同，都是对 Datanode 和存储在 Datanode 上的用户数据的元数据进行管理。Datanode 与 Slave node 的角色相同，执行用户信息的存储并且根据用户的请求对数据进行存储、复制和保管。各节点具体的角色可以通过第 2 章关于 Hadoop 分布式文件系统的内容确认。

4. Hadoop MapReduce

在 Hadoop 中的分析工具 MapReduce 也是由 Master-Slave 构成的。在 Hadoop MapReduce 中，Master node 的角色为负责 Job Tracker 项目，Slave node 的角色为负责 Task Tracker 项目。Job Tracker 担任将 MapReduce 执行的全部任务在中央进行管理的角色。实际上，MapReduce 的任务由 Task Tracker 执行。各节点的角色将在本书第 3 章中进行详细介绍，下面先概要介绍其中的要点。

Hadoop MapReduce 采用 Master-Slave 结构，在 MapReduce 中，Job Tracker 和 Task Tracker 扮演了重要的角色。Master 是整个集群的唯一的全局管理者，其功能包括：作业管理、状态监控和任务调度等，即 MapReduce 中的 Job Tracker。Slave 负责任务的执行和任务状态的回报，即 MapReduce 中的 Task Tracker。

Job Tracker 是一个后台服务进程，启动之后，会一直监听并接收来自各 Task Tracker 发送的心跳信息（包括资源使用情况和任务运行情况等）。

Job Tracker 的主要功能如下：

① 作业控制。在 Hadoop 中，每个应用程序被表示成一个作业，每个作业又被分成多个任务，Job Tracker 的作业控制模块则负责作业的分解和状态监控，其中最重要的是状态监控，主要包括 Task Tracker 状态监控、作业状态监控和任务状态监控。其主要作用为容错和为任务调度提供决策依据。

② 资源管理。Task Tracker 是 Job Tracker 和 Task 之间的桥梁：一方面，从 Job Tracker 接收并执行各种命令（运行任务、提交任务、杀死任务等）；另一方面，将本地节点上各任务的状态通过心跳周期性汇报给 Job Tracker。Task Tracker 与 Job Tracker 和 Task 之间采用 RPC 协议进行通信。

Task Tracker 的主要功能如下：

① 汇报心跳。Task Tracker 周期性将所有节点上各种信息通过心跳机制汇报给 Job Tracker。这些信息包括两部分：机器级别信息（节点健康情况、资源使用情况等）、任务级别信息（任务执行进度、任务运行状态等）。

② 执行命令。Job Tracker 会给 Task Tracker 下达各种命令，主要包括：启动任务（LaunchTaskAction）、提交任务（CommitTaskAction）、杀死任务（KillTaskAction）、杀死作业（KillJobAction）和重新初始化（TaskTrackerReinitAction）等。

5. Hadoop 的整体构成

Hadoop 分布式文件系统和 Hadoop MapReduce 都具有 Master-Slave 的构造。也就是说，构成完整的 Hadoop 需要使用一台 Master node 和多台 Slave node。正如前文所述，为了运行 Hadoop，需要对构成 Hadoop 分布式文件系统的 Namenode、Secondary node 及构成 Hadoop MapReduce 的 Datanode，还有 Job Tracker 和 Task Tracker 执行驱动。如图 1-11 所示，因为 Namenode 和 Job Tracker 可以在同一服务器上运作 Hadoop 分布式文件系统和 Hadoop MapReduce，在同一 Master node 上，Namenode 和 Job Tracker 同时工作；由于 Datanode 和 Task Tracker 在多个 Slave node 上工作，因此在 Datanode 工作的 Slave node 上 Task Tracker 也被同时执行。

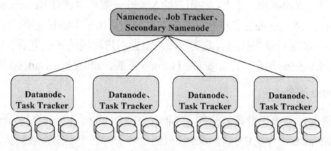

图 1-11　Hadoop 的服务器的构建和构成

1.3.2　构建 Hadoop 集群的准备事项

构建 Hadoop 集群时有必要了解几点事项。Hadoop 由 Java 编写而成，最适宜在 Linux 系统下运行。由 Java 编写的 Hadoop 可以在大多数平台上运行，但使用最多的操作系统是 Linux。当下载 Hadoop 时，你会发现很多相关的 Linux 脚本。因此，在这里也会在 Linux 系统下运行 Hadoop。同时，在对 Linux 进行基本操作的假定下进行说明。

Hadoop 的脚本通过 ssh 传达和执行命令。Hadoop 构建了 Hadoop 分布式文件系统，在此平台上运作 MapReduce。此时，为了运行 Hadoop 分布式文件系统上的多个节点，需要访问各节点并一一进行驱动，这是一项无效率并且枯燥的工作。Hadoop 为了控制所有的节点，在 Namenode 和 Job Tracker 工作的服务器以及 Datanode 和 Task Tracker 工作的服务器上使用 ssh 访问后，同时运行 Namenode 和 Datanode，Job Tracker 和 Task Tracker 以及 Secondary Namenode。

Secondary Namenode 是 Namenode 的一个快照，会根据 configuration 中设置的值来决定多少时间周期性的去 snap 一下 Namenode，记录 Namenode 中的 metadata 及其他数据。假如 Namenode 损坏或丢失之后，无法启动 Hadoop，这时就要人工干预，恢复到 Secondary Namenode 中快照的状态，也就意味着集群的数据会或多或少丢失并产生一些宕机时间，并且将 Secondary Namenode 作为重要的 Namenode 来处理。所以，尽量不要将 Secondary Namenode 和 Namenode 放在同一台机器上。

 小贴士

ssh

ssh 是远距离用户访问和运行自身服务器的通信协议。通常情况下，使用服务器后，可通过网络对服务器进行远程访问。在小规模的环境下，Hadoop 可对所有服务器进行一一访问和启动。然而在启动 100～1000 台左右的大规模的服务器时，有必要对所有服务器进行自动的简便化启动。所以，在 Hadoop 中使用 ssh 对其他服务器进行访问，使用自动的方式启动服务器。

安装 Hadoop 前需要准备的事项如表 1-1 所示。

表 1-1 安装 Hadoop 前的准备事项

准备事项	说　　明
Linux 操作系统	Hadoop 支持 Linux 操作系统
JDK	Hadoop 由 Java 语言编制而成，需要安装 JDK
Hadoop 安装包 1.0.0	在 Hadoop 主页下载 Hadoop 安装包，安装 Hadoop
ssh 设置	为了同时启动多个节点需要设置必需的 ssh
Hadoop 设置	根据各个服务器和配置对 Hadoop 配置文件进行变更

本书中有几项需要设置的事项。首先，在用户的 Machine 账户中选择 hadoopuser 账户。构建伪分布模型时，使用 localhost 作为 hostname，构建分布模型时使用适用于 Machine 的名称。Hadoop 关联的命令和文件路径在 Hadoop 解压目录中执行。此类事项应根据用户环境选择变更后使用。Hadoop 集群的构建准备事项按照 Linux Machine 准备、Java 安装、Hadoop 下载、ssh 设置、Hadoop 设置的顺序进行介绍。

1. Linux Machine 准备

构建 Hadoop 集群前，应事先准备好安装了 Linux 的 Machine。Linux Machine 的准备事项有设置 root 权限或者通过使用 sudo 命令能够执行 root 权限的命令。并且，不能安装防火墙或安全防护，如果已经安装，则作为必要条件，防火墙或安全防护的设置可由用户任意变更。

2. Java 安装

由于 Hadoop 由 Java 编写，需要安装 JDK 运行 Hadoop。Hadoop 的官方推荐版本为 SUN 的 JDK 1.6 以上的版本。目前，可用的 JDK 种类较多。支持 Hadoop 并且已测试的种类有 SUN JDK、Open JDK、Oracle JRockit、IBK JDK。在这里将用到 Open JDK 安装 Hadoop，执行下列命令安装 Open JDK。

Java 安装方法：

```
$ sudo apt-get update
$ sudo apt-get install openjdk-6-jdk
…
$ java -version
java version "1.6.0_23"
OpenJDK Runtime Environment (IcedTea6 1.11pre) (6b23~pre11-0ubuntu1.11.10.2)
OpenJDK 64-Bit Server VM(build 20.0-b11,mixed mode)
```

3. Hadoop 下载

本书中涉及的 Hadoop 版本为 1.0。然而，可以下载 Hadoop 最新版本的网页（http://www.apache.org/dyn/closer.cgi/hadoop/common/）上已无法下载 1.0 版本。因此，我们在保存了 Hadoop 所有版本的网站（http://archive.apache.org/dist/hadoop/common/）进行下载。如图 1-12 所示，访问 Hadoop 下载网站，点击 hadoop-1.0.0 目录后，可看到 hadoop-1.0.0 下载包。使用命令直接下载源代码。

为了方便在 Linux Machine 上直接进行下载，请参照下面 Hadoop-1.0.0 下载的范例。参考前文提到的 Hadoop 主页下载 1.0 的最高级版本。下载完成后，参照下列内容进行解压。

源代码下载及解压：

```
$ wget http://archive.apache.org/dist/hadoop/common/hadoop-1.0.0/hadoop-1.0.0.tar.gz
--2012-07-22 20:06:58--
http://archive.apache.org/dist/hadoop/common/hadoop-1.0.0/hadoop-1.0.0.tar.gz
Resolving archive.apache.org (archive.apache.org) … 140.211.11.131
```

第 1 章 Hadoop 的介绍和集群构建

```
Connecting to archive.apache.org (archive.apache.org) ... |140.211.11.131|:80...connected.
HTTP requetst sent,awaiting response... 200 OK
Length:59468784 (57M) [application/x-gzip]
Saving to:'hadoop-1.0.0.tar.gz'

100%[===============================>] 59,468,784  382K/s  in 5mls

2012-05-05 14:49:28 (30.1MB/s) - 'hadoop-1.0.0.tar.gz' saved [59468784/59468784]

$ tar zxvf hadoop-1.0.0.tar.gz
```

图 1-12 Hadoop 下载网站

4. sh 设置

ssh 的设置是驱动 Hadoop 的必备条件。如前文所述，Hadoop 在多个服务器上运行多个程序。这里多台服务器所指的可能是几台，根据构建规模的大小也可能是数百台甚至数千台服务器同时工作。构建规模为大规模时，不但驱动所需的程序需要花费很长的时间，而且会因为重复的工作，让工作变得烦琐复杂。

为了使这类重复的工作简单化，排除 Namenode 运行的服务器外，Hadoop 使在其他服务器上驱动的 Datanode 和 Task Tracker 自动运行。此时，Hadoop 执行的脚本通过使用 ssh 访问各服务器和驱动必需的程序。

管理员想要通过 ssh 访问其他服务器时，需要知道服务器的账号和密码。管理员同时管理多个服务器时，每当访问 ssh 时需要输入账号和密码，这是一项非常烦琐的工作。在 ssh 中有方法可以无须输入密码便可进行登录。使用此方法，管理员可以在每次登录时省去输入密码的步骤。

Hadoop 也使用这种方法同时管理多台服务器。Hadoop 被设置为无须密码通过 ssh 便可进行访问，Hadoop 运行脚本访问运行 Datanode 和 Task Tracker 运行的服务器时，必需的程序自动运行。

（1）无须密码以 ssh 登录的运行方式

ssh 提供的密匙可以实现无密码登录。使用 ssh 密匙的运行方式如下。首先，使用 rsa 或 dsa 创建 private key 和 public key。private key 仅限个人保管，public key 设置在无须密码登录的服务器上。将使用 rsa 或 dsa 创建的 public key 进行复制，并粘贴到其他节点的 ssh 目录的 authorized_key 文件中，此后就可以使用自己创建的密匙访问其他的服务器。

 小贴士

rsa 或 dsa

ssh 创建密匙需要使用 rsa 或 dsa。rsa 和 dsa 是创建 private key 和 public key 时使用的加密方式。这两种方式都是单纯的加密方式，在 ssh 上的使用方法一致，只需选择 rsa 或 dsa 中一种即可。

（2）使用 rsa 加密方式创建密匙

我们已经了解了相关的运行方式，下面将介绍使用 rsa 密匙以 ssh 无密码的方式进行登录的方法。首先了解使用 rsa 加密方式创建密匙的方法。创建方法非常简单，使用 ssh-keygen 命令在用户账户目录的 ssh 目录下选择 rsa 加密方式创建密匙。

 小贴士

隐藏的 Linux 目录

ssh 是隐藏的目录。在用户账户运行 ls 时，在目录中可以发现未被输出的 ssh 目录的内容。在 Linux 中，以 "." 开始的文件和目录被隐藏管理。确认此目录时，执行 "ls-al" 命令可列出所有文件。

- 使用 rsa 加密方式设置密匙

```
$ ssh-keygen -t rsa -P ""
Generating public/private rsa key pair.
Enter file in which to save the key (/home/hadoopuser/.ssh/id_rsa):<enter>
Created directory '/home/hadoopuser/.ssh'.
Your identification has benn saved in /home/hadoopuser/.ssh/id_rsa.
Your public key has been saved in /home/hadoopuser/.ssh/id_rsa.pub.
The key fingerprint is:
42:e4:b9:7f:ae:e1:cc:93:59:48:93:55:38:60:72:f3 hadoopuser@localhost
The key's randomart image is:
…
```

（3）设置认证密匙

登录其他服务器时，复制 rsa 的 public key 即可进行无密码登录。用户登录时，待 ssh 确认 authorized_keys 后，便可决定是否允许无密码登录。将 rsa 的 public key 复制到无密码登录的 ssh 目录的 authorized_keys 文件中，在自身服务器中使用 ssh 进行访问。尝试设置以无密码方式进行登录的方法。

第 1 章 Hadoop 的介绍和集群构建

- 认证密匙设置

```
$ cat /home/hadoopuser/.ssh/id_rsa.pub >> /home/hadoopuser/.ssh/authorized_keys
```

（4）ssh 访问测试

完成所有设置后，在设置有 authorized_keys 的服务器中使用 ssh 便可进行登录。已在自身服务器设置了无密码登录，下一步对是否能访问自身服务器进行测试。测试结果如下：Linux 的 welcome 消息弹出，出现提示符后，ssh 的设置顺利完成。

- ssh 访问测试

```
$ ssh localhost
Welcome to Ubuntu 11.10 (GNU/Linux 3.1.1 X86_64)

*Documentation: https://help.ubunntu.com/
ast login: Sat May 5 15:11:43 2012 from localhost
$
```

我们已经了解通过设置 public key 的方法对想要访问的服务器进行无密码访问的具体方法。为了执行 Hadoop 的运行脚本，必须设置此方法。此方法有利于在管理多个服务器的情况，请熟记此方法。

5．Hadoop 配置文件

设置 Hadoop 时会用到多个文件，通过设置这些文件，可以用所需的形态使 Hadoop 运行。根据文件设置的方法对伪分布模型和分布模型的构建进行设置。各种设置方法在提及实际的构建方法时将进行介绍，这里首先介绍配置文件的角色。根据表 1-2 的内容对各种文件进行简单介绍。

表 1-2 Hadoop 配置文件说明

Hadoop 配置文件	说　　明
conf/masters	明示 Secondary Namenode 运行的节点
conf/slaves	明示 Datanode 和 Task Tracker 运行的节点
conf/hadoop-env.sh	适用于 Hadoop 所有运行进程的系统环境的相关脚本
conf/core-site.xml	适用于 Hadoop 分布式系统和 Hadoop MapReduce 的脚本
conf/hdfs-site.xml	Hadoop 分布式文件系统配置脚本
conf/mapred-site.sml	Hadoop MapReduce 配置脚本

conf 目录下的 masters 文件明示了 Secondary Namenode 运行节点的 IP 地址和 hostname。用此文件修改 Namenode 运行的服务器上的文件即可。此文件是明示 Secondary Namenode 运行位置的文件。Secondary Namenode 充当的角色为：当 Namenode 运行的服务器发生故障时，将 Namenode 的元数据进行备份。详细内容在介绍 Hadoop 分布式文件系统的第 2 章中将会提到。

小贴士

Secondary Namenode 的名称

因为 Secondary Namenode 的名称，容易与 Namenode 产生混淆。Secondary Namenode 和 Namenode 的角色相差甚远。Secondary Namenode 只是对 Namenode 存储器中的元数据和与其相关的数据进行备份，不能代替 Namenode 的角色。也就是在 Namenode 发生问题时，将关联的元数据进行恢复，不能充当 Namenode 角色的节点。

conf 目录下的 slaves 文件对 Namenode 和 Task Tracker 运行的节点的 IP 地址和 hostname 进行明示。但是，为什么不能将 Datanode 程序和 Task Tracker 程序在同一节点运行呢？下面我们来了解原因。Hadoop 在使用数据时，不会将数据移动，而是将相关的程序移动到保存数据的位置。理由是通过网络移动数据时，瞬时产生爆发量的数据需要通过网络进行移动，因此会拖慢速度。将运用数据的相关程序移动到数据的所在位置，则不会发生大量数据的移动，从而以更快的速度处理大量的数据。并且，Hadoop 在同一节点上能同时执行数据存储和数据运用程序。即在一个节点上，同时运行 Hadoop 分布式文件系统中用于存储数据的 Datanode 和用 MapReduce 处理数据的 Task Tracker。

接下来，我们了解 conf 目录下的 hadoop-env.sh 文件。此文件是设置适用于所有 Hadoop 运行进程的系统环境的脚本。即在 Hadoop 上使用的所有进程都需要先运行此文件，然后运行适用于各进程的程序。实际上，打开此文件后，可以对下列 Linux 的环境变量进行设置，包括：Java 的安装目录和支持 Hadoop 的 heap memory，Java 的 Run time 选项等与运行 Hadoop 相关的配置。在实际的构建中，根据用户的环境来进行相应的设置。例如，如果想要将日志文件的存储目录修改为其他目录，设置 HADOOP_LOG_DIR 环境变量即可。在这里，JAVA_HOME 作为最基本的环境变量。Hadoop 可在很多环境中运行，相关 Java 包的种类和版本多种多样，使用前务必进行确认。

- Hadoop-env.sh 文件设置

```
# Set Hadoop-specific environment variables here.

# The only required environmet variabke is JAVA_HOME.ALL others are
#optional.When running a distributed configuration it is best to
#set JAVA_HOME in this file,so that it is correctly defined on
#remote nodes.

#The java implementation to use. Required.
export JAVA_HOME=/usr/lib/jvm/java-6-openjdk/jre

#Extra Java CLASSPATH elements. Optional.
#export HADOOP_CLASSPATH=

#The maximum amount of heap to use,in MB. Default is 1000.
#export HADOOP_HEAPSIZE=2000

#Extra Java runtime options. Empty by default.
#export HADOOP_OPTS=-server
```

接下来对 conf 目录下的 core-site.xml、hdfs-site.xml、mapred-site.xml 文件进行简单介绍。core-site.xml 文件是对 Hadoop 分布式文件系统和 MapReduce 共同使用的设定值进行设置的文件。由于在此文件中设定的值可以在 hdfs-site.xml 和 mapred-site.xml 文件中进行再定义，因此在其他文件中可以再定义设置。hdfs-site.xml 正如其名，是对 Hadoop 分布式文件系统的设置进行操作的文件，可以对存储 Namenode 日志和元数据的目录以及存储 Datanode 的用户数据的目录进行设置。mapred-site.xml 也如其名，是对 MapReduce 的设置进行操作的文件。

1.3.3 构建伪分布式

构建伪分布式是使用一台 Linux Machine,与在被分散的环境中工作的构建方法一致。Hadoop 关联的所有进程在同一 Linux Machine 中运行。使用此方法构建可以使所有的 Namenode、Secondary Namenode、Datanode、Task Tracker、Job Tracker 在同一 Linux Machine 上运行。此方法并未运用到实际的环境中。然而,此环境是作为 Hadoop 及 MapReduce 关联源代码分析和测试,以及 Bug 修复时使用的最佳环境。现在开始,为了构建伪分布,假设已经完成了 Java 的设置和 Hadoop 下载,根据下面的内容进行操作。

1. 构建伪分布的 ssh 设置

即便与伪分布一样,Hadoop 使用一台服务器的构建方法,Hadoop 还是会使用 ssh 通过访问自身服务器来运行 Datanode 和 Task Tracker。然后创建密匙,对自身服务器进行无密码登录设置。为了运行 Hadoop 分布式文件系统,前面已经介绍了 ssh 的设置方法和 Hadoop 分布式文件系统的配置文件。根据前文的介绍顺序,编制配置文件并为构建做好准备工作。首先,使用前面所提到的伪分布构建的 ssh 设置方法对 ssh 进行无密码访问设置。

(1)创建 rsa 密匙

创建 rsa 密匙,对 ssh 进行无密码访问设置。使用下列方法创建 rsa 密匙。

- 使用 rsa 加密方式设置密匙

```
$ ssh-keygen -t rsa -P ""
Generating public/private rsa key pair.
Enter file in which to save the key (/home/hadoopuser/.ssh/id_rsa):<enter>
Created directory '/home/hadoopuser/.ssh'.
Your identification has benn saved in /home/hadoopuser/.ssh/id_rsa.
Your public key has been saved in /home/hadoopuser/.ssh/id_rsa.pub.
The key fingerprint is:
42:e4:b9:7f:ae:e1:cc:93:59:48:93:55:38:60:72:f3 hadoopuser@localhost
The key's randomart image is:
…
```

(2)设置认证密匙

在自身 Machine 中设置认证密匙。通常情况下,确认 authorized_keys 后可以对允许被访问的服务器进行访问。因此需要将 rsa 的 public key 复制到自身的 .ssh 目录下的 authorized_keys 文件中。

- 设置认证密匙

```
$ cat /home/hadoopuser/.ssh/id_rsa.pub >> /home/hadoopuser/.ssh/authorized_keys
```

(3)ssh 访问测试

在当前的 Linux 账户中测试自身的 Linux 账号是否可以进行访问。使用下列命令对访问进行测试。

- ssh 访问测试

```
$ ssh localhost
Welcome to Ubuntu 11.10 (GNU/Linux 3.1.1 X86_64)

*Documentation: https://help.ubunntu.com/
ast login: Sat May 15 17:12:43 2014 from localhost
$
```

如同上面内容，出现 welcome 信息后，ssh 设置顺利完成。下一阶段的操作是对设置伪分布用到的配置文件进行修改。下面将介绍各种配置文件的设置方法。

2. 构建伪分布的配置文件

使用伪分布模式安装 Hadoop 需要配置几种类型的文件。首先，需要设置下列文件，在 Secondary Namenode 运行的服务器上配置的 masters 文件，Datanode 和 Task Tracker 操作的 slaves 文件，Hadoop 运行的环境配置文件 hadoop-env.sh 文件，运行 Hadoop 分布式文件系统和 Hadoop MapReduce 的 core-site.xml、hdfs-site.xml、mapred-site.xml。本节中将介绍以伪分布模式运行各类文件的方法。

（1）设置 masters 和 slaves 文件

构建伪分布模式后所有的进程在同一服务器上运行。Hadoop 的节点包括前面所提及的 Namenode、Secondary Namenode、Datanode、Job Tracker 和 Task Tracker。这 5 个程序应在同一服务器上运行。Namenode 和 Job Tracker 在 Hadoop 运行脚本的服务器中被执行。

Secondary Node 也是以同样的方式在同一服务器上运行，masters 文件里的 Namenode 对所在服务器的 hostname 或 IP 地址进行明示。Datanode 和 Task Tracker 也是以同样的方式运行，slaves 文件里的 Namenode 明示所在服务器的 hostname 或 IP 地址。

 小贴士

Linux 的 hostname

hostname 是用于区分计算机网络中的服务器使用的名称。在同一网络内不使用服务器的地址进行区分，而是通过标记名称来进行区分。在这里延伸的概念为域名。在 Linux Machine 上使用 hostname 命令即可确认各服务器的名称。安装 Linux 后不改变设置的情况下，hostname 为 localhost。

本书设置的服务器 hostname 为 localhost。在此服务器上运行所有程序，在 masters 文件和 slaves 文件上按照下列方式进行明示。

- conf/masters 文件设置

```
localhost
```

- conf/slaves 文件设置

```
localhost
```

（2）hadoop-env.sh 文件设置

为了让 Hadoop 关联的进程在同样的环境下运行，需要使用此文件。为了构建伪分布，先来设置 JAVA_HOME 环境。此设置需要打开 conf 目录下的 hadoop-env.sh 文件，并进行下列修正。

- conf/hadoop-env.sh 文件设置

```
# Set Hadoop-specific environment variables here.

# The only required environmet variabke is JAVA_HOME.ALL others are
#optional.When running a distributed configuration it is best to
#set JAVA_HOME in this file,so that it is correctly defined on
#remote nodes.
```

```
#The java implementation to use. Required.
export JAVA_HOME=/usr/lib/jvm/java-6-openjdk/jre

#Extra Java CLASSPATH elements. Optional.
#export HADOOP_CLASSPATH=
```

〈省略〉

这里已经对 JAVA_HOME 变量进行了设置。在服务器中，参考此环境变量运行所有的 Java 程序。
- conf/core-site.xml 文件设置

```
<?xml version="1.0"?>
<?xml-stylesheet type="text/xsl"href="configuration.xsl"?>

<!--Put site-specific property overrides in this file.-->

<configuration>
 <property>
    <name>fs.default.name</name>
    <value>hdfs://localhost:9000</value>
    <description>Set dfs URI. Set dfs ip or domain name and port.</description>
 </property>
</configuration>
```

在此文件中设置 Hadoop 分布式文件系统 Namenode 运行的 hostname 和端口号。用当前设置的伪分布模式构建 Hadoop 分布式文件系统，设置方式为 hdfs://localhost:9000。由于 Namenode 和其他节点在同一服务器中运行，因此将 hostname 指定为 localhost。Namenode 使用的端口号指定为 9000。

（3）hdfs-site.xml 文件设置

此文件能对 Hadoop 分布式文件系统的运行环境进行设置。在当前的构成中，只有一台分布式文件系统服务器，将复制个数（Replication Count）指定为 1，并设置为不能复制到其他服务器中。打开 /conf/hdfs-site.xml 文件并进行下列设置。

- 设置 conf/hdfs-site.xml 文件

```
<?xml version="1.0"?>
<?xml-stylesheet type="text/xsl"href="configuration.xsl"?>

<!--Put site-specific property overrides in this file.-->

<configuration>
 <property>
    <name>dfs.replication</name>
    <value>1</value>
    <description>Set replication number of dfs</description>
 </property>
</configuration>
```

（4）mapred-site.xml 文件设置
- 设置 conf/mapred-site.xml 文件

```
<?xml version="1.0"?>
<?xml-stylesheet type="text/xsl"href="configuration.xsl"?>
```

```
<!--Put site-specific property overrides in this file.-->

<configuration>
 <property>
     <name>mapred.job.tracker</name>
     <value>localhost:9001</value>
     <description>jobtracker</description>
 </property>
</configuration>
```

3. Hadoop 分布式文件系统初始化

完成所有设置后,使用 Hadoop 命令初始化 Hadoop 分布式文件系统,并尝试实际驱动 Hadoop 分布式文件系统。

启动 Hadoop 分布式文件系统之前,需要初始化文件系统自带的元数据。元数据初始化与硬盘 format 为同一概念。正如在服务器中设置硬盘可以选择适宜的文件系统(ext3, NTFS 等)执行磁盘 format 一样,Hadoop 分布式文件系统也需要初始化元数据后,经过 format 的过程后才能使用文件系统。在 Hadoop 中,Namenode 管理目录的构造和存储文件的 Datanode 的元数据。进行元数据初始化时需要向 Namenode 传达 format 的执行命令。使用 bin 目录下的 hadoop 命令来执行元数据的初始化。使用 Hadoop 命令按照下列方式进行元数据初始化。

● Hadoop 分布式文件系统 format

```
$ bin/hadoop namenode -format

12/05/05 16:40:46 INFO namenode.Namenode:STARTUP_MSG:
/************************************************************
STARTUP_MSG: Starting Namenode
STARTUP_MSG: host=localhost/127.0.0.1
STARTUP_MSG: args=[-format]
STARTUP_MSG: version=1.0.0
STARTUP_MSG: build=https://svn.apache.org/repos/asf/hadoop/common/branches/
    branch-1.0 -r 1214675;compiled by 'hortonfo' on Thu Dec 15 16:36:35 UTC 2011
************************************************************/
12/05/05 16:40:46 INFO util.Gset: VM type     =64-bit
12/05/05 16:40:46 INFO util.Gset: %2 max memory=19.33375 MB
12/05/05 16:40:46 INFO util.Gset: capacity    =2^21=2097152 entries
12/05/05 16:40:46 INFO util.Gset: recommended=2097152,actual=2097152
12/05/05 16:40:47 INFO namenode.FSNamesystem: fsOwner=hadoopuser
12/05/05 16:40:47 INFO namenode.FSNamesystem: supergroup=supergroup
12/05/05 16:40:47 INFO namenode.FSNamesystem: isPermissionEnabled=true
12/05/05 16:40:47 INFO namenode.FSNamesystem: dfs.block.invalidate.limit=100
12/05/05 16:40:47 INFO namenode.FSNamesystem: isAccessTokenEnabled=false
    accessKeyUpdateInterval=0 min(s),accessTokenLifetime=0 min(s)
12/05/05 16:40:47 INFO namenode.Namenode:Caching file names occuring more than
    10 times
12/05/05 16:40:47 INFO common.Storage: Image file of size 116 saved in 0 seconds.
12/05/05 16:40:47 INFO common.Storage: Storage directory /tmp/hadoop-
    hadoopuser/dfs/name has been successfully formatted.
12/05/05 16:40:47 INFO namenode.Namenode: SHUTDOWN_MSG:
```

第 1 章 Hadoop 的介绍和集群构建

```
/*************************************************************
SHUTDOWN_MSG:shuting down Namenode at localhost/127.0.0.1
*************************************************************/
```

4．Hadoop 分布式文件系统和 Hadoop MapReduce 的脚本

已经完成了分布式文件系统的初始化工作，接下来需要执行 Hadoop 分布式文件系统和 Hadoop MapReduce 的相关进程。在执行此工作前，需要了解几点事项。

Hadoop 可以单独运行 Hadoop 分布式文件系统或 Hadoop MapReduce。如果用户只需要存储数据，则无须运行 Hadoop MapReduce，只运行 Hadoop 分布式文件系统即可。但是，存在不使用 Hadoop 分布式文件系统只运行 Hadoop MapReduce 的情况。在此情况下，无须启动 Hadoop 分布式文件系统。在 Hadoop 中，可以单独运行需要的部分，并且提供了运行 Hadoop 分布式文件系统和 Hadoop MapReduce 的脚本，同时提供了可以将两种程序同时运行的脚本。

在启动 Hadoop 分布式文件系统和 MapReduce 前，首先来了解各种脚本。为了确认脚本的运行，尝试只启动 Hadoop 分布式文件系统，接下来继续对将两种程序同时运行的方法进行介绍。

前面提到的脚本保存在 bin 目录。打开 bin 目录可以发现我们将要用到的 start-all.sh、start-dfs.sh、start-mapred.sh 文件。正如各文件的名称，start-all.sh 文件是同时运行 Hadoop 分布式文件系统和 Hadoop MapReduce 的脚本，start-dfs.sh 文件是运行 Hadoop 分布式文件系统的脚本，start-mapred.sh 文件是运行 Hadoop MapReduce 的脚本。首先，先对 start-all.sh 脚本文件进行简单介绍。

- bin/start-all.sh 脚本

```
<省略-Hadoop 配置加载>
…

#start dfs daemons
"$bin"/start-dfs.sh --config $HADOOP_CONF_DIR

#start mapred daemons
"$bin"/start-mapred.sh --config $HADOOP_CONF_DIR
```

Start-all.sh 脚本如上顺序所示分为三部分：①从 Hadoop 配置文件中开始加载；②启动 Hadoop 分布式文件系统；③启动 Hadoop MapReduce。

那么，运行 Hadoop 分布式文件系统和 Hadoop MapReduce 需要执行哪些进程呢？翻看目录可以知道，在 Hadoop 分布式文件系统中运行的有 Namenode、Secondary Namenode、Datanode。在 MapReduce 中运行的有 Task Tracker 和 Job Tracker。对各构成要素的介绍将在第 2 章 "Hadoop 分布式处理文件系统" 和第 3 章 "大数据和 MapReduce" 中涉及。

start-dfs.sh 脚本和 start-mapred.sh 脚本需要使用 hadoop-daemon.sh 和 hadoop-daemons.sh 脚本。hadoop-daemon.sh 脚本是将 Hadoop 关联的进程作为守护进程在当前服务器中运行的脚本。hadoop-daemons.sh 脚本是在其他服务器中（Datanode、Secondary Namenode、Job Tracker）传达执行命令的脚本。让我们来简单了解 start-dfs.sh 和 start-mapred.sh 的相关内容。start-dfs.sh 的内容如下：

- bin/start-dfs.sh 脚本

```
<省略-Hadoop 配置加载和几个变量处理>
…

#start dfs daemons
```

```
#start namenode after datanodes,to minimize time namenode is up w/o data
#note: datanodes will log connection errors untl namenode starts
"$bin"/hadoop-daemon.sh --config $HADOOP_CONF_DIR start namenode $nameStartOpt
"$bin"/hadoop-daemons.sh --config $HADOOP_CONF_DIR start datanode $dataStartOpt
"$bin"/hadoop-daemons.sh --config $HADOOP_CONF_DIR --hosts masters start secondarynamenode
```

- bin/start-mapred.sh 脚本

```
<省略-Hadoop 配置加载>
...

#start mapred daemons
#start jobtracker first to minimize connection errors at startup
"$bin"/hadoop-daemon.sh --config $HADOOP_CONF_DIR start jobtracker
"$bin"/hadoop-daemons.sh --config $HADOOP_CONF_DIR start tasktracker
```

为了方便理解，简单编写了此脚本的内容。此脚本由以下三部分组成：①加载 Hadoop 配置；②启动 Job Tracker；③启动 Task Tracker。

已经完成了 bin 目录下的主要脚本 start-all.sh、start-dfs.sh、start-mapred.sh 的介绍。现在已经完成了运行 Hadoop 的准备工作，接下来尝试使用脚本运行 Hadoop。

5. 启动 Hadoop 分布式文件系统

只启动 Hadoop 分布式文件系统需要使用 start-dfs.sh 脚本。参照下列内容通过使用 start-dfs.sh 脚本运行 Hadoop 分布式文件系统。

- 启动 Hadoop 分布式文件系统

```
$ bin/start-dfs.sh
starting namenode, logging to /home/hadoopuser/hadoop-1.0.0/libexec/../
    logs/hadoop-hadoopuser-namenode-localhost.out
localhost:starting datanode, logging to /home/hadoopuser/hadoop-1.0.0/
    libexec/../logs/hadoop-hadoopuser-datanode-localhost.out
localhost:starting secondarynamenode,logging to /home/hadoopuser/hadoop-1.0.0/
    libexec/../logs/hadoop-hadoopuser-secondarynamenode-localhost.out
```

构建伪分布时在一个服务器中的所有节点都在运行。如上文所述，Hadoop 分布式文件系统由 Namenode、Datanode、Secondary Namenode 构成。通过以上信息，可以确认 Namenode、Datanode、Secondary Namenode 已经被启动。同时，相关节点日志的存储路径也可以通过以上信息进行确认。

确认所有的节点是否正常工作。Node 是否处于工作中可以通过 java virtual machine process status tool-jps 进行确认。

- 使用 java virtual machine process status tool-jps 进行工作状态确认

```
$ jps
14930 Datanode
15064 SecondaryNameNode
14807 Namenode
15114 Jps
```

通过以上命令确认各节点是否处于运行中。在以上命令中，节点名称前面的编号代表 Linux 上进程的标号。通过 ps-A 命令确认相关进程的编号，也可以确认 Java 命令是否在执行。

6. 停止运行 Hadoop 分布式文件系统

下面介绍 Hadoop 分布式文件系统和 MapReduce 同时运行的方法。运行这两项程序有几点注意事项。我们同时使用 start-all.sh 脚本运行两种程序，如果出现 Hadoop 分布式文件系统正在运行中状态，执行 start-all.sh 命令则会发生问题，所以这里介绍中断 Hadoop 分布式文件系统的方法。

在 Hadoop 分布式文件系统运行中执行 start-all.sh 脚本会出现如下信息。

- 运行中 start-all.sh 执行问题

```
$ bin/start-all.sh
namenode running as process 685.Stop it first.
localhost: datanode running as process 877.Stop it first.
localhost:secondary namenode running as process 1097.Stop it first.
starting jobtracker, logging to /home/hadoopuser/hadoop-1.0.0/libexec/..
    /logs/hadoop-hadoopuser-jobtracker-localhost.out
localhost:starting tasktracker, logging to /home/hadoopuser/hadoop-1.0.0/
    libexec/../logs/hadoop-hadoopuser-tasktracker-localhost.out
```

通过以上信息可以确认，由于所有的 Namenode、Datanode、Secondary Namenode 都在运行中，需要中断相关节点的工作并执行命令。此情况下，需要中断并重新启动 Namenode、Datanode、Secondary Namenode。使用 bin 目录的 stop-dfs.sh 脚本中断相关节点。

- Hadoop 分布式文件系统运行中断及进程确认

```
$ bin/stop-dfs.sh
stopping namenode
localhost: stopping datanode
localhost:stopping secondary namenode
$ jps
3190 Jps
```

用极其简单的方法就可中断运行中的 Hadoop 分布式文件系统。通过以上结果可以确认，只使用 stop.dfs.sh 命令就可以一次性中断三个节点。

7. 启动 Hadoop 分布式文件系统和 Hadoop MapReduce

使用运行 Hadoop 源代码中的 Hadoop 分布式文件系统和 Hadoop MapReduce 的脚本，尝试同时运行两种程序。如上文所述，使用 bin 目录里的 start-all.sh 脚本文件可以同时运行 Hadoop 分布式文件系统和 Hadoop MapReduce。

- 启动 Hadoop 分布式文件系统和 Hadoop MapReduce

```
$ bin/start-all.sh
starting namenode, logging to /home/hadoopuser/hadoop-1.0.0/libexec/../
    logs/hadoop-hadoopuser-namenode-localhost.out
localhost:starting datanode, logging to /home/hadoopuser/hadoop-1.0.0/
    libexec/../logs/hadoop-hadoopuser-datanode-localhost.out
localhost: starting secondarynamenode,logging to /home/hadoopuser/
    hadoop-1.0.0/libexec/../logs/hadoop-hadoopuser-secondarynamenode-localhost.out
starting jobtracker, logging to /home/hadoopuser/hadoop-1.0.0/libexec/../
    logs/hadoop-hadoopuser-jobtracker-localhost.out
localhost:starting tasktracker, logging to /home/hadoopuser/hadoop-1.0.0/
    libexec/../logs/hadoop-hadoopuser-tasktracker-localhost.out
$ jps
7435 TaskTracker
7241 JobTracker
```

```
6946 Datanode
7472 Jps
7158 Secondary Namenode
6764 Namenode
```

所有的节点正常运行后，为了运行 Hadoop 分布式文件系统，Namenode 与 Datanode、Job Tracker 与 Task Tracker 需要同时工作。

8．使用 Web 界面确认工作状态

运行 Hadoop 时，使用 Web 界面则自动开启可以查看信息的页面。使用 Web 界面可以确认 Hadoop 分布式文件系统的构成要素的状态和使用量情况。以 Hadoop MapReduce 的管理员模式进入后，可以获取当前 Hadoop MapReduce 执行的任务以及配置信息等。

Namenode 使用 50070 端口传达 Hadoop 分布式系统的信息。参照图 1-13 可以了解文件系统的信息和存储信息的文件的相关内容。浏览该页面可以了解到很多信息。下面就已有的信息做简单介绍。

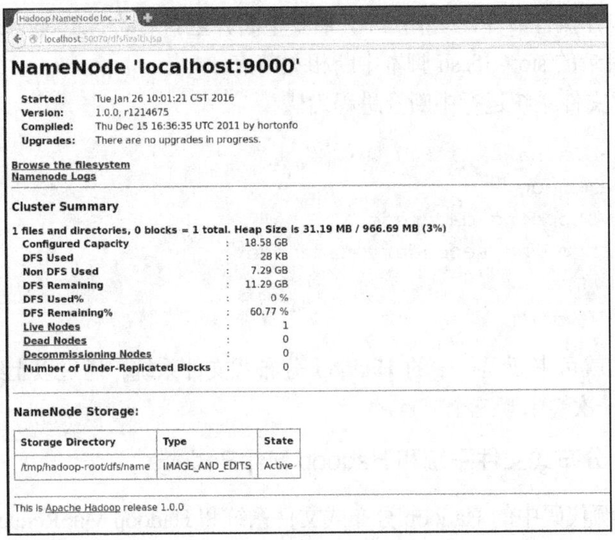

图 1-13　Hadoop 分布式文件系统的 Web 界面

通过图 1-13 可以知道当前的 Namenode 的 hostname 为 localhost，使用 9000 端口与用户进行通信。单击 Browse the filesystem，可以确认保存在文件系统里的文件目录。图 1-14 所示内容为无任何数据被存储，从而不存在任何文件。

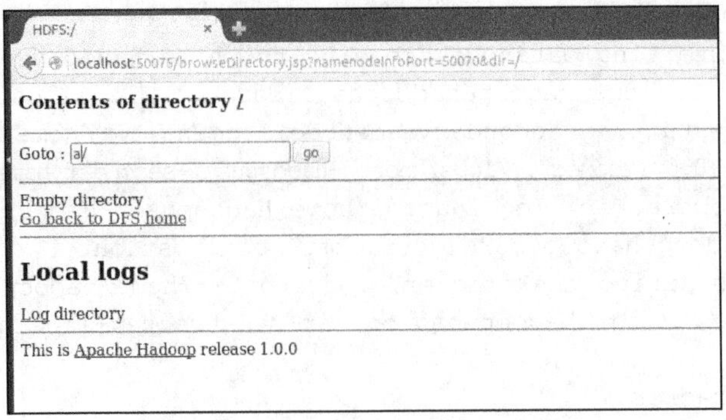

图 1-14　Hadoop 分布式文件系统的目录信息

单击图 1-13 中 Browse the filesystem 下面的 Namenode Logs，通过 Web 界面可以确认保存在 Namenode 上的日志。单击 Namenode Logs 可以确认（如图 1-15 所示）存储在 Namenode 上的日志文件的目录。单击相应的文件，可以确认日志内容。

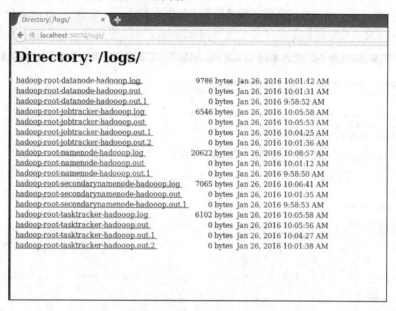

图 1-15　Hadoop 分布式文件系统的日志文件

通过 Web 界面可确认集群的信息。查看图 1-13 可确认，在当前集群容量存储的 18.58GB 中，Hadoop 分布式文件系统可以使用的空间为 11.29GB。当前运行中的节点（Live Nodes）为一个，非运行的节点（Dead Nodes）为零。单击 Live Nodes，可确定当期运行中的节点信息。当前运行中的节点为一个，与之相关的信息也可以进行确认。参照图 1-16 可以知道当前运行中的节点的名称，还有 Datanode 的空间为 18.58GB，剩余空间为 11.29GB。

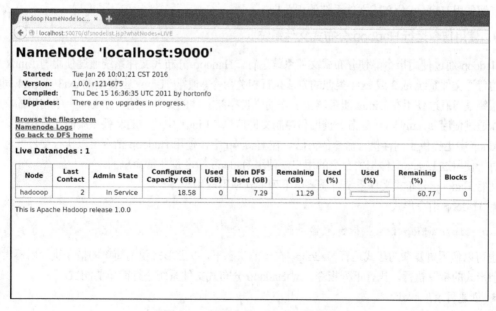

图 1-16　运行中的 Datanode 的信息

不仅是 Hadoop 分布式文件系统，Hadoop MapReduce 的信息也可以进行确认。Hadoop MapReduce 的信息可以通过 Job Tracker 确认。Job Tracker 利用 5030 端口传达 Hadoop MapReduce 信息。当前不存在运行中的 MapReduce，所以只对 Job Tracker 传达的信息进行了解。

访问 Job Tracker 后，可以确认集群的简介信息，如图 1-17 所示，包括 heap memory 的大小、运行中的任务的相关信息。这里提供了很多关于使用 MapReduce 有用的信息，务必进行参考。

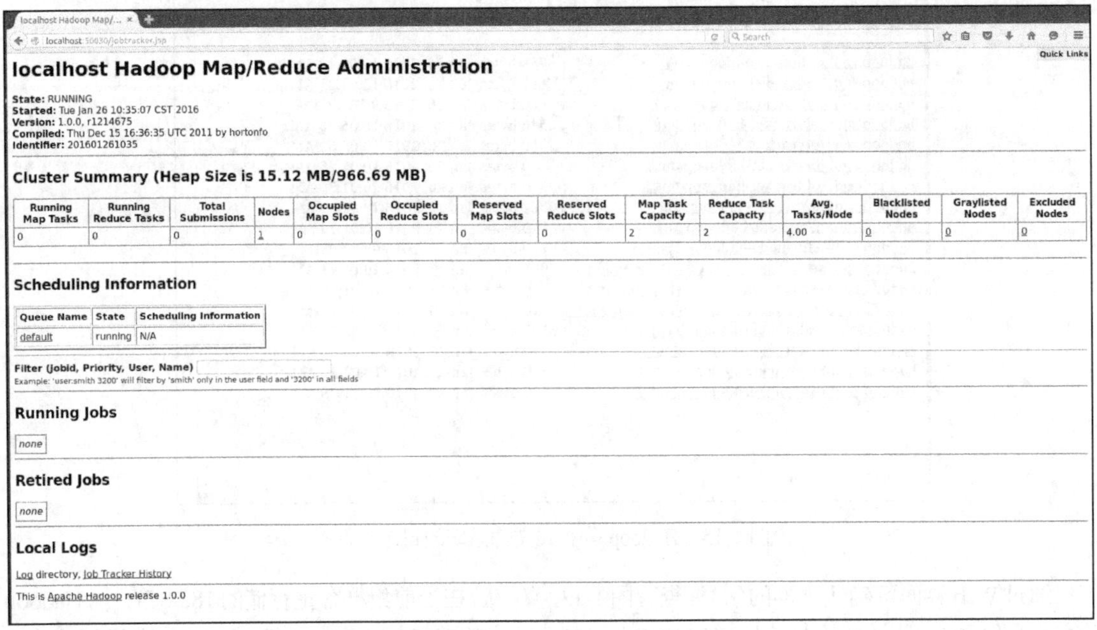

图 1-17　Hadoop MapReduce 的 Web 界面

为了确认运行状态中的 Hadoop 分布式文件系统和 Hadoop MapReduce 的状态信息，对 Web 界面进行了介绍。Web 界面只提供状态信息，执行 Hadoop 分布式文件系统相关命令时需要使用指令。一起来了解使用 Hadoop 分布式文件系统的相关指令。

9. 使用指令运行 Hadoop 分布式文件系统

Hadoop 通过使用指令能使分布式文件系统运行。Hadoop 分布式文件系统通过使用与 Linux 中已配置的普通文件系统 ext3 或 ext4 类似的方法执行相关命令。通常，Linux 上使用的 ext3 或 ext4 同类的文件系统是指通过使用在 Linux 服务器上工作的磁盘存储文件的文件系统。在 Linux 中使用的文件系统可以通过使用 ls、mv、cp 等指令查询和控制文件信息。Linux 中使用的文件系统的文件相关命令，在 Hadoop 中也提供了同样执行命令的方法。在 Hadoop 中，使用 Hadoop 指令可以执行文件的相关命令。对于使用过 Linux 文件相关命令的用户，使用 Hadoop 指令是非常简单的。

运行 Hadoop 分布式文件系统时需要以下列形式使用应用程序。

- Hadoop 指令形式

```
bin/hadoop fs - 指令(传输因子)
```

也可以使用更复杂的形式运行 Hadoop。在当前状态下，以上形式使用简单的指令执行后再尝试使用复杂形式的指令执行。执行下列指令，对 Hadoop 分布式文件系统进行简单的测试。

- 创建目录：mkdir
- 查找文件和目录：ls

- 文件上传：put
- 文件删除：rm

Hadoop 分布式文件系统使用与当前自身账号相同名称的用户目录。例如，当前使用的 Linux 账号为 hadoopuser，则/user/hadoopuser 可以看作用户的目录。此目录不能自动生成，需要由用户创建。在未创建目录时执行目录查询指令，会出现下列错误信息。

- hadoop ls 指令错误

```
$ bin/hadoop fs -ls
ls: Cannot access.: No such file or directory.
```

以上信息为目录不存在的情况下，用户发出目录查询请求时提示的错误信息。正确的操作为使用目录创建命令（mkdir）创建目录。当前用户的 Linux 账号为 hadoopuser。将 hadoopuser 设置为与自身账户一致的名称后进行实际操作。当前使用的账号可在命令窗输入 whoami 进行查询。

- 使用 hadoop mkdir 指令创建目录

```
$ bin/hadoop fs -mkdir /user/hadoopuser
$ bin/hadoop fs -ls
$
```

已经完成创建目录后，再次执行查询命令。不会出现错误信息在创建的目录中时，使用上传指令（put）尝试上传文件。

- 使用 hadoop put 指令上传文件

```
$ bin/hadoop fs -put build.xml.
$ bin/hadoop fs -ls
Found 1 items
-rw-r--r--  1 hadoopuser supergroup     1366 2012-06-05 00:17 /user/
    hadoopuser/build.xml
```

使用 Hadoop 指令完成了文件上传，可以确认相关文件已保存在用户目录中。在这里，请注意使用点（.）在用户目录中直接上传文件。尝试再多上传几个文件。

- 使用 hadoop put 指令上传多个文件

```
$ bin/hadoop fs -put *.txt.
$ bin/hadoop fs -ls
Found 5 items
-rw-r--r--  1 hadoopuser supergroup   439239 2014-06-05 00:23 /user/
    hadoopuser/CHANGES.txt
-rw-r--r--  1 hadoopuser supergroup    13366 2014-06-05 00:23 /user/
    hadoopuser/LICENSE.txt
-rw-r--r--  1 hadoopuser supergroup      101 2014-06-05 00:23 /user/
    hadoopuser/NOTICE.txt
-rw-r--r--  1 hadoopuser supergroup     1366 2014-06-05 00:23 /user/
    hadoopuser/README.txt
-rw-r--r--  1 hadoopuser supergroup   112612 2014-06-05 00:23 /user/
    hadoopuser/build.xml
```

作者将 Hadoop 目录中所有的文件上传了，其中有最初上传的 build.xml 文件和其余 4 个 txt 文件。下面使用文件清除命令尝试清除多个文件中的一个文件。

- 使用 hadoop rm 命令清除文件

```
$ bin/hadoop fs -rm README.txt
```

```
Deleted hdfs://localhost:9000/user/hadoopuser/README.txt
$ bin/hadoop fs -ls
Found 4 items
-rw-r--r--  1 hadoopuser supergroup    439239 2014-06-05 00:23 /user/
    hadoopuser/CHANGES.txt
-rw-r--r--  1 hadoopuser supergroup     13366 2014-06-05 00:23 /user/
    hadoopuser/LICENSE.txt
-rw-r--r--  1 hadoopuser supergroup       101 2014-06-05 00:23 /user/
    hadoopuser/NOTICE.txt
-rw-r--r--  1 hadoopuser supergroup    112612 2014-06-05 00:23 /user/
    hadoopuser/build.xml
```

这里是将上传的 README.txt 文件进行了清除。输出结果信息，查询目录时可以确认相关文件已不存在。使用简单的命令尝试了运行 Hadoop 分布式文件系统。详细的命令可以参考 Hadoop 分布式文件系统的内容。

1.3.4 分布式集群（Cluster）构建

集群的构建使用多台 Machine 的方法进行构建。实际情况中可将数据分散后进行存储，在其他 Machine 中运行各节点，将数据进行分散存储。实际情况中最常用的方法为：如果有多台 Machine，则使用多台；如果没有多台 Machine，则在各自计算机中准备虚拟 Machine，并在分布式环境中构建集群。

为构建分布式集群准备下列带有 hostname 的服务器目录。

- master：运行 Namenode 和 Job Tracker 的 Machine。
- backupmaster：运行 Secondary Namenode 的 Machine。
- slave1、slave2、slave3、slave4：运行 Datanode 和 Task Tracker 的 Machine。

准备好 Machine 后设置 ssh 无密码登录，准备配置文件后进行操作。

1. 构建分布的 ssh 设置

伪分布的构建方法是在同一服务器中运行所有节点，只需在自身的节点上登录 ssh 密匙，即可完成所有节点的运行。然而分布的构建方法为：因为存在多个 Machine，所以需要在各 Machine 上登录 ssh 密匙。下面介绍设置 ssh 无密码登录。

参照 Hadoop 指令的执行方法可以知道为什么需要登录 ssh 密匙。在伪分布模式的构建方法中尝试了使用 start-dfs.sh、stop-dfs.sh 或 start-all.sh、stop-all.sh 命令启动或中止服务器。在分布的构建方法中，由于各个节点独立存在于各个 Machine 中，所以操控其他 Machine 时，需要在访问相关 Machine 后运行所需的节点。在运行 shell 脚本的服务器中，Namenode 和 Job Tracker 同时运行，在剩余的服务器中，Secondary Namenode 和 Datanode、Task Tracker 同时运行。即只运行一个脚本就可以同时运行自身服务器中的节点和其他服务器中的节点。那么如何运行其他服务器的节点呢？这时需要使用 ssh。执行脚本的服务器以 ssh 方式访问其他服务器，运行其他服务器所需的节点。所以需要通过使用 ssh 密匙，在运行脚本的服务中，运行访问其他服务器中所需的节点。

我们在上述准备的 6 个服务器中选择在 master 服务器中执行 shell 脚本。那么，在 master 服务器中运行 Namenode 和 Job Tracker，master 服务器以 ssh 方式访问 slave1、slave2、slave3、slave4 服务器时需要驱动所需的节点。因为 master 服务器访问其他服务器时需要驱动所需的节点，所以需要使用 ssh rsa key 来访问其他服务器。

- 创建 ssh rsa key

```
$ ssh-keygen -t rsa -P ""
Generating public/private rsa key pair.
```

```
Enter file in which to save the key (/home/hadoopuser/.ssh/id_rsa):<enter>
Created directory '/home/hadoopuser/.ssh'.
Your identification has benn saved in /home/hadoopuser/.ssh/id_rsa.
Your public key has been saved in /home/hadoopuser/.ssh/id_rsa.pub.
The key fingerprint is:
42:e4:b9:7f:ae:e1:cc:93:59:48:93:55:38:60:72:f3 hadoopuser@localhost
The key's randomart image is:
…
```

创建 ssh rsa key 可以确认在用户目录（作者目录/home/hadoopuser）里已经创建了.ssh/id_rsa.pub 文件。将 id_rsa.pub 文件复制到其他服务器，将 id_rsa.pub 中的内容复制后粘贴到.ssh/authorized_keys 文件中完成 ssh rsa key 设置后，在 master 服务器上尝试用如下方式的无密码登录。

- 无密码 ssh 登录

```
$ ssh backupmaster
Welcome to Ubuntu 11.10 (GNU/Linux 3.1.1 X86_64)

*Documentation: https://help.ubunntu.com/
ast login: Sat May 20 12:45:41 2014 from master
$
```

我们已经对以 master 服务器访问 backupmaster 时以无密码方式登录的事项进行了确认。为构建分布式，在剩余的所有服务器中也需要对以 ssh 方式的无密码登录进行设置。因此，尝试使用上列命令登录其他服务器，出现问题时对 ssh 进行重新设置。

2. 构建分布式的配置文件

前面对伪分布式的配置文件进行了介绍。这里将了解构建分布式时需要对配置文件进行哪些更改，以及对各自的意义进行介绍。

（1）配置 masters 和 slaves 文件

Masters 和 slaves 文件的用途已在前面提及，是记入运行 Secondary Namenode 和 Datanode、Task Tracker 的 Machine 的相关信息。在 masters 文件中，记入 Secondary Namenode 运行服务器的 hostname、IP 地址，在 slaves 文件中记入 Datanode 和 Task Tracker 运行服务器的 hostname 或 IP 地址。同时，此文件只需要记录在运行 Namenode 的 master 服务器中。

这里由于 Secondary Namenode 运行的服务器的 hostname 为 backupmaster，因此在文件中记入 backupmaster。Datanode 和 Task Tracker 运行的服务器为 slave1、slave2、slave3、slave4、slave5，因此在文件中记入 slaves。

- conf/masters 文件配置

```
backupmaster
```

- conf/slaves 文件配置

```
slave1
slave2
slave3
slave4
```

(2) 配置 hadoop-env.sh 文件

构建伪分布需要在hadoop-env.sh中添加JAVA_HOME配置。构建分布时也需要添加JAVA_HOME。此文件作为在启动各服务器中的所需节点时的运行文件，在所有的服务器中（master、backupmaster、slave1、slave2、slave3、slave4、slave5）均进行如下配置。

- conf/hadoop-env.sh 文件配置

```
# Set Hadoop-specific environment variables here.

# The only required environmet variabke is JAVA_HOME.ALL others are
#optional.When running a distributed configuration it is best to
#set JAVA_HOME in this file,so that it is correctly defined on
#remote nodes.

#The java implementation to use. Required.
export JAVA_HOME=/usr/lib/jvm/java-6-openjdk/jre

#Extra Java CLASSPATH elements. Optional.
#export HADOOP_CLASSPATH=
```

〈省略〉

(3) 配置 core-site.xml 文件

构建分布式需要对 core-site.xml 文件中 Namenode 所在的服务器进行明示。在 Secondary Namenode、Datanode、Task Tracker 运行的服务器中对此文件进行参考，并获取 Namenode 运行的服务器的信息。因此，需要在包含所有 Namenode 的服务器中对此文件进行统一设置。使用此文件，可以知道 Namenode 运行服务器的 hostname 和端口号，因此需要对 Namenode 运行服务器的 hostname 和端口号进行明示。

- 配置 conf/core-site.xml 文件

```xml
<?xml version="1.0"?>
<?xml-stylesheet type="text/xsl"href="configuration.xsl"?>

<!--Put site-specific property overrides in this file.-->

<configuration>
 <property>
    <name>fs.default.name</name>
    <value>hdfs://master:9000</value>
    <description>Set dfs URI. Set dfs ip or domain name and port.</description>
 </property>
</configuration>
```

(4) 配置 hdfs-site.xml 文件

使用此文件在伪分布式中将复制个数设置为1。为构建分布已经准备slave1～slave14共14个Machine，将Hadoop 分布式文件系统的所有文件添加 3 个副本。将此文件只设置到Namenode 运行的master Machine 上。

- 配置 conf/hdfs-site.xml 文件

```xml
<?xml version="1.0"?>
<?xml-stylesheet type="text/xsl"href="configuration.xsl"?>
```

```
<!--Put site-specific property overrides in this file.-->

<configuration>
 <property>
     <name>dfs.replication</name>
     <value>3</value>
     <description>Set replication number of dfs</description>
 </property>
</configuration>
```

(5) 配置 mapred-site.xml 文件

在伪分布中，设置了此文件的 Job Tracker 的 hostname 和端口信息。此文件是为了 Task Tracker 运行的服务器向 Job Tracker 运行的服务器传达 hostname 和端口号。所以，在 Job Tracker 和 Tracker 运行的服务器上都需要配置此文件。因为分布构建方法中 Job Tracker 在 master Machine 中运行，所以文件的配置需要对相关信息进行修改。

- 配置 conf/mapred-site.xml 文件

```
<?xml version="1.0"?>
<?xml-stylesheet type="text/xsl"href="configuration.xsl"?>

<--Put site-specific property overrides in this file.-->

<configuration>
 <property>
     <name>mapred.job.tracker</name>
     <value>master:9001</value>
     <description>ip and port information of jobtracker</description>
 </property>
</configuration>
```

3. Hadoop 分布式文件系统初始化

完成所有的设置后，使用构建伪分布式时同样的命令初始化 Hadoop 分布式文件系统，并实际驱动 Hadoop 分布式文件系统。

构建伪分布同时进行文件系统元数据的初始化的格式化任务。使用下列命令进行格式化。在存在 Namenode 的 master 服务器中执行格式化。

- 文件系统格式化

```
$ bin/hadoop namenode -format
14/06/06 15:29:55 INFO namenode.Namenode:STARTUP_MSG:
/************************************************************
STARTUP_MSG: Starting Namenode
STARTUP_MSG: host=master
STARTUP_MSG: args=[-format]
STARTUP_MSG: version=1.0.0
STARTUP_MSG: build=https://svn.apache.org/repos/asf/hadoop/common/branches/
    branch-1.0 -r 1214675;compiled by 'hortonfo' on Thu Dec 15 16:36:35 UTC 2011
```

```
*********************************************************/
Re-format filesystem in /tmp/hadoop-ubuntu/dfs/name? (Y or N) Y

14/06/06 15:29:58 INFO util.Gset: VM type       =64-bit
14/06/06 15:29:58 INFO util.Gset: %2 max memory=19.33375 MB
14/06/06 15:29:58 INFO util.Gset: capacity    =2^21=2097152 entries
14/06/06 15:29:58 INFO util.Gset: recommended=2097152,actual=2097152
14/06/06 15:29:59 INFO namenode.FSNamesystem: fsOwner=ubuntu
14/06/06 15:29:59 INFO namenode.FSNamesystem: supergroup=supergroup
14/06/06 15:29:59 INFO namenode.FSNamesystem: isPermissionEnabled=true
14/06/06 15:29:59 INFO namenode.FSNamesystem: dfs.block.invalidate.limit=100
14/06/06 15:29:59 INFO namenode.FSNamesystem: isAccessTokenEnabled=false
   accessKeyUpdateInterval=0 min(s),accessTokenLifetime=0 min(s)
14/05/05 16:40:47 INFO namenode.Namenode:Caching file names occuring more than
   10 times
14/05/05 16:40:47 INFO common.Storage: Image file of size 112 saved in 0 seconds.
14/05/05 16:40:47 INFO common.Storage: Storage directory /tmp/hadoop-
   hadoopuser/dfs/name has been successfully formatted.
14/06/06 15:29:59 INFO namenode.Namenode: SHUTDOWN_MSG:
/*************************************************************
SHUTDOWN_MSG:shuting down Namenode at master
*************************************************************/
```

如果是当前文件系统运行过的位置，会出现是否再进行格式化的相关提示信息。单击"Y"，则文件系统进行初始化。单击"Y"，执行初始化后，再次执行格式化，会出现如上格式化成功的提示信息。

4．启动 Hadoop 分布式文件系统和 Hadoop MapReduce

在分布式中也可以如同在伪分布式一样同时运行 Hadoop 分布式文件系统和 Hadoop MapReduce。只运行 Hadoop 分布式文件系统的方法与伪分布式一样使用 bin/start-dfs.sh 命令执行。尝试使用 bin/start-all.sh 文件运行 Hadoop 分布式文件系统和 Hadoop MapReduce。

运行 Hadoop 分布式文件系统和 Hadoop MapReduce 前先确认是否有运行中的节点后在运行两个程序。
- 确认正在运行的进程

```
$ jps
5313 Jps
```

如上所述，在所有 Machine 中如没有以 Java 虚拟 Machine 运行的节点，则可以运行 Hadoop 分布式文件系统和 Hadoop MapReduce。使用 bin/start-all.sh 命令开始执行。
- 启动 Hadoop 分布式文件系统和 Hadoop MapReduce

```
$ bin/start-all.sh
starting namenode, logging to /home/ubuntu/hadoop-1.0.0/libexec/../logs/
   hadoop-hadoopuser-namenode-master.out
slave1:starting datanode, logging to /home/ubuntu/hadoop-1.0.0/libexec/..
   /logs/hadoop-ubuntu-datanode-slave1.out
slave2:starting datanode, logging to /home/ubuntu/hadoop-1.0.0/libexec/../
   logs/hadoop-ubuntu-datanode-slave2.out
slave3:starting datanode, logging to /home/ubuntu/hadoop-1.0.0/libexec/../
   logs/hadoop-ubuntu-datanode-slave3.out
```

```
slave4:starting datanode, logging to /home/ubuntu/hadoop-1.0.0/libexec/../
    logs/hadoop-ubuntu-datanode-slave4.out
backupmaster: starting secondarynamenode,logging to /home/ubuntu/hadoop
    -1.0.0/libexec/../logs/hadoop-ubuntu-secondarynamenode-backupmaster.out
starting jobtracker, logging to /home/ubuntu/hadoop-1.0.0/libexec/..
    /logs/hadoop-ubuntu-jobtracker-master.out
slave1:starting tasktracker,logging to /home/ubuntu/hadoop-1.0.0/libexec/..
    /logs/hadoop-ubuntu-tasktracker-slave1.out
slave2:starting tasktracker,logging to /home/ubuntu/hadoop-1.0.0/libexec/..
    /logs/hadoop-ubuntu-tasktracker-slave2.out
slave3:starting tasktracker,logging to /home/ubuntu/hadoop-1.0.0/libexec/..
    /logs/hadoop-ubuntu-tasktracker-slave3.out
slave4:starting tasktracker,logging to /home/ubuntu/hadoop-1.0.0/libexec/..
    /logs/hadoop-ubuntu-tasktracker-slave4.out
```

执行命令后可以确认Namenode、Secondary Namenode、Datanode、Task Tracker在各自服务器上正常工作的运行结果。这里输出结果的形态与分布式构建的形态不同。在运行结果信息中明示了存储各节点日志的服务器和文件名称。伪分布式中把所有的日志存储在一个Machine中，而在分布式中各节点在不同的服务器中运行。因此，输出的结果显示了节点运行时，日志存储在哪个服务器的哪个文件中。例如，参照输出结果的第二行，在slave1服务器中启动Datanode，日志记录在/home/ubuntu/hadoop-1.0.0/libexec/../logs/hadoop-ubuntu-datanode-slave1.out文件中。剩余行的内容也可以通过同样的方式确认结果信息，并获知是在哪个服务器上有哪些节点在运行，以及日志文件存储的位置。

在各服务器中以需要的设置形式运行节点。接下来对访问各服务器的被设置的节点是否处于正常工作状态进行确认。

- 检查master服务器工作状态

```
$ jps
5887 Jps
5382 Namenode
5719 JobTracker
```

- 检查backupmaster工作状态

```
$ jps
5635 SecondaryNamenode
```

- 检查各slave服务器的工作状态

```
$ jps
18045 Jps
17995 TaskTracker
17819 Datanode
```

以上内容对构建分布式时各个服务器的设置和运行方法进行了介绍。Hadoop可以使用比想象中简单的设置方法进行构建。运行节点的方法也非常简单。这里未提及的设置也存在很多种，建议读者将上文中提及的方法进行熟记。完成所有配置后，为了确认运行状态使用Web界面。

5．使用Web界面确认运行状态

在分布式中也可以使用Web界面确认各节点是否正常运行。访问保有Namenode的50070端口并确认Hadoop分布式文件系统的状态。参照图1-18，可以确认分布式系统的整体容量、现在使用中的容量，以及可以使用的容量等。同时点击相应的链接可以了解各个节点相关的信息。当前因为运行了 slave1~slave14，可以确认有 4 个运行中的节点（Live Nodes），不存在未运行的节点（Dead Nodes）。单击各自的链接了解更多的相关信息。

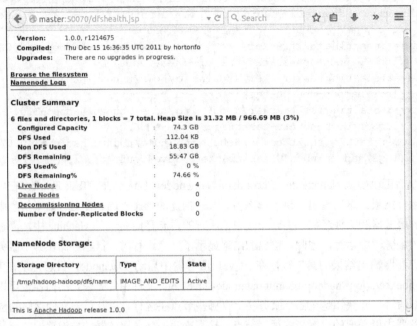

图 1-18　Hadoop 分布式文件系统的 Web 界面

访问保有 Job Tracker 的 Machine 50030 端口，可以了解到 Hadoop MapReduce 的相关信息。

参照图 1-19 可以确认 Hadoop MapReduce 的运行状态，当前为无任何任务执行的状态。在相关页面上使用 4 个节点运行程序，则可以确定的节点为 4 个。

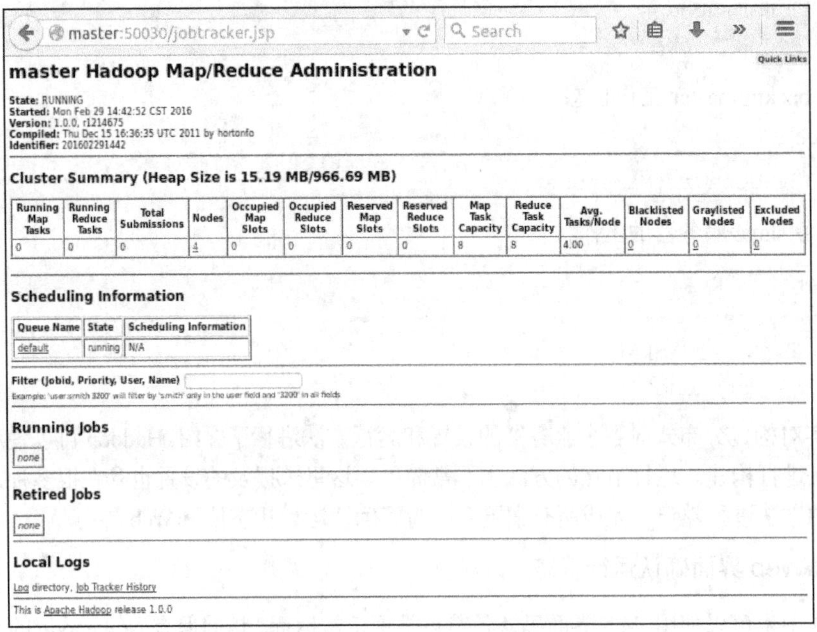

图 1-19　Hadoop MapReduce 的 Web 界面

1.4 Hadoop 分布式文件系统指令

Hadoop 有几种界面。使用前文提及的 Web 界面可以获得 Hadoop 的相关信息。使用指令界面可以在 Hadoop 分布式文件系统中执行命令。这里介绍 Hadoop 的指令 bin/Hadoop，并再次对运行节点的方法和格式化进行了解，同时介绍文件系统的用户指令（dfsadmin）和用户运行文件系统时所需的指令（fs）。

通过构建伪分布式的方法我们使用了 Hadoop 分布式文件系统的指令。接下来会更详细地介绍文件系统相关的指令并了解各指令所担任的角色。通过使用 bin 目录下的 Hadoop 脚本文件可以执行 Hadoop 指令。执行命令后，会输出可用指令的使用方法。那么，一起来执行 Hadoop 命令。

- 执行 Hadoop 命令

```
$ bin/Hadoop    <确认 Hadoop 分布式文件系统指令的使用方法>
Usage:hadoop [--config confdir] COMMAND
where COMMAND is one of
...
```

在命令窗口输入 bin/Hadoop，使用 Hadoop 命令可以确定执行指令的相关目录，在 bin/Hadoop 后面输入这些命令，则可以执行相应的任务。具体指令如表 1-3 所示。

表 1-3　bin/Hadoop 命令的相关指令及说明

指令	说明
namenode-format	执行 Hadoop 分布式文件系统格式化
seondarynamenode	运行 Secondary Namenode
Namenode	运行 Namenode
datanode	运行 Datanode
dfsadmin	执行 Hadoop 分布式文件系统用户命令
mradmin	执行 Hadoop MapReduce 用户命令
fsck	执行 Hadoop 分布式文件系统检测命令
fs	执行 Hadoop 分布式文件系统 client 命令
balancer	执行 Hadoop 分布式文件系统再定位命令
jobtracker	运行 Hadoop MapReduce Job Tracker
pipes	执行 Pipe Job
tasktracker	运行 Hadoop MapReduce Task Tracker
job	管理 Hadoop MapReduce 的 Job
queue	输出 Hadoop MapReduce 的 Job Queue 信息
version	输出 Hadoop 的版本信息
jar<jar>	运行 jar 文件
distcp<srcurl><desturl>copy file or directories recursively	复制 Hadoop 分布式文件系统的文件或目录以及子目录
classpath	输出 Hadoop MapReduce 运行的 jar 文件或必要的库的路径
daemonlog	输出或修改各程序的日志 label 信息

执行 Hadoop 命令，不仅包括节点的相关指令，也包括执行各种任务时所需要的指令。本书中介绍主要的指令，更详细指令可以参考 Hadoop 官方网站的相关文件。

1. namenode-format 指令

namenode-format 是格式化文件系统的指令。作为格式化命令，在执行此命令时需要保证 Hadoop 分布式文件系统不在运行状态中。在 Namenode 运行的情况下，执行格式化会出现错误信息。

将 Namenode 格式化的情况如下：将现有的 Hadoop 分布式文件系统初始化后，新建文件系统时需要进行格式化。启动新的 Hadoop，需要使用 start-all.sh 或 start-dfs.sh 命令。运行 Hadoop 过程中如果出现问题，则需要进行格式化并重新执行脚本。

格式化 Namenode 时有几点注意事项。格式化是将当前的文件系统的元数据信息进行初始化。Hadoop 分布式文件系统将元数据存储在 Namenode 中，因此是将 Namenode 管理的信息进行初始化。使用前文中介绍的方法，不需要修改 Namenode 数据存储的位置，直接存储到 tmp/hadoop-hadoopuser/hdfs/name 上。执行格式化时只需要初始化相应目录中保有的数据，即不需要更改 Datanode 上的用户数据。来看看各 Datanode 的目录 tmp/hadoop-hadoopuser/hdfs/data/current。使用 Hadoop 完成文件上传后，可以确认在相应目录中已经保存了文件。执行格式化时，需要清除 Namenode 上的元数据和 Datanode 上的用户数据后，才能将相应的节点用作数据节点。

- 格式化执行案例

```
$ bin/hadoop namenode -format
```

2. Namenode 指令

此指令是运行 Namenode 的指令。如果在运行过程中，在 Namenode 上出现问题，可以使用 bin/hadoop namenode 指令单独运行 Namenode。

- Namenode 运行案例

```
$ bin/hadoop namenode 2> namenodelogfile.log &
```
<将通过标准输出得到的内容存储在日志文件中，以后台模式运行>

3. Secondary Namenode 指令

此指令是运行 Secondary Namenode 的指令。如前文所述，参照 conf/masters 文件执行指令，执行指令前需要确认在此文件中 Secondary Namenode 在哪个 Machine 中运行。

- Secondary Namenode 运行案例

```
$ bin/hadoop secondarynamenode 2> secondarynamenodelogfile.log &
```
<将标准输出方式导出的内容存储到日志文件中，并以后台模式运行>

4. Datanode 指令

此指令是运行 Datanode 的指令。使用此指令可以重启发生问题的 Datanode。

- Datanode 运行案例

```
$ bin/hadoop datanode 2> datanodelogfile.log &
```
<将标准输出方式导出的内容存储到日志文件中，并以后台模式运行>

5. dfsadmin 指令

此指令可执行 Hadoop 分布式文件系统的管理员权限的命令。使用 bin/hadoop dfsadmin-help 可以看到以管理员权限执行的 15 个指令。在这里介绍其中最实用的两项。

report 指令可以收集 Hadoop 分布式文件系统的统计信息和 Datanode 的信息。此处出现的信息为通过 Namenode Web 界面可以了解到的信息。

- 管理员信息输出执行案例

```
$ bin/hadoop dfsadmin -report          <Hadoop 分布式文件系统的相关信息输出>
```

safemode <安全模式> 是偶尔用于维护时使用的指令，在一般情况下不使用此指令。进入此模式后，文件系统有几项变动。在此模式下，不能修改原数据，即不能进行文件的上传和清除。同时，在文件系统内部不能执行 block 复制和清除任务。为了保证文件系统的安全性，文件不能进行修改。此外，初次运行 Namenode 时，需要在此模式下执行。

- 安全模式运行案例

```
$ bin/hadoop dfsadmin -safemode enter    <进入 safemode>
$ bin/hadoop dfsadmin -safemode leave    <终止 safemode>
```

6. fsck 指令

fsck 指令能够以多种多样的用途被使用，其中最常用的用途是作为测试文件系统完整性的工具。完整性测试是作为文件系统维护所必需的指令，文件系统管理员需要知道这个指令的执行方法。此指令也可以用作其他用途。使用此指令可以知道上传文件存储 block 的 Datanode。

为了测试文件系统的完整性进行下列操作：

$bin/hadoop fsck <从最上端的目录开始进行完整性测试>。

```
$ bin/hadoop fsck /
. . . .Status:HEALTHY
Total size:6703468018 B
Total dirs:4758
Total files:18725
Total blocks (validated):21325 (avg.block size 1341603 B)
Minimally replicated blocks: 21325 (100%)
Over-replicated blocks:      0(0.0%)
Under-replicated blocks:     0(0.0%)
Mis-replicated blocks:       0(0.0%)
Default replication factor: 3
Average block replication: 3.0
Corrupt blocks:       0
Missing replicas:     0 (0.0%)
Number of data-nodes:     4
Number of racks:      1

The filesystem under path '/' is HEALTHY
```

Hadoop fsck 指令的使用方法不同于 Linux fsck 指令的使用方法。Hadoop fsck 指令可以对整体的文件系统进行完整性测试，也可以对特定的目录种类进行完整性测试。在上面的操作案例的最后部分，在执行完整性测试的地方输入目录名称后，将对相关目录及其下端的所有目录进行完整性测试。

上列完整性测试的结果包含了除 open 文件以外的所有结果，即不包含当前文件系统中正在上传的文件。如果是文件正常上传中的情况可以看到以下结果。

- 完整性测试案例

```
$ bin/hadoop fsck /
. . . .Status:HEALTHY
Total size:6703468018 B (Total open files size:402653184 B)
Total dirs:4758
Total files:18726 (Files currently being written :1)
Total blocks (validated):21325 (avg.block size 1341603 B) (Total open file
```

```
        blocks     (not validated) :6)
    Minimally replicated blocks: 21325 (100%)
    Over-replicated blocks:       0(0.0%)
    Under-replicated blocks:      0(0.0%)
    Mis-replicated blocks:         0(0.0%)
    Default replication factor: 3
    Average block replication: 3.0
    Corrupt blocks:       0
    Missing replicas:     0 (0.0%)
    Number of data-nodes:      4
    Number of racks:       1

    The filesystem under path '/' is HEALTHY
```

参照以上结果，出现的总文件数量的部分表示现在正在上传的文件数量。此结果未反映上传文件状态的情况，所以不是准确的结果。获得包含现在正在上传中的文件的正确结果需要使用 -openforwrite 选项。如果有正在上传的文件，则直接使用选项进行测试。

- 包含上传中的文件的完整性测试案例

```
$ bin/hadoop fsck -openforwrite /user
```

7. fs 指令

fs 指令是 client 上可用指令的集合。client 通过将 Linux 上文件相关指令用作 fs 指令进行相关操作。在前面部分已经进行了使用，下面将对剩下的指令进行直接操作并测试。

- 文件系统目录输出案例

```
$ bin/hadoop fs -ls /
```

8. balancer 指令

balancer 指令是调节 Datanode 上数据均衡的指令。运行 Hadoop 分布式文件系统时，有时会出现 Datanode 间数据分布不均衡的情况。Datanode 上剩余空间不足时，通过增加 Datanode 增加文件系统的容量。添加 Datanode 后，新添的 Datanode 与以前的 Datanode 间可能会发生数据量不均衡的情况。并且在用户删除上传文件时，文件集中在特定的 Datanode 中会发生数据分布的不均衡，从而导致 Datanode 间使用量产生差异。在数据大量堆积的 Datanode 上，负荷量大会导致性能降低和故障。因而，新增 Datanode 的情况下，管理员需要将 Datanode 间存储的数据进行均衡处理。此时可以使用 balancer 命令。

执行 balancer 命令前，需要了解几点注意事项。执行 balancer 命令后，数据通过当前运行的 machine 和网络进行转移。此时，如果一次性转移过多的数据，在执行 balancer 指令期间，Hadoop 分布式文件系统上可能不允许执行其他指令。或者数据传输的带宽（bandwidth）小于网络资源时，执行 balancer 需要耗费很长的时间。因此，通过调节带宽，仅分配当时使用网络带宽的一部分让 balancer 指令能够正常使用。在 Hadoop 分布式文件系统中，可以设置带宽，便于 balancer 指令的使用。使用此功能，可以让 Hadoop 分布式文件系统正常运行并且能同时执行 balancer 指令。此设置可以在 hdfs-site.xml 文件中进行。

- 使用 hdfs-site.xml 文件设置网络带宽

```
<property>
    <name>dfs.balance.bandwidthPerSec</name>
    <value>1048576</value>
```

```
    <description>Specifies the maximum banwidth that each datanode can utilize
        for the balancing purpose in term of the number of bytes per second.
    </description>
</property>
```

通过此设置,可以在 Hadoop 分布式文件系统中使用 balancer 命令设置网络带宽。在 Hadoop 分布式文件系统中,使用 balancer 命令的网络带宽设置为每秒 1MB(每秒 1 048 576byte)。想要修改此数值时,可以使用以上的设置方法。

在 balancer 中也可以设置临界值均衡 Datanode 间的数据。执行 balancer 时,达到一定程度的数据分散后,存在一个不会再执行数据分散任务的临界值。临界值可设置为 0~100%,基本设置值为 10%。百分比代表的意义为:将 Datanode 的剩余空间以百分比的形式进行换算。按照基本设置值将 Datanode 剩余空间的差异设置为小于 10%,再执行 balancer。参考下列案例,尝试均衡运行中的文件系统。

● 使用 balancer 均衡 Datanode 间数据的案例

```
$ bin/hadoop balancer -threshold 3
```

1.5 小　　结

Hadoop 以 Lucene 作为开始,伴随 Nutch 的成长一直发展至今。早期,Nutch 项目是以数据存储的分布式文件系统作为开始的。之后,Doug Cutting 意识到了分布式文件系统和数据分析平台使用的可能性,可以将 Hadoop 应用到大量的领域,并将 Hadoop 进行了独立开发。此后,Yahoo 公司构建了巨大的集群,通过进行多项试验促进了 Hadoop 的发展。这样发展而来的 Hadoop 在今天的研究领域、服务领域以及其他大量的领域中被使用,且一直处于持续发展中。

Hadoop 由 Hadoop 分布式文件系统和 Hadoop MapReduce 构成。Hadoop 分布式文件系统用于存储数据,Hadoop MapReduce 以存储在 Hadoop 分布式文件系统上的数据作为基础执行数据分析任务。Hadoop 分布式文件系统由 Namenode 和 Datanode 构成,Hadoop MapReduce 由 Job Tracker 和 Task Tracker 构成。使用 Hadoop 包可以在多个服务器上构建 Hadoop 分布式文件系统和 Hadoop MapReduce。构建完成的 Hadoop 分布式文件系统和 Hadoop MapReduce 通过使用 Web 界面向用户提供信息。同时,通过终端界面执行 Hadoop 分布式文件系统和 Hadoop MapReduce 的命令。

第 2 章　Hadoop 分布式处理文件系统

2.1　Hadoop 分布式文件系统的设计
2.2　概观 Hadoop 分布式文件系统的整体构造
2.3　Namenode 的角色
2.4　Datanode 的角色
2.5　小结

※ 摘要

本章将详细介绍用于大数据存储的 Hadoop 分布式文件系统的设计、构造以及具体事项。Hadoop 分布式文件系统的设计构造有利于大数据的存储。我们将了解为了更快、更有效地存储大数据需要进行哪些设计，同时介绍运行 Hadoop 分布式文件系统构成要素的整体构造，然后详细介绍 Namenode 和 Datanode 等构成要素。首先会提到 Namenode 怎样管理整个文件的元数据，具有怎样的构造，怎样通过 Secondary Namenode 进行安全管理，以及担任其他重要角色的 Secondary Namenode 的管理方法。Datanode 作为实际存储数据的部分，怎样管理数据，怎样通过复制进行安全管理。最后会介绍如何在运行状态下添加 Datanode 节点来增加 Hadoop 分布式文件系统的容量。

　　Hadoop 由安全存储数据部分和处理存储数据的平台两部分构成。在 Hadoop 的构成要素中，Hadoop 分布式文件系统用于存储大量的数据，尤其能在分布式环境中安全存储大量数据的同时，能将存储的数据进行快速处理。为了将 Hadoop 的使用达到极致，首先需要了解 Hadoop 最基础的要素——Hadoop 分布式文件系统。了解 Hadoop 分布式文件系统怎样进行数据存储，具有怎样的特征是尤其重要的。理解 Hadoop 分布式文件系统需要了解 Hadoop 分布式文件系统的设计和构成要素。本章将介绍 Hadoop 分布式文件系统的设计方式和整体构造，以及 Namenode 和 Datanode 等构成要素。

2.1　Hadoop 分布式文件系统的设计

　　Hadoop 分布式文件系统的设计引用了 Google 在 2003 年发表的 Google 文件系统（The Google File System）论文。实际上，Google 由于急需存储系统来将海量的数据处理后获得有价值的结果，因此开发了 Google 文件系统。为处理大量的数据，此文件系统的设计保证了最基本的扩展性，且能以极大规模的方式运营。在以极大规模的方式运行的层面上，选择存储方式时摒弃了价格昂贵的服务器，使用价格低廉的服务器来构建大规模的系统。用大量的服务器运行存储系统时，磁盘和服务器故障会频繁发生，而 Google 文件系统可以杜绝此类故障的发生。因为拥有大量的服务器和磁盘，在向多名用户提供服务时，Google 文件系统能够保证系统整体的高性能。

　　Hadoop 分布式文件系统同样能够快速地处理大量的数据。Hadoop 分布式文件系统与 Google 文件系统极其类似。Hadoop 分布式文件系统也可以通过价格低廉的数百、数千台的服务器进行构建。即使服务器发生故障，文件系统也能够正常运行，这是故障防范功能的具体体现。Hadoop 分布式文件系统，比起一两台服务器的构成，使用大量的服务器构建系统更能提高整体的性能，并且在增加整体容量时非常有利。综上所述，Hadoop 分布式文件系统的优点归结为，不但能使用低价服务器构建系统，而且可以使用高水准的故障防范功能。

为了支持大量数据的处理，Hadoop 分布式文件系统的设计上，放弃了降低延迟时间而选择了提高数据的处理量，放弃了大量处理小型文件而选择了将大型文件快速传送给用户。实际上，下载多个小型文件情况下的性能与下载大型文件情况下的性能相比较，下载大型文件时的平均性能更高。原因是，比起 Hadoop 分布式文件系统访问元数据或改变任务的性能，直接取得用户数据的部分更加具有优势。即虽然文件系统的延迟水平被设计的很高，但由于提高了处理量，因此仍然可以处理大型的文件。

Hadoop 分布式文件系统的设计方针虽然为不支持 POSIX，但设计上遵循了原有的目的，最大化了在 Hadoop 分布式文件系统上运行的应用程序的性能。在 Hadoop 分布式文件系统上，运行的应用程序和 MapReduce 一起处理大型文件。比起快速存取小型文件或快速存取随机访问次数多的文件，Hadoop 分布式文件系统被设计为能够快速处理大型文件。因此，在 Hadoop 分布式文件系统上，POSIX 上所有的内容没得到体现，但可执行大型文件 Streaming acess。

 小贴士

POSIX(Portable Operating System Interface)

POSIX 提供与 UNIX 系统上同样的接口，它可以移植不同机种的 UNIX 间的程序，是 IEE 制定的接口协议。大部分的 UNIX 文件系统依据 POSIX 构建。常用的接口有 open、read、write、close 等 System Call。如果将分布式环境设计为支持 POSIX，则会受到很多制约，所以分布式系统被设计为不支持 POSIX。尤其在 Hadoop 中，数据被存储在分散环境中的多个同样的文件上，因此 Hadoop 不支持文件修改。

Hadoop 依据批量处理的任务进行了合理化设计，并不是通过与用户的交互作用进行快速处理。因为需要将大量的数据处理后得到所需的结果，但是实时通过数据处理向用户提供结果是不能实现的，所以，Hadoop 比起实时的数据处理，更侧重于处理更多的任务，从而根据批量处理任务进行了合理化设计。

Hadoop 分布式文件系统能执行 WORM（Write-Once-Read-Many）。因此，在 Hadoop 分布式系统上的数据不能进行修改。用户打开文件并使用文件后，如果关闭文件，则不能再进行修改。如果仅仅是需要修改几个 byte，也需要将文件重新覆盖后使用。这样做是因为与 MapReduce 有关联。创建 MapReduce 的文件系统不需要修改功能。使用 MapReduce 分析的文件也不需要修改功能。同时，各中间结果文件的存储方式是独立的，因此在系统的设计上没有增加修改功能。不仅如此，Hadoop 分布式文件系统管理多个副本，意味着可以将整体模型进行简单化管理。如果将 Hadoop 分布式文件系统设计为支持文件修改，则修改一个文件时，需要修改存储在 Datanode 上所有的特定文件。即使是修改特定文件的 1 字节，也需要将存储在所有 Datanodes 上的同样的文件——进行 1 字节的修改。如果添加修改功能，则会增加管理元数据的 Namenode 和管理用户数据的 Datanode 的负担。因此，Hadoop 文件系统的设计上支持 WORM。

 小贴士

WORM（Write-Once-Read-Many）

WORM 根据其字面意义可理解为一写多读。在数据中存在不需要修改的数据。不仅是视频文件和图片文件，还有许多资料中也存在不需要修改的数据。尤其是保存在分析数据的平台上的数据是不需要修改的。因此存储在 Hadoop 分布式文件系统上的数据被设计为具有 WORM 的特性，所以不能对数据进行修改。利用 WORM 的特性，可以将数据存储方式简单化，同样能够进行快速处理。然而由于具有 WORM 的特性，一旦存储了的数据不能再进行修改，需要将文件覆盖后方能进行修改。

2.2 概观 Hadoop 分布式文件系统的整体构造

在 Hadoop 分布式文件系统中，观察 client 的工作情况，为了执行元数据的相关命令需要与 Namenode 通信，读取或输入用户数据则需要与 Datanode 通信。根据图 2-1 可知，client 执行元数据的相关命令时，将命令传达给 Namenode，读取和输入用户数据需要将数据传达给 Datanode。Datanode 之间的数据复制需要 client 与 Datanode 之间相互通信。综上所述，为了执行元数据命令，client 需要与 Namenode 通信，在实际的数据传输时，client 需要与 Datanode 通信。接下来将会介绍 Hadoop 分布式文件系统的 Namenode 和 Datanode 的特征。

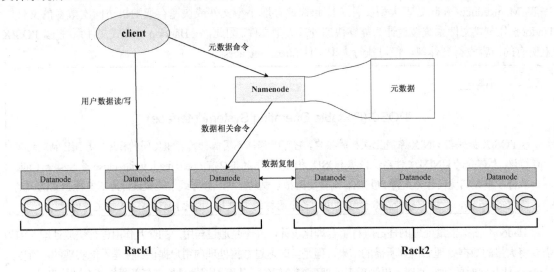

图 2-1 Hadoop 分布式文件系统构造

Hadoop 分布式文件系统中 Namenode 的主要角色是存储文件系统的所有元数据并向用户传达。无论是分布式文件系统还是一般文件系统（ext3、xfs 等）用户都希望能以最快的速度执行元数据相关命令。在 Linux 中使用最多的文件系统 ext3 也具有简单的构造，尽可能地以最快的速度将元数据传达给用户。但是与 Hadoop 类似的分布式文件系统需要每次都通过网络才能进行传达。如果使用一般的网络向用户传达元数据，将很难达到与 Linux 上使用的一般文件系统一样的元数据性能。因此，Hadoop 将经由网络的元数据长期保存在存储器中，从而可以将元数据更快地传达给用户。

Hadoop 分布式文件系统中 Datanode 的角色为存储用户的数据。Datanode 将用户的文件以 block 单位划分后存储。之后也会再次介绍，如果将用户数据划分为 block 单位进行存储管理，这样会有很多优点。Hadoop 文件系统的基本设置是将一个 block 划分为三个复制到 Datanode 上进行存储。因为已经将 block 进行了复制，所以即使一个或两个 Datanode 同时发生问题，也可以通过再复制过程保证数据的安全，即 Hadoop 具有高水准的故障防备功能。

2.3 Namenode 的角色

Namenode 担任的主要角色可分为管理 Hadoop 分布式文件系统元数据的部分和管理 Datanode 的部分。元数据保有文件系统目录的名称和构造，即文件名称和将一个文件分为几个 block 的目录，这些 block 管理存储在 Datanode 上的信息。Datanode 的管理是指对当前 Hadoop 分布式文件系统正在使用的 Datanode 的目录和判断当前是否可以工作的 Datanode 的信息进行管理。使用此信息，可以知道新上传的 block 应该存储在哪个 Datanode 上，以及所有 Datanode 的共同工作状态下是否满足故障防范时所需要的副本数量。通过本节可以了解 Namenode 怎样管理元数据和 Datanode。

2.3.1 元数据管理

Namenode 重要角色之一为存储 Hadoop 分布式文件系统的元数据，根据用户的请求传达元数据。Hadoop 分布式文件系统上的元数据（如图 2-2 所示）对目录的构造和存在于目录中的文件目录进行管理。将文件以 block 单位划分时，Namenode 存储了 block 的顺序和位置。

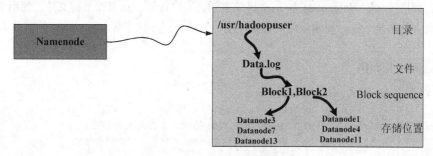

图 2-2　Namenode 元数据构造

1. 元数据构造

Hadoop 分布式文件系统的元数据拥有下列构成要素：①目录构造；②文件；③block 和 block 的顺序；④存储 block 的 Datanode 的位置。

首先了解目录的构造。Hadoop 分布式文件系统的构造为 Tree（树）形构造。可以理解为 Hadoop 分布式文件系统的构造与拥有 Tree 形构造的一般文件系统（如 ext3、ntfs）的构造相同。不仅是构造上与一般文件系统相同，同时配备了与 Linux 上使用的目录相关的命令相同的命令。用户使用在 Hadoop 上提供的命令，可以像在一般文件系统操作一样创建或清除目录，并在选择的目录中复制存储文件。

接下来对文件进行介绍。Hadoop 分布式文件系统中与文件相关的元数据包含了文件的名称、生成时间、访问权限、文件的所有者以及 Group 信息等。这里使用的概念与 Linux 上使用的概念相同。使用下列 Hadoop 指令可以获得文件的相关元数据。参照下列信息可以知道 Hadoop 拥有与 Linux 同样的元数据。

- Hadoop 分布式文件系统的文件相关元数据

```
$ bin/hadoop fs -ls bin
Found 1 items
-rw-r--r--   1 hadoop supergroup      15715 2012-10-13 04:46 /uscr/hadoop/bin/hadoop
```

下面对 block 和 block 的顺序进行了解。Hadoop 分布式文件系统在存储文件时不仅仅是以原文件的形式进行存储。存储一个大型文件时，Hadoop 分布式文件系统自动将一个文件划分为几个 block，并以 block 类别进行分类后存储在 Datanode 中。block 的大小一般设置为 64MB。即文件大小如果超过 64MB，则将文件分为几个 block 后进行存储。将一个文件以 block 划分后需要知道这些 block 的顺序，在 Namenode 中保管了文件相关的 block 的信息。使用这类信息执行用户关于文件读取的请求时，将会按照存储 block 的顺序进行读取并传达给用户。

最后的部分为存储的元数据的 block 和相关的 Datanode 信息。如前文所述，block 的构成有多个，为了不丢失这些 block，Hadoop 分布式文件系统将同样的 block 复制为多个并进行存储。这些 block 存储的位置为 Datanode。因此，与 block 相关的保有一个 block 的 Datanode 的信息是 Namenode 以元数据的形式进行管理。

2．元数据初始化和 Namenode 格式化

通常情况下，使用 Namenode 上的元数据并进行初始化时。需要在启动 Namenode 前进行以下初始化操作。这里的格式化操作与一般文件系统相同。执行 Namenode 的初始化时，与一般文件系统一样，除了 root 目录外其余所有目录信息都会被清除，即 Namenode 保存在存储器里的信息会被清除并进行初始化。被格式化的 Namenode 从 root 目录中创建用户目录，且可以上传文件。使用 Hadoop 命令如同在一般文件系统一样，初始化后就可以使用。通过下列方法了解 Namenode 格式化方法和目录创建方法。

- Namenode 初始化

```
$ bin/hadoop namenode -format

12/07/14 03:00:59 INFO namenode.Namenode:STARTUP_MSG:
/************************************************************
STARTUP_MSG: Starting Namenode
STARTUP_MSG: host=-----
STARTUP_MSG: args=[-format]
STARTUP_MSG: version=1.0.0
STARTUP_MSG: build=https://svn.apache.org/repos/asf/hadoop/common/branches/
    branch-1.0 -r 1214675;compiled by 'hortonfo' on Thu Dec 15 16:36:35 UTC 2011
************************************************************/
12/07/14 03:00:59 INFO util.Gset: VM type    =64-bit
12/07/14 03:00:59 INFO util.Gset: %2 max memory=19.33375 MB
12/07/14 03:00:59 INFO util.Gset: capacity    =2^21=2097152 entries
12/07/14 03:00:59 INFO util.Gset: recommended=2097152,actual=2097152
12/07/14 03:01:00 INFO namenode.FSNamesystem: fsOwner=hadoopuser
12/07/14 03:01:00 INFO namenode.FSNamesystem: supergroup=supergroup
12/07/14 03:01:00 INFO namenode.FSNamesystem: isPermissionEnabled=true
12/07/14 03:01:00 INFO namenode.FSNamesystem: dfs.block.invalidate.limit=100
12/07/14 03:01:00 INFO namenode.FSNamesystem: isAccessTokenEnabled=false
    accessKeyUpdateInterval=0 min(s),accessTokenLifetime=0 min(s)
12/07/14 03:01:00 INFO namenode.Namenode:Caching file names occuring more than
    10 times
12/07/14 03:01:00 INFO common.Storage: Image file of size 112 saved in 0 seconds.
12/07/14 03:01:00 INFO common.Storage: Storage directory /tmp/hadoop-
    hadoopuser/dfs/name has been successfully formatted.
12/07/14 03:01:00 INFO namenode.Namenode: SHUTDOWN_MSG:
/************************************************************
SHUTDOWN_MSG:shuting down Namenode at -----
************************************************************/
```

- 目录创建

```
$ bin/hadoop dfs -mkdir user/hadoopuser
$ bin/hadoop dfs -ls /
Found 1 iterms
```

第 2 章 Hadoop 分布式处理文件系统

```
drwxr-xr-x  -hadoopuser  supergroup      0 2012-07-14     /user
$ bin/hadoop dfs -ls /user
Found 1 iterms
drwxr-xr-x  -hadoopuser  supergroup      0 2012-07-14     /user/hadoopuser
```

格式化时有几项注意事项：在 Hadoop 分布式文件系统正在使用的情况下，若执行初始化，Datanode 上的 Datanode 进程不会运行。原因是只对 Namenode 进行了格式化，而 Datanode 未被初始化。执行格式化时，需要在 Hadoop 未运行的状态下执行。同时，在 Namenode 上执行格式化命令，此时只格式化了 Namenode，因为 Datanode 未被格式化，所以出现了此问题。只对 Namenode 进行初始化而实际的用户数据未被格式化，在此问题上或许会觉得奇怪，如果在了解了分布式文件系统的用途后，可以很自然地理解此问题。与 Hadoop 分布式文件系统类似的，以大规模形式搭建的分布式文件系统，在 Datanode 上存储了大量的重要信息。并且，以这样大规模形式构建时，需要执行重要的 Service，因此不存在执行初始化的理由。通过以下案例来了解只格式化 Namenode 时会出现怎样的问题。

- 不执行格式化的 Datanode 日志

```
/******************************************************
STARTUP_MSG: Starting Datanode
STARTUP_MSG:   host=-----
STARTUP_MSG:   args=[]
STARTUP_MSG:   version=1.0.0
STARTUP_MSG:   build=https://svn.apache.org/repos/asf/hadoop/common/branches/
    branch-1.0 -r 1214675;compiled by 'hortonfo' on Thu Dec 15 16:36:35 UTC 2011
******************************************************/
...
2012-07-14 04:44:14,923 ERROR org.apache.hadoop.hdfs.server.datanode.
    Datanode:java.io.IOException:Incompatible namespaceIDs in /tmp/hadoop-
    hadoopuser/dfs/data:namenode namespaceID=1098603600;datanode namespaceID=869685143
```

参考以上案例进行格式化，再次启动 Hadoop 分布式文件系统后，如同上述所列内容，Datanode 的日志文件会出现 namespaceID 不符的错误信息。此数值是确认 Datanode 和 Namenode 是否使用同一 namespace 的数值。确定此数值时需要查看 Namenode 和 Datanode 的 VERSION 文件。Namenode 和 Datanode 的 VERSION 文件各自在/tmp/hadoop-username/dfs/name/current 和/tmp/hadoop-username/dfs/data/current 里，包含了下列内容。查看此文件可以发现 namespaceID 的不同之处。

- Namenode 的 VERSION 确认

```
$ cat VERSION
#Sat Jul 14 04:57:32 UTC 2012
namespaceID=1098603600
cTime=0
storageType=NAME_NODE
layoutVersion=-32
```

- Datanode 的 VERSION 确认

```
$ cat VERSION
#Sat Jul 14 04:57:32 UTC 2012
namespaceID=869685143\
storageID=DS-562507370-----50010-1342235519987
```

```
cTime-0
storageType=DATA_NODE
layoutVersion=-32
```

那么该如何进行Datanode的格式化呢？在Hadoop中修改Datanode的建议方法有两种。第一种方法是将存储数据目录里的文件进行清除。此目录是保存VERSION文件的目录，用rm指令清除目录中的文件。另一种方法是将VERSION文件中的namespaceID变更为与Namenode中一样的数值。变更后再次启动Hadoop分布式文件系统，相应目录里的数据文件都被删除，Datanode正常地再次启动。

使用以上两种方法中的任何一种均可以将Hadoop分布式文件系统初始化。初始化后，并做好可以运行的准备后，用户可以自由创建目录、上传和下载文件。

3. 元数据管理

一起来了解用户创建目录上传文件时，Namenode的元数据做了哪些事情。首先，先了解怎样管理目录。用户创建的目录只存在于Namenode的元数据中。在Namenode上管理目录相关的元数据需要使用Namenode中的FSDirectory class进行管理，目录信息始终存储在存储器中。创建目录时，在Datanode中不会产生任何变化。在Datanode中只有以block单位进行管理的文件被创建，与Hadoop分布式文件系统的构造没有关联。进行目录管理时，可以设置目录类别的配额。虽然用户可以任意创建目录，但由于各目录类别配额的设置，可能会限制大量目录的创建或是大量文件的创建。此功能或许会被认为是多余的，但是对于Hadoop分布式文件系统的管理员来说是非常有用的。下面一起来了解怎样设置各目录类别的配额。

- 管理员的目录类别文件及目录的创建数量修改

```
$ bin/hadoop dfsadmin -setQuota<N><directory>...<directory>
```

目录中创建的文件和目录的数量由管理员决定。N代表可以创建的文件和目录之和。相关命令后面处出现的目录统一设置为相同的数值。

- 管理员的目录类别文件及目录的创建数量删除

```
$ bin/hadoop dfsadmin -clrQuota<N><directory>...<directory>
```

清除管理员设置的目录类别文件及目录的创建数量。
清除列举的所有的目录的创建数量。

- 管理员的目录类别文件及目录的创建数量查询

```
$ bin/hadoop dfs -count -q<directory>...<directory>
```

用户可以查询目录类别文件及目录的创建数量。
使用此命令可以查询当前的创建数量被如何分配以及当前的使用容量。

- 管理员的目录类别文件及目录容量修改

```
$ bin/hadoop dfsadmin -setSpaceQuota<N><directory>...<directory>
```

管理员删除的目录类别文件及目录容量。删除被一起列举的目录的所有容量。

至此，我们对目录的管理方法进行了了解。接下来介绍怎样对文件进行管理。参照图2-3，在Hadoop分布式文件系统中将文件以block单位划分后进行管理。大型文件不会以原来的形式存储，而是以block的大小划分后进行管理。被划分后的block根据指定的副本数以同样的形式存储在Datanode中。即一个文件block的基本大小如果超过64MB，将会被划分为多个block存储在Datanode中。block的大小可以根据用户的设置进行修改。

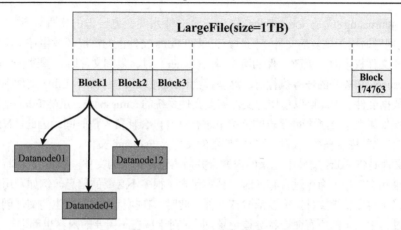

图 2-3　Hadoop 分布式文件系统文件和 block 的关系

将一个文件划分为几个 block 进行存储的理由是什么呢？

Hadoop 分布式文件系统是处理大文件（TB~PB）的文件系统。然而，如果将文件以原形式存在 Datanode 上，若文件大小超过了 Datanode 上设置的文件系统的最大文件的值，则文件不能被创建。如果将文件划分为很多个 block 后再进行存储，则可以不受文件大小的影响。Hadoop 分布式文件系统存储的相关文件有关于 block 的划分方法、block 的列表、相关 block 存储的位置信息等，无论文件的大小都可以进行存储。Hadoop 与 MapReduce 一同支持大数据的处理。处理大数据时，如果以大型文件的形式进行存储，从储存器到文件的读取到处理会耗费大量的时间。因此，将大型文件划分成多个小文件再分散存储到多个服务器中进行处理会更加有效。

将文件分割成大的 block 有以下优点。一是可以减少 client 和 Namenode 的通信次数。存储文件时，每当发出 block 请求时，会同时向 Datanode 发出 block 的请求，将 block 设置为大的 block 可以减少与 Namenode 间的通信次数，同时能减少 Namenode 的负荷。二是可以减少元数据的大小。需要知道每个 block 的副本存储在哪个服务器上。在同样的文件中，如果增加 block 的大小元数据的大小也随之增大，此时需要确保更多的 Namenode 存储器容量。因此，为了将元数据维持在小的状态，block 的大小越大越有利。但是大尺寸的 block 也有它的缺点。为了存储用户数据，划分成大的 block，如果只使用小型文件会导致 block 划分的过程中产生负载。

2.3.2　元数据的安全保管——Edits 和 FsImage 文件及 Secondary Namenode

前文中提到了 Hadoop 分布式文件系统的元数据存储在存储器中。只有存储在存储器中才能很快地传达给用户，从而方便管理。然后 Hadoop 分布式文件系统中的 Namenode 只有一个在工作。如果是在将所有的数据存储在存储器中的情况下，Namenode 中发生问题而导致死机的话会出现怎样的情景？毫无疑问，所有的目录构造和 block 信息都会丢失，且不能再继续提供服务。即 Namenode 的某处发生故障后，整个系统都会中断，我们称之为单一故障点（Single Point of Failure）问题。为了防范此类故障，Hadoop 分布式文件系统将元数据的关联数据存储为文件，如果发生问题而导致死机，可以很快地进行恢复，此文件为 Edits 和 FsImage。Namenode 发生问题导致系统关闭时，需要使用 Secondary Namenode 进行恢复。

1. Edits 和 FsImage 文件

在 Hadoop 分布式文件系统中，元数据的关联命令的执行目录存储在 Edits 上。即在 Hadoop 分布式文件系统中，如果执行命令则会记录在 Edits 文件中。在现有的文件系统中也使用了与此相同的方法，使用的用语是 journaling 或是 log。Edits 作为记录文件系统变更日志的文件，前文已经提到是在 Namenode 发生问题时用于恢复的文件。同时，记录在 Edits 文件上的情况还发生在：添加或清除目录或文件时、更改文件权限时、更改文件的所有者（Owner）时、复制文件时、管理员修改目录时、文件系统的 namespace 和关联的任务执行时，这些都会记录到 Edits 文件中。Edits 文件中包含了存储在存储器中的元数据文件，因此可以使用此文件恢复文件系统的 namespace。虽然 Edits 是管理文件系统日志的文件，但如果在累计了大量日志的情况下进行恢复，会耗费大量时间。因此，Namenode 不只是使用 Edits 文件执行恢复任务，进行恢复时使用的文件是 FsImage 文件。

FsImage 文件是将 Edits 文件中记录的内容合并后再进行记录的文件，Edits 文件将文件系统内部运行的所有目录和文件相关命令进行存储时，其中包含了很多不必要的信息。例如，用户上传一个文件后，之后如果不再需要该文件，需要清除该文件。此时，在执行上传时发生的文件创建、副本创建等命令与清除过程中发生的所有命令都会被记录，同时对于现在不需要的内容也都进行了存储。因此，清除 Edits 中不需要的内容，为了尽快恢复 Namenode，将 FsImage 上需要的内容进行合并。

下面将介绍 Edits 文件的管理方法和使用 Edits 怎样合并成 FsImage 文件的方法。首先来了解如何管理 Edits 文件。Edits 文件存储在 Namenode 进程运行的服务器中。被存储的文件往往被认为是安全的，其实并非如此，Namenode 发生故障的原因有很多种。Namenode 虽然可以因为程序的 bug 发生故障，也可能因为在服务器的硬盘、存储器、CPU 上发生的问题产生故障。即 Namenode 发生问题并消除问题时，不能立即进行恢复，至少在服务器恢复期间不能正常运行。若是发生硬盘故障，会丢失分布式文件系统的所有元数据。因此，毫无疑问会丢失所有已存储的数据。那么应该怎样安全保管此文件呢？首先先了解文件的存储位置，如果不改变 Namenode 的相关文件的基本设置，则参照下列内容保管在/tmp/hadoop-username/dfs/name/current 中。

- Edits 和 FsImage 文件

```
$ ls -l /tmp/hadoop-hadoopuser/dfs/name/current/
total 24
drwxrwxr-x  2 ubuntu ubuntu 4096 Jul 14 14:02 ./
drwxrwxr-x  5 ubuntu ubuntu 4096 Jul 14 10:07 ../
-rw-rw-r--  1 ubuntu ubuntu    4 Jul 14 14:02 edits
-rw-rw-r--  1 ubuntu ubuntu  942 Jul 14 14:02 fsimage
-rw-rw-r--  1 ubuntu ubuntu    8 Jul 14 14:02 fstime
-rw-rw-r--  1 ubuntu ubuntu  101 Jul 14 14:02 VERSION
```

查看此目录可以发现 Edits 文件和 FsImage 文件，fstime 文件还有前文中介绍的 VERION 文件的存在。这些文件都是 Hadoop 分布式文件系统中自动创建并管理的文件，在没有特殊理由下不能任意进行变更和删除。

 小贴士

tmp 目录

tmp 目录是存储临时文件的地方。直接安装 Hadoop 后，如果不进行 dfs.name.dir 类似的设置，则可以确认 tmp 目录中生成了文件。此目录与 Linux 分布中管理的方法有一点点差异。在特定的分布中每进行重新启动时，由于此目录中的所有文件都会被删除，因此如果不想丢失 Namenode 和 Datanode 中的文件，则需要更改相关设置，存储在其他目录中。

这些文件如果存储在 tmp 目录中，可以进行清除，所以应该将 Edits 文件和 FsImage 文件设置为不能被清除。设置方法为改变 conf/core-site.xml 文件的 hadoop.tmp.dir 设置值或改变 conf/hdfs-site.xml 文件的 dsf.name.dir 设置值,并且不能保存在其他目录中。根据下列案例进行设置,可以允许文件保存在其他目录中。作者使用了 hadoopuser 账户,Namenode 目录。

- 更改 Namenode 的存储目录

```
<configuration>
...
 <property>
     <name>hadoop.tmp.dir</name>
     <value>/home/hadoopuser/namenode</value>
 </property>
...
</configuration>
```

按照上列内容进行设置,可以将存储在当前 /tmp/hadoop-hadoopuser/dfs/name/current/ 中的 Namenode 的相关文件转移到 /home/hadoopuser/namenode/dfs/name 中进行存储。即使是重新启动 Namenode,可以防止 Edits 文件和 FsImage 文件的丢失。

即使是使用此设置也不能保证 Edits 文件的绝对安全。那么怎样才能安全存储此文件,并在恢复时也可以使其能正常使用呢?可以使用的方法有很多种。在 Hadoop 分布式文件系统中使用的方法是:在进行恢复时,将 FsImage 文件和 Edits 文件不仅存储在相应的服务器中,同时备份到其他的服务器中,这样即使是事后发生的服务器故障也可以游刃有余地解决。担任此角色的是 Secondary Namenode。

接下来一起来看看 Secondary Namenode 怎样管理以上文件。

2. Secondary Namenode

Secondary Namenode 仅从它的名称可能会联想到它是可以代替 Namenode 角色的服务器。实际上,Secondary Namenode 不能代替 Namenode 的角色。Secondary Namenode 的任务是利用 Edits 文件合并为 FsImage 文件。在 Namenode 中,为了将 Edits 文件合并为 FsImage 文件,需要将 Namenode 关闭一次后重新启动,再进行合并。Namenode 启动的同时,Edits 上保存所有的日志合并后创建为 FsImage 文件。这个过程称之为 Checkpoint。然而,在 FsImage 文件合并为 Edits 文件时,如果将 Namenode 强制关闭后会发生不能启动的情况!因此,将 Edits 文件进行周期性的合并后,创建 FsImage 文件时需要使用其他的节点。担任此角色的是 Secondary Namenode。Secondary Namenode 的主要任务为,将存在于 Namenode 中的 Edits 文件定期导出,合并到 FsImage 文件后,将合并的文件再次传达给 Namenode。在此过程中,在自身的目录中存储 Edits 文件和 FsImage 文件。

参照图 2-4 可以理解整体的构造。图 2-4 是在图 2-1 的构造的基础上增加了 Secondary Namenode。此 Secondary Namenode 不会与 Datanode 或 client 通信,只与 Namenode 通信。即达到一定条件后,获取 Edits 文件合并为 FsImage 文件后传达给 Namenode。因为只担任 Checkpoint 的角色而不执行 Namenode 的任何角色,所以称之为 Checkpoint 节点。

上文提到了达到一定条件后,获取 Edits 文件从而执行 Checkpoint 任务。那么获取 Edits 文件时需要满足哪些条件呢?Secondary Namenode 获取 Edits 文件的条件有两种:第一种为最后一次获取 Edits 文件后,经过一定时间后 Secondary Namenode 开始获取文件;第二种为当 Edits 文件的容量超过特定的临界值后 Secondary Namenode 获取文件。这两个条件可以由用户任意设定。基本设置为最后一次获取文件超过一个小时后从 Secondary Namenode 获取,或是超过 64MB 的情况下 Secondary Namenode 获取 Edits 文件。此设置可以在 conf/core-site.xml 文件中进行。通过下列案例尝试对 Checkpoint 的周期和文件大小进行修改。

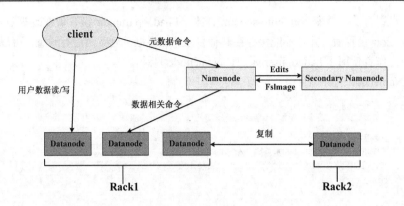

图 2-4 使用 Secondary Namenode 的整体构造

- 利用 core-site.xml 设置 Checkpoint 的周期和文件大小

```
<configuration>
...
  <property>
     <name>fs.checkpoint.period</name>
     <value>60</value>
     <description>The number of seconds between two periodic checkpoints.
        </description>
</property>


  <property>
     <name> fs.checkpoint.size</name>
     <value>1048576</value>
     <description>The size of the current edit log (in bytes) that triggers
        a period-ic checkpoint even if the fs.checkpoint.period hasn't
        expired.</description>
  </property>
...
</configuration>
```

在上列设置中将周期设置为 60 秒，大小设置为 1MB。这样设置后，最后一次获取文件超过 60 秒或是 Edits 文件超过 1MB 时，Secondary Namenode 自动获取 Edits 文件并于 FsImage 文件合并后再次将 FsImage 文件传达给 Namenode。

2.3.3 Datanode 管理

Hadoop 分布式文件系统的 Namenode 监视 Datanode 工作情况的信息，同时执行聚合各 Datanode 信息的任务。如图 2-1 所示，Hadoop 分布式文件系统在 client 获取数据时或是上传信息时，元数据与 Namenode 通信，为获取用户信息与 Datanode 进行通信。此时，client 为了将用户信息选定为需要上传的 Datanode，需要知道 Datanode 的相关信息后才能决定上传的位置。因为 client 无法管理 Datanode 的信息，所以不能决定上传的 Datanode 位置。因此，需要上传的 Datanode 信息要从 Namenode 中获取。为了明确此过程请参见图 2-5。图 2-5 描述了对 client 上传数据的简单过程，client 发出上传请求需要向 Namenode

传达上传文件的信息。从而，Namenode 选定管理中的其中一个 Datanode，向 client 传达 Datanode 的信息。获得 Datanode 的信息后，client 向获得信息的 Datanode 上传用户信息并结束上传过程。

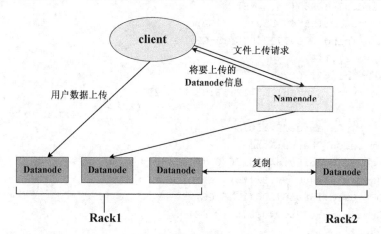

图 2-5　用户信息上传过程

Namenode 为了处理用户信息的上传和下载，请求时需要对 Datanode 的相关信息进行管理。下面介绍 Namenode 的 Datanode 管理方法。

1. 管理员的 Datanode 工作状态确认

首先 Namenode 需要确认 Datanode 当前是否处于运行状态。只有在保有此信息的情况下，在 client 进行访问时才能知道哪个 Datanode 处于运行状态，从而便于选择用于实际传达数据的 Datanode。各 Datanode 的运行与否可以通过 Datanode 向 Namenode 传达自身的工作状态进行确认。Namenode 保有向管理员传达此信息的功能。确认运行状态的方法有通过指令及 Web 确认两种方法。使用指令确认 Namenode 的运行状态可以通过下列方式进行确认。

- 使用指令确认 Datanode 的运行

Name：<第一个 DatanodeIP>:50010
Name：<第二个 DatanodeIP>:50010
...<第三个和第四个 Datanode 信息>

```
$ hadoop dfsadmin -report
Configured Capacity:34252062720 (31.9 GB)
Present Capacity:26687787008 (24.85 GB)
DFS Remaining:26394255360 (24.58 GB)
DFS Used:293531648 (279.93 MB)
DFS used%:1.1%
Under replication block:0
Blocks with corrupt replicas:0
Missing block:0

-------------------------------------------------------------------
Datanodes available:4 (4 total,0 dead)


Name:<??? DataNodeIP>:5000
```

```
Decommission Status:Normal
Configured Cpacity:8563015680 (7.97 GB)
DFS Used:97832960(93.3 MB)
Non DFS Used:1895403520(1.77 GB)
DFS Remaining:6569779200(6.12 GB)
DFS used%:1.14%
DFS Remaining%:76.72%
Last contact:Sun Jul 15 12:56:33 UTC 2012

Name:<??? DataNodeIP>:5010
Decommission Status:Normal
Configured Cpacity:8563015680 (7.97 GB)
DFS Used:95334400(90.92 MB)
Non DFS Used:1889587200(1.76 GB)
DFS Remaining:6578094080(6.13 GB)
DFS used%:1.11%
DFS Remaining%:76.82%
Last contact:Sun Jul 15 12:56:34 UTC 2012
```

使用 hadoop dfsadmin -report 命令可以确认总共有 4 个 Datanode，没有处于未运行状态（dead）的 Datanode，同时能确认所有 Datanode 的状态。由于使用此命令可以确认大量的信息，因此非常便于管理员的使用。

使用 Web 确认各节点状态的方法如下。使用 Web 浏览器方法 Namenode 的服务器 50070 端口会出现图 2-6 中所示的各种信息。在初始画面中可以及时确认运行中的节点（Live Nodes）和非运行的节点（Dead Nodes）。单击 Live Nodes，可以得出以下运行中的节点信息。

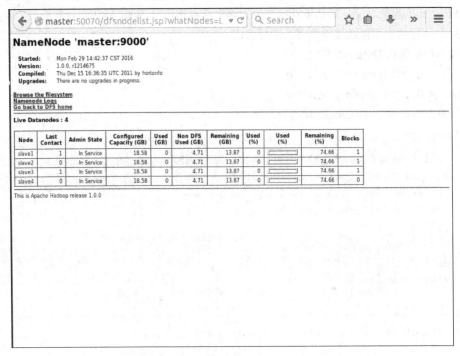

图 2-6　使用 Web 界面确认 Datanode 的运行状态

以上内容介绍了管理员如何确认运行中的 Namenode。接下来介绍 Hadoop 分布式文件系统如何管理运行中的 Datanode。

2. Heartbeat（心跳）和再复制

Namenode 在确认各节点运行状态时使用 Heartbeat(心跳)，Datanode 向 Namenode 发送 Heartbeat 报告提示自己的运行状态。在对类似于 Hadoop 分布式文件系统的由多个服务器作为一个分布式环境进行管理时，Heartbeat 是确认各节点运行与否的高可用性工具。即使用分布式环境及多个服务器构建系统时，各服务器的故障会对整个系统的运行产生影响，Heartbeat 功能在进行周期性检查后确认各服务器是否处于运行状态。使用此功能在构成的分布式环境中，不仅能确认各服务器的运行状态，还能执行整个服务器资源的监视任务，同时包括了切断未运行服务器的功能。在 Hadoop 中也使用 Heartbeat 功能确认服务器的运行状态并切断未运行的服务器，同时包含了监控各服务器资源的功能。

一起来了解使用 Heartbeat 功能，通过图 2-7 可以了解 Hadoop 分布式文件系统的 Heartbeat。如前文所述，Namenode 掌握了关于 Datanode 的所有信息，因此 Datanode 每隔 3 秒会向 Namenode 传达自身的运行信息。得到 Heartbeat 报告后，Namenode 可以知道相应的 Datanode 是否在运行中。

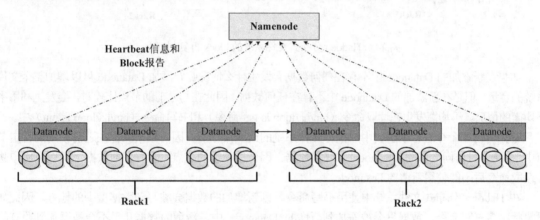

图 2-7　Hadoop 分布式文件系统的 Heartbeat 和 Block Reports

然而，发生故障的 Datanode 因为无法向 Namenode 传达心跳消息，因此 Namenode 可以判断出未发送心跳信息的 Datanode 处于未运行状态。在一定时间内未发送心跳信息的 Datanode 会被切断，不能再与 client 进行数据传输。

那么如何切断已发生故障的 Datanode？Namenode 会阻断发生故障的 Datanode 的数据传输。同时 Namenode 会将发生故障的 Datanode 上的 block 判断为无法使用。此过程称为再复制过程。参照图 2-8 对再复制过程进行了解。首先，如果无法从特定的节点收到心跳报告，则应对相关的 Datanode 的无法使用进行明示，那么特定 block 的复制数量（replication count）会一个个减少。此时 Namenode 保留了 Datanode 中原有的 block 信息。使用相关 Datanode 原有的 block 目录查找该 block 被复制的 Datanode 的具体位置。Namenode 查找以 block 类别新添复制的 Datanode，并向相应的 Datanode 传达再复制命令。收到再复制命令的 Datanode，会在其他 Datanode 上按照缺少的复制数量进行 block 复制。通过这样的方式确保了设置的复制数量，能重新对数据进行安全保管。

3. 数据再分配

前文已提到 Hadoop 分布式文件系统是拥有卓越扩展性的文件系统。有时会发生分布式文件系统容量不足或是执行任务时 Datanode 数量不足的情况。此时，Hadoop 分布式文件系统可以通过添加

Datanode 来增加用户所需要的容量，或增加运行中的节点的数量。当然，扩展任务可以在系统运行且不中断的情况下执行。增加节点后，节点会在无任何数据的状态下启动，文件系统的整体容量得到扩展，Hadoop 文件系统中可用节点数量得到增加。

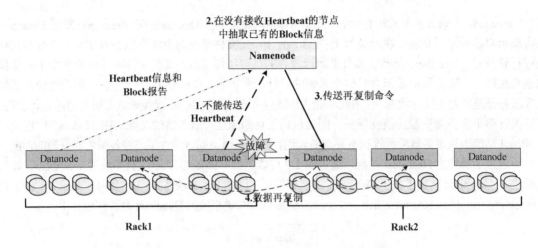

图 2-8　Hadoop 分布式文件系统的 block 再复制过程

如果在新添加的 Datanode 中不存在任何数据会发生什么情况呢？添加 Datanode 可以增加整个文件系统的容量。但是在新添加的 Datanode 中不存在任何数据，因此在与之前的节点比较时，会发生利用率不均衡的情况。不均衡发生在读取命令（bin/hadoop fs-get 命令）和书写命令（bin/hadoop fs-put）中。

首先对读取命令进行了解。用户执行文件系统的读取命令后，因为数据保存在之前使用的特定节点中，client 只访问之前的 Datanode 并获得数据。因为在新添的节点上没有任何数据，所以在用户执行读取命令后不能使用新增的 Datanode。

在 Hadoop 分布式文件系统中使用书写命令，则新增加的数据会被写到数据量少的地方。因此如果执行很多书写命令，数据只会被添加到新增的 Datanode 中，新增的数据几乎不会被添加到原有的 Datanode 中。此时也会发生利用率不均衡的问题。

如上文所述，添加新的 Datanode 虽然可以增加文件系统的容量，但由于整体 Datanode 间的利用率不均衡，通过增加 Datanode 所获得的利益会变少。因此在 Hadoop 分布式文件系统中通过数据的再分配平衡整体 Datanode 间的利用率。数据的再分配的过程如图 2-9 所示，在新增的 Datanode 中，最初不存在被使用的数据。数据的再分配是从 Datanode 中存储的 block 复制到新的 Datanode 并删除原有 Datanode 中已被复制的 block。经过这样的数据再分配过程后，所有的 Datanode 的数据存储量都被均匀分配，由于整体的数据 block 在 Datanode 上均匀分布，所以此技术可以提高整体的 Datanode 的使用率。

使用数据再分配虽然可以优化使用率，但也存在缺点，其中 Datanode 和网络间的负载问题是不可避免的。在执行再分配期间，有大量的数据从使用中的节点移动到新增的节点中。此时，需要从 Datanode 的磁盘中获取大量的数据，同时需要通过网络传输大量的数据，因此会发生 Datanode 和网络负载的情况。数据再分配无可避免地会发生负载，如果一次性移动大量数据会大大降低运行中 Hadoop 分布式文件系统的性能。

数据再分配具有平衡利用率的优点，同时也具有在再分配过程中发生负载的缺点。因为同时拥有优点和缺点，所以此命令会被设置为根据管理员的手动操作执行，而不会自动执行，通过案例来了解如何执行再分配。

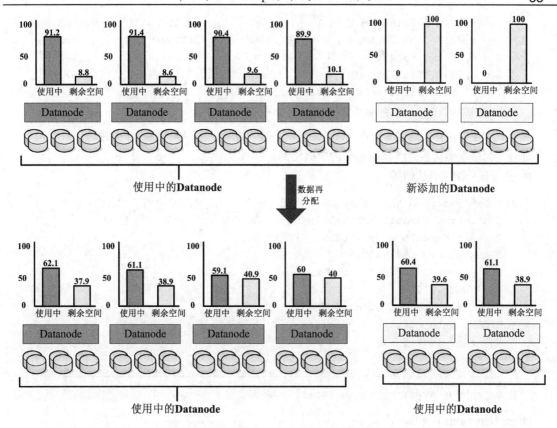

图 2-9　Hadoop 分布式文件系统的数据再分配

- 使用指令执行再分配的方法

```
$ bin/start-balancer.sh -threshold 0.1
starting balancer,logging to /home/hadoopuser/haddoop-1.0.0/libexec/../
    logs/hadoop-hadoopuser-balancer-master.out
$
```

使用以上命令可以同图 2-9 一样，缓解 Datanode 间的不均衡，执行再分配。使用此命令时，作者没有加入过多的数据进行实验。实际上，大量数据不存在的情况下执行 bin/start-balancer.sh 命令，再分配任务不会被执行。其理由为 bin/start-balancer.sh 命令在数据的存在比率差为 10% 以下时，基本设置为将数据进行平均分配。事实上，10% 算不上是很大的差异。但即使是不存在大量数据的情况下也需要进行再分配的，如案例所示，通过使用 threshold 参数可以强制执行再分配命令。threshold 参数的基本设置值 10% 是可以任意进行修改的。在上面的案例中为了配合数据存在比例的差异保持在 0.1% 下而进行的设置。

执行完再配置命令后确认是否正常运行。执行以上命令可以得知日志文件的名称。按照如下内容确认日志和再配置的结果。

- 执行再配置过程中的日志确认

```
cat logs/hadoop-hadoopuser-balancer-master.out
Time Stamp     Iteration# Bytes Already Moved Bytes Left To Move Bytes Being moved
Sep 6,2012 9:57:28 AM     0          0KB          68.79MB          8.17MB
```

```
Sep 6,2012 9:58:07 AM      1      8.17MB        60.55MB       8.17MB
Sep 6,2012 9:59:08 AM      2     66.01MB        21.31MB       8.17MB
Sep 6,2012 9:59:46 AM      3     74.2MB         13.38MB       8.17MB
Sep 6,2012 10:00:23 AM     4     82.38MB         5.13MB       8.17MB
The Cluster is balanced.Exiting...
Balancing took 3.571583333333333 minutes
```

参照日志文件可得知通过 5 次重复任务后顺利完成再配置。总时间约为 3.5 分钟。
通过下列命令确认各类别 Datanode 的数据比例

- 执行再分配后确认结果

```
$ bin/hadoop dfsadmin -report
Configured Capacity:25689047040 (23.92 GB)
Present Capacity:19951468544 (18.58 GB)
DFS Remainig:19477540864 (18.14 GB)
DFS Used:473927680 (451.97 MB)
DFS used%:2.38%
Under replication block:0
Blocks with corrupt replicas:0
Missing block:0

-------------------------------------------------------------------
Datanodes available:3 (3 total,0 dead)
```

Name:Namenode IP 和端口

```
Decommission Status:Normal
Configured Cpacity:8563015680 (7.97 GB)
DFS Used:153071616 (145.98 MB)
Non DFS Used:1937424384 (1.8 GB)
DFS Remaining:6472519680 (6.03 GB)
DFS used%:1.79%
DFS Remaining%:75.59%
Last contact:Thu Sep 06 10:32:37 UTC 2012
```

Name:第一个 Datanode 的 IP 和端口

```
Decommission Status:Normal
Configured Cpacity:8563015680 (7.97 GB)
DFS Used:165441536 (157.78 MB)
Non DFS Used:1862856704 (1.73 GB)
DFS Remaining:6534717440 (6.09 GB)
DFS used%:1.93%
DFS Remaining%:76.31%
Last contact:Thu Sep 06 10:32:35 UTC 2012
```

Name:第二个 Datanode 的 IP 和端口

```
Decommission Status:Normal
Configured Cpacity:8563015680 (7.97 GB)
DFS Used:155414528 (148.21 MB)
```

```
Non DFS Used:1937297408 (1.8 GB)
DFS Remaining:6470303744 (6.03 GB)
DFS used%:1.81%
DFS Remaining%:75.56%
Last contact:Thu Sep 06 10:32:36 UTC 2012
```

确认各类别 Datanode 的执行结果可知新增的节点中数据均匀分布。各类别的 Datanode 的使用量为 145.98MB，157.78MB，148.21MB。各自的比例分别为 1.79%，1.93%，1.81%。

确认再分配的方法，并执行再分配后，可以得知状态的正常运行。但如何解决前文中提到的网络负载问题呢？在 Hadoop 中已经有了解决此问题的方法。在 Hadoop 中进行再分配时可以将网络的带宽进行分配。使用下列命令可以完成网络带宽的分配。

● 数据再分配时使用的网络带宽设置

```
$ bin/hadoop dfsadmin -setBalancerBandwidth 1048576
```

使用以上命令管理员可以设置数据再分配任务中的带宽，使用 setBalancer Bandwitch 参数进行设置。在参数名称后面明示每秒可以传输的 byte 数。

以上内容对再分配的执行方法进行了介绍。因为再分配同时具有优缺点，所以在用户大量累积的情况下不建议使用。如果得到合理的使用可以提高整体 Datanode 的利用率和效率，所以在必要时一定要使用数据的再分配。

2.4 Datanode 的角色

Datanode 的角色是存储用户数据。因为 Namenode 完成对元数据进行管理，因此 Datanode 担任存储用户数据的角色。本节中将介绍 Datanode 如何管理数据，使用何种方法对数据进行安全保管。

2.4.1 block 管理

Datanode 将一个文件划分为多个 block 进行管理。前文在 Hadoop 分布式文件系统中对 block 尺寸大的理由进行了说明。由图 2-4 可知，为了存储一个大型文件将一个文件划分为多个 block。对 block 尺寸大小的优缺点前文已经进行了介绍，本节将介绍 Hadoop 分布式文件系统中，block 的管理概念和基本的 block 大小的更改方法，以及更改 Datanode 存储数据的目录的方法。

前文已提到在 Hadoop 分布式文件系统中将文件划分为 block 单位进行管理，下面首先来看看 block 的概念。block 是所有操作系统的文件系统中使用的概念。在所有的操作系统使用的文件系统中，存储一个文件需要将文件划分为 block 的单位再存储到磁盘中。在 Linux 中常用的 ext3 文件系统下，将文件划分为 4KB 单位的 block 并进行管理。但是 ext4 与 Hadoop 分布式文件系统存在根本上的差异。在 ext4 文件系统中，block 被分配到相应的文件后即使不再使用 block，也不能再使用剩余空间。而 Hadoop 分布式文件系统中，即使 block 被分配后，如果使用空间没有达到 block 大小，则可以被其他文件所用。这个作为 Hadoop 分布式文件系统将一个小型文件划分为多个小的 block 进行管理的用途，意味着 block 的大小并不是被分配的空间的大小。即 Hadoop 分布式文件系统将文件划分为 block 的大小进行管理，这个与之前的文件系统的 block 概念存在差异。下列内容是作者在 Hadoop 分布式文件系统的 Datanode 中存储的 block 的目录。

● 存储在 Datanode 中的 block 目录

```
hadoopuser@slave1:/tmp/hadoop-hadoopuser/dfs/data/current$ ls -lh
total 1.1G
```

```
drwxrwxr-x 2 hadoop hadoop 4.0K Sep 13 22:49 ./
drwxr-xr-x 6 hadoop hadoop 4.0K Sep 13 19:51 ../
-rw-rw-r-- 1 hadoop hadoop 3.8M Sep 13 22:46 blk_-1362362371947849697
-rw-rw-r-- 1 hadoop hadoop 30K Sep 13 22:46 blk_-1362362371947849697_4329.meta
-rw-rw-r-- 1 hadoop hadoop 64M Sep 13 22:49 blk_-2407442134829768542
-rw-rw-r-- 1 hadoop hadoop 513K Sep 13 22:49 blk_-2407442134829768542_4334.meta
-rw-rw-r-- 1 hadoop hadoop 282K Sep 13 22:46 blk_-3117095005959679711
-rw-rw-r-- 1 hadoop hadoop 2.3K Sep 13 22:46 blk_-3117095005959679711_4333.meta
-rw-rw-r-- 1 hadoop hadoop 64M Sep 13 22:48 blk_-3269013191848809358
-rw-rw-r-- 1 hadoop hadoop 513K Sep 13 22:48 blk_-3269013191848809358_4334.meta
...

...
-rw-rw-r-- 1 hadoop hadoop 64M Sep 13 22:49 blk_-724101596487334254
-rw-rw-r-- 1 hadoop hadoop 513K Sep 13 22:49 blk_-724101596487334254_4334.meta
-rw-rw-r-- 1 hadoop hadoop 4 Sep 13 22:45 blk_-7534367871623236736
-rw-rw-r-- 1 hadoop hadoop 11 Sep 13 22:49 blk_-7534367871623236736_4326.meta
-rw-rw-r-- 1 hadoop hadoop 64M Sep 13 22:49 blk_-7551201199169364277
-rw-rw-r-- 1 hadoop hadoop 513K Sep 13 22:49 blk_-7551201199169364277_4334.meta
-rw-rw-r-- 1 hadoop hadoop 64M Sep 13 22:49 blk_-815942781741721902
-rw-rw-r-- 1 hadoop hadoop 513K Sep 13 22:49 blk_-815942781741721902_4334.meta
-rw-rw-r-- 1 hadoop hadoop 64M Sep 13 22:49 blk_-8403002317378808676
-rw-rw-r-- 1 hadoop hadoop 513K Sep 13 22:49 blk_-8403002317378808676_4334.meta
-rw-rw-r-- 1 hadoop hadoop 64M Sep 13 22:49 blk_-9011856277528002067
-rw-rw-r-- 1 hadoop hadoop 513K Sep 13 22:49 blk_-9011856277528002067_4334.meta
-rw-rw-r-- 1 hadoop hadoop 289 Sep 13 22:55 dncp_block_vertification.log.curr
-rw-rw-r-- 1 hadoop hadoop 154 Sep 13 19:51 VERSION
```

作者同时在 Hadoop 分布式文件系统中上传了小于 64MB 和大于 64MB 的文件。查看 Datanode 上存储的目录，可知存在被划分成 64MB 的 block 和 64MB 以下的 block。Datanode 上的所有 block 不一定被划分为指定的 block 的空间大小，而只占据了所需要的空间。

下面介绍对 block 相关的选项进行的更改方法。首先将介绍在 Hadoop 分布式文件系统中更改 block 大小的方法。如果不改变 Hadoop 分布式文件系统中 block 大小的基本设置，则 block 的大小为 64MB，但此数值用户可以任意更改。为了根据用户使用数据的大小优化性能，提供了可以任意变更设置的功能。

一起来看看 block 的设置方法。block 的大小在 Hadoop 分布式文件系统运行时不能进行设置，需要在 Hadoop 分布式文件系统启动前完成设置，或是中断 Hadoop 分布式文件系统的运行再进行设置。更改 block 的大小需要更改 conf/hdfs-site.xml 文件。可根据下列案例更改 conf/hdfs-site.xml 文件。

- 将 block 大小更改为 128MB

```xml
<configuration>
  ...
  <property>
    <name>dfs.block.size</name>
    <value>134217728</value>
    <description>The 128MB block size.</description>
  </property>
  ...
</configuration>
```

第2章 Hadoop分布式处理文件系统

如同上列内容，将 block 大小进行更改而使 block 的大小变大时，数据的读取性能得到提高。因为 block 的增大可以减少文件的分割次数，由于一个 block 尺寸的增加，从 Datanode 向 client 传输文件的任务的额外开销现象也会减少。不仅如此，在 MapReduce 运行的环境中也有多项优点。因此在许多环境中使用 128MB 大小的 block。Hadoop 官方网站的集群设置向导（http://hadoop.apache.org/docs/r1.0.0/cluster_setup.html）中，在实际的环境中设置集群时也使用 128MB 的 block。Amazon Web Service 提供的 Elastic MapReduce 环境中也提供了 128MB 的基本设置。在处理超大型文件的许多环境中，常用到 128MB 的 block 来配合自身的环境进行设置。

再来看看 block 存储在哪里以及如何进行管理。在 Datanode 中 block 被存储在指定的目录中。被指定目录可以根据 Hadoop 分布式文件系统的设置进行更改。Datanode 可以使用 conf/hdfs-site.xml 设置指定的目录。Datanode 在 dfs.data.dir 中明示了存储数据的目录的基本设置。此设置值为${hadoop.tmp.dir}/dfs/data。这个${hadoop.tmp.dir}代表 conf/core-site.xml 文件中可设置的 hadoop.tmp.dir 值。Hadoop.tmp.dir 将初始值设置为/tmp/hadoop-${user.name}。${user.name}代表当前 Namenode 和 Datanode 运行的 Linux 的账户名称。因此，如果不变更 conf/core-site.xml 和 conf/hdfs-site.xml 文件，则将/tmp/hadoop-用户账户/dfs/data 指定为 Datanode 的存储目录。

使用初始设置的目录可能会发生少许的问题。此目录从其名字可知是临时目录。临时目录（/tmp 目录）是运行应用程序同时将需要的资料进行临时存储的目录。即遇到特殊情况时，临时目录中的数据可以被全部删除。因此，为了不丢失数据，建议要将数据存储在其他目录中，不要存储在临时目录中。

接下来直接尝试更改设置。启用设置时，需要在 Datanode 启动前明示设置再启动 Datanode。而后，更改 Datanode 运行的所有服务器中的 conf/core-site.xml 文件。作者使用的用户账户为 hadoopuser，将目录设置为 Hadoop。

- 更改 Datanode 的存储目录

```
<configuration>
  ...
  <property>
    <name>hadoop.tmp.dir</name>
    <value>/home/hadoopuser/hadoop</value>
  </property>
  ...
</configuration>
```

按照以上内容进行更改后，Datanode 存储数据的目录变更为/home/hadoopuser/hadoop/dfs/data。此目录作为用户目录与临时目录不同，用户不用考虑数据会被清除。现在启动 Datanode 可以发现在/home/hadoopuser 目录下自动创建了 Hadoop 目录，在下端目录中 Datanode 相关的文件被创建。

 小贴士

hadoop.tmp.dir 的更改

更改 hadoop.tmp.dir，不仅会更改 Datanode 存储数据的目录而且会更改其他目录。如前文所述，hadoop.tmp.dir 是参照其他属性的数值。如果将此属性不是在 Datanode 运行的服务器中进行更改，而是在 Namenode 运行的服务器中进行更改，则 Namenode 的元数据（FsImage）和文件日志（Edits）存储的目录也会更改。如果在 MapReduce 相关节点运行的服务器中进行设置，则存储 MapReduce 相关文件的目录也会被更改。

2.4.2 数据的复制和过程

在 Hadoop 中,将数据复制到多个的 Datanode 中。在其他分布式文件系统中也是通过复制将同样的数据复制到多个地方。理由是为了防止服务器故障和磁盘故障带来的数据丢失。为了在磁盘故障中保护数据,将同样的数据进行复制后保存在其他的服务器中。在搭建大规模分布式文件时使用此方法。如果发生故障,因为在其他服务器中保存了同样的数据,所以用户可以正常地获取数据。Hadoop 也通过复制数据来防备数据的丢失。上文介绍了 Hadoop 如何复制数据,下面将介绍怎样更改相关设置。

Hadoop 分布式文件系统在上传用户数据的同时将数据复制到多个 Datanode 上。用户上传数据,则数据存储到 Datanode 中。此时,如果只将数据上传到一个 Datanode 中,之后再进行复制的话,存在数据丢失的可能。假定用户上传的数据只保存在一个 Datanode 中,此时 Datanode 将已上传的用户数据复制到其他 Datanode 中。执行复制任务过程中,如果发生 Datanode 或是磁盘故障,会丢失相关的数据。因此 Hadoop 分布式文件系统在上传用户数据时会同时复制到多个 Datanode 中。Hadoop 通过使用流水线操作方式进行数据复制。

复制的流水线操作方法请参见图 2-10。client 上传数据需要经过 1、2 步过程,从 Namenode 中获取需要上传的 Datanode 的信息。此时,Namenode 将需要上传的 Datanode 中有关 1、3、4 步的相关信息向 client 传达。获得情报的 client 通过 3 步过程,将数据上传到 3 个 Datanode 中的第一个 Datanode 即 Datanode1 中。

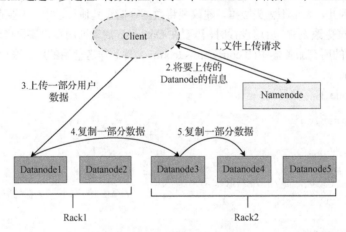

图 2-10 复制流水线操作的方法

获取 client 一部分数据的 Datanode1 将数据保存在自身磁盘中。并且将这部分经过 5 步过程向 Datanode4 传输数据。Datanode4 将接收的数据保存在自身磁盘中,在 client 数据传输通过时执行复制的流水化作业。client 和 Datanode 会将 3 步、4 步、5 步过程执行到完成所有的数据传输,传输的同时对数据进行复制。

进行复制的流水线操作可以防止数据的丢失。client 上传数据的同时,将数据传达到其他 Datanode 中并保存在磁盘中,因此完成所有上传后,即使 Datanode 发生故障也可以对数据进行安全保管。

在 Hadoop 分布式文件系统中存在复制的相关设置。Hadoop 分布式文件系统的初始设置为将同样的 block 复制为 3 个。复制的个数可根据用户的设置进行任意更改。在构建的部分虽然已经提到过一次,这里会再次进行介绍。在下列 conf/hdfs-site.xml 文件中可以设置文件的复制个数。

- conf/hdfs-site.xml

```
<-xml version="1.0"->
<-xml-stylesheet type="text/xsl" href="configuration.xsl"->
```

```
<!--Put site-specific property overrides in this file.-->

<configuration>
  <property>
    <name>dfs.replication</name>
    <value>2</value>
    <description>Set replication number of dfs</description>
  </property>
</configuration>
```

将此设置在 Namenode 运行的服务器中进行设置。根据上列的 dfs.replication 设置来决定用户上传的数据的复制数量。

按照上列方式进行设置后，启动 Namenode，复制数量被成功设置。此设置在运行中也可以进行更改。变更设置时需要关闭 Namenode，再次重新启动后可以更改系统的设置。因此 Namenode 支持运行中设置的更改。首先在变更设置前，上传任意的数据后，使用下列命令确认复制数量。作者将复制数量设置为 3。

- 复制数量确认方法

```
hadoopuser@master:~/hadoop-1.0.0$ hadoop fs -stat %r 3Replica.txt
3
```

使用 stat 命令可以确认文件的元数据。在 stat 命令后使用%r 可以确认相应文件的副本数。在这里作者将复制数量设置为 3。

复制数量不一定按照设置的方式进行运用，更改复制数量可以使用其他方法。实际上，决定复制数量的时间节点为用户上传数据时。对于特定的文件，存在不需要复制的情况；为了保证安全性需要复制更多数量的情况也同时存在。因此，在实际情况中，复制数量由上传数据的用户决定。用户的复制数量的决定方法非常简单。使用 bin/hadoop fs-put 命令在上传时对复制数量进行明示即可。通过下列案例，可以了解上传数据时复制数量的明示方法。

- 上传数据时复制数量的明示方法

```
hadoopuser@master:~/hadoop-1.0.0$ bin/hadoop fs -D dfs.replication=2 -put 2Replica.txt
hadoopuser@master:~/hadoop-1.0.0$ bin/hadoop -stat %r 2Replica.txt
2
```

在命令后面加上-D，并加上 conf/hdfs-site.xml 中明示的设置名称和数值后，直接上传文件即可。在以上案例中，将复制数量设置为 2 并进行上传后，可以确认复制数量为 2。

2.4.3 Datanode 添加

Hadoop 分布式文件系统拥有卓越的扩展性。在进行 Hadoop 分布式文件系统的扩展时，可以在运行状态下添加 Datanode。下文中将介绍怎样添加 Datanode，以及 Datanode 扩展后需要执行那些操作。

在用户或管理员使用 Hadoop 分布式文件系统过程中，由于容量的不足可能导致数据不能进行上传的情况。为避免此类情况的发生，需要充分地确保 Datanode 的数量。在分布式文件系统中添加 Datanode 进行容量扩张时，在当前使用的 Namenode 或 Datanode 等节点不被中断的情况下可以进行扩展。扩展 Datanode 需要将新增的节点进行简单设置后进行驱动即可。

在 Hadoop 分布式文件系统中添加新的节点需要执行几项操作。首先，按照第 1 章中所提到的内容进行 Java 设置和 Hadoop 下载。在运行 Datanode 的服务器上直接执行命令，在 Namenode 上对 Datanode 进行登录，而不需要在 Namenode 中执行。在 Datanode 运行的服务器上直接进行驱动则无须将 ssh 公共密匙复制到新增的服务器中。在这里只需要在新增的节点上设置文件 conf/core-site.xml,conf/hdfs-site.xml,conf/mapred-site.xml。

 小贴士

新增服务器 ssh 公共密匙复制

如果在不复制 ssh 公共密匙的情况下启动 Datanode，则事后使用 Namenode 中 bin/start-all.sh、bin/stop-all.sh 文件不能运行 Namenode。如果需要使用以上两种命令，则将 ssh 公共密匙复制到新增的服务器中，在运行 Namenode 的服务器中修改 conf/slaves 文件。

- conf/core-site.xml 文件设置

```xml
<-xml version="1.0"->
<-xml-stylesheet type="text/xsl" href="configuration.xsl"->

<!--Put site-specific property overrides in this file.-->

<configuration>
 <property>
     <name>fs.default.name</name>
     <value>hdfs://master:9000</value>
     <description>Set dfs URL.Set dfs ip or domain name and port.</description>
 </property>
</configuration>
```

- conf/hdfs-site.xml 文件设置

```xml
<-xml version="1.0"->
<-xml-stylesheet type="text/xsl" href="configuration.xsl"->

<!--Put site-specific property overrides in this file.-->

<configuration>
 <property>
     <name>dfs.replication</name>
     <value>3</value>
     <description>Set replication number of dfs</description>
 </property>
</configuration>
```

- conf/mapred-site.xml 文件设置

```xml
<-xml version="1.0"->
<-xml-stylesheet type="text/xsl" href="configuration.xsl"->

<!--Put site-specific property overrides in this file.-->

<configuration>
```

```xml
    <property>
        <name>mapred.job.tracker</name>
        <value>master:9001</value>
        <description>ip and port information of job tracker</description>
    </property>
</configuration>
```

首先介绍 conf/core-site.xml 文件。在此文件中将 Namenode 运行服务器的 hostname 和端口信息进行明示。如果不知道 hostname 可以输入 IP 地址。此信息用于启动 Datanode 后在 Namenode 中进行自我登录。进行自我登录时需要知道 Namenode 的地址和端口信息，因此使用此文件对 Namenode 的信息进行明示。

接下来介绍 conf/hdfs-site.xml 文件。在此文件中明示了 Hadoop 分布式文件系统中的副本。复制数量是 Namenode 中管理的信息。在 Namenode 中保有 client 上传文件时需要创建的副本数量的相关信息。事实上，无须在 Datanode 中明示此信息。即使不编制 conf/hdfs-site.xml 也可以正常工作。但是，如果想要更改 conf/hdfs-site.xml 设置中的 Datanode 相关设置时需要更改此文件。

最后介绍 conf/mapred-site.xml 文件。在此文件中需要明示 MapReduce 的 Job Tracker 运行服务器的 hostname 和端口信息。如果不知道 hostname 可以输入 IP 地址。此信息用于 Task Tracker 在 Job Tracker 上进行自我登录。Task Tracker 登录 Job Tracker 的相关信息通过使用此文件进行明示。

尝试使用这些设置启动 Datanode。启动 Datanode 和 Task Tracker 进行登录的方式十分简单。在 Hadoop 相关的脚本已经全部存在。完成所有准备后使用下列命令运行 Datanode 和 Task Tracker。

- 启动新添的 Datanode 和 Task Tracker

```
hadoopuser@newnode:~/hadoop-1.0.0$ bin/hadoop-daemon.sh start datanode
starting datanode,logging to /home/hadoopuser/hadoop-1.0.0/libexec/../
    logs/hadoop-hadoopuser-datanode-newnode.out
hadoopuser@newnode:~/hadoop-1.0.0$ bin/hadoop-daemon.sh start tasktracker
starting tasktracker,logging to /home/hadoopuser/hadoop-1.0.0/libexec/../
    logs/hadoop-hadoopuser- tasktracker-newnode.out
```

添加 Datanode 和 Task Tracker 需要使用 bin/hadoop-daemon.sh 文件。使用此文件可以不进行 ssh 的相关设置，在新增的服务器中运行相关的节点。参照指令可以发现 bin/hadoop-daemon.sh 指令的后面传达了 start 命令。如果将命令更改为 stop，可以中止 Datanode 和 Task Tracker。如果在 start 命令后面添加需要运行的进程名称，则可以运行 Datanode 和 Task Tracker。

 小贴士

Tip Task Tracker

Task Tracker 是运行 MapReduce 的节点。Hadoop MapReduce 通过使用 Job Tracker 和 Task Tracker 来运行。Job Tracker 与 Namenode 一样，只需运行一个 Job Tracker 就可以使多个 Task Tracker 运行。Job Tracker 担任管理 MapReduce 所有任务的角色。Task Tracker 担任执行数据分析任务的角色。

2.5 小　　结

Hadoop 分布式文件系统大体由 Namenode 和 Datanode 构成。Namenode 的主要角色为管理用户元数据和管理运行中的 Datanode。元数据包含了用户的目录和文件名称，还有存储在 Datanode 中 block

的相关信息。在 Datanode 中不以文件的名称进行存储，而是根据 block 的信息和相关的名称进行存储，因此根据 Namenode 的元数据将文件名称和 block 信息进行关联。

Namenode 使用 Heartbeat 报告对 Datanode 进行管理，可以掌握运行中的 Datanode 的相关信息。

Heartbeat Namenode 将运行中的 Datanode 的情况定期传达给 Namenode。因此 Namenode 掌握了运行中的所有 Datanode 的信息。使用此信息，在 client 上传或下载数据时进行 Datanode 的传达。

Datanode 的主要任务为存储用户数据的 block。用户数据在 Datanode 中以 block 的形态进行存储。block 的概念与现有的文件系统中使用的 block 概念有差异。block 在 Hadoop 分布式文件系统中是作为划分数据的标准进行使用。此 block 的大小可以根据设置进行更改。Datanode 的主要任务是存储用户数据的 block。因此为了对数据进行安全保管，在 Hadoop 分布式文件系统中使用流水线操作将同样的数据同时存储到多个节点上。

第 3 章　大数据和 MapReduce

3.1　大数据的概要
3.2　MapReduce
3.3　MapReduce 的结构
3.4　MapReduce 的容错性（Fault Tolerance）
3.5　MapReduce 的编程
3.6　构建 Hadoop：通过 MapReduce 的案例介绍
3.7　小结

※ 摘要

本章对近期的热门话题大数据的概念进行明确地定义，并对分析大数据所需要的软件框架 MapReduce 进行介绍。用一般线程方式进行词频统计编程时，对出现的各种问题进行分析，了解 MapReduce 如何解决一般线程方式编程时出现的各种问题，从而熟悉 MapReduce 编程的优点和特征。同时，通过 Java 词频统计编程的案例和 Ruby 命令的 Steaming 的案例等，使用多种语言来学习 MapReduce 的编程方法。在了解 MapReduce 开源代码平台即 Hadoop 的构造的同时，对分布式体系结构进行简单了解，并学习 Hadoop 高效使用的方法。最后的部分，不仅限于词频统计等普遍的例子的介绍，而是通过大量的案例来提高编程的应用能力，通过了解 MapReduce 的相关设置加深对 MapReduce 的理解。

本章对近期热点大数据的概念和大数据分析时所必需的软件框架 MapReduce 进行介绍。首先对大数据的意义进行剖析，然后通过简单的案例加深对 MapReduce 的理解。在没有 MapReduce 的情况下，需要考虑的许多因素，通过以上分析可以总结出 MapReduce 的优点。

3.1　大数据的概要

随着对大数据关注度的增加，可以有效地处理大数据的 MapReduce 编程模型——开源代码 Hadoop 备受瞩目。如图 3-1～图 3-3 所示，使用 Google Trends 观察 3 个关键词的关注度。可以确认在 2011 年以后关注和人气呈剧增的趋势。

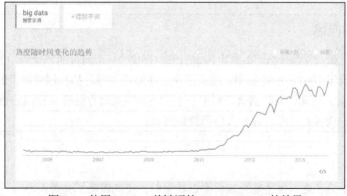

图 3-1　使用 big data 关键词的 Google Trends 的结果

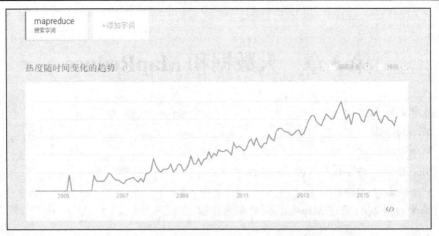

图 3-2 使用 mapreduce 关键词的 Google Trends 的结果

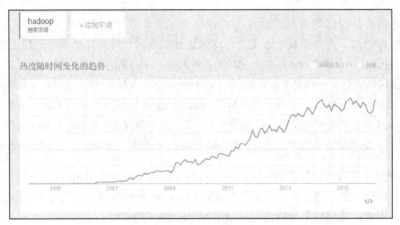

图 3-3 使用 Hadoop 关键词的 Google Trends 的结果

 小贴士

Google Trends（http://www.google.com/trends/）是分析搜索词趋势的 Web tools。占有全世界 70%以上搜索市场的 Google 的分析结果是非常具有意义的。通过以上结果可以分析近期的流行趋势和热点的关键词。

3.1.1 大数据的概念

那么大数据的具体意义是什么呢？假定搜索引擎中查找的一个网页的容量为 10KB、总共有 200 亿个网页，那么必须确保 200TB 的数据集。搜索引擎公司如果在每月都新创建网页的索引（index），则一天需要 6TB 的容量。因此，大数据就是利用一个上述的装置进行处理并存储的数据的集合。大数据包括了因特网系统中众多的日志、各种人口调查数据等。

 小贴士

在网页搜索中为了更加快速地处理需要创建索引。情况因每家公司而异，一般情况下搜索引擎公司每月创建一次以所有的网页为对象的索引。

然而大数据并不意味着它的规模大。网页日志数据,或类似 Daum 的 Hanmail、Google Gmail 等邮件 MIME 数据普遍在 PB 以上,然而 Twitter 的网络数据普遍在 GB 左右。日志和邮件数据强调数据的安全性,而网络数据则强调分析和处理的过程。即大数据的重要性不仅在于物理性大小,根据所属的特性处理方法也尤其重要。在处理方法中,重要的要素是处理速度。打个比方,假设前文所提到的网页索引工作需要耗费一个月以上的时间,使用者会对迟缓的搜索速度感到不满,从而不会再使用相应的网站。

下一步需要考虑的问题是:传统企业的数据和当前时代的多数企业所管理的数据正朝多变化方向发展。例如,传统企业的数据分析是将企业内部产生的运营数据,如对公司整体的资源管理(ERP)、供应链管理(SCM)、生产管理系统(MES)、客户关系管理(CRM)等进行分析,这些数据是存储在数据库中。合理整理这些数据,其意义明确且便于分析。然而,最近在企业外部产生的社交网站服务(SNS)、博客、新闻、留言板、用户上传的文件、电话服务中心的客户咨询内容等未被整理,这些难以对其进行定义的非标准化信息,在等比级数地增加。对以上事项进行总结,可将大数据定义为已经超出了系统、服务、组织(企业)等规定的成本和时间下可处理的数据范围的数据。

3.1.2 大数据的价值创造

创造大数据的价值需要经历哪些过程?价值创造的过程根据人的不同会有不同的表现方法,作者赞同 2011 年甲骨文公司在大数据论坛上发表的内容,将过程划分为如下的 4 个步骤,即获取大数据的过程、对大数据进行组织的过程、分析大数据的过程、对已分析的大数据进行决策的过程。

第一阶段获取大数据的过程是将运营过程中产生的所有数据进行搜集的过程。这些数据可能是便于分析的标准数据,也可能是不具有任何意义的非标准化数据(例如随机的日志)。第二个阶段是将上个阶段获取的所有数据整理为标准化数据。通常在第一阶段获得的数据容量为超过 PB 单位的大数据,需要在多个物理的 Machine 而不是单个物理的 Machine 中进行并行处理工作。第三阶段是将整理的数据(依据大数据的使用环境有必要对数据进行实时处理)进行分析。最后的阶段是将分析后的数据执行快速地决策,将大数据运用到有价值的工作中。

下面,我们通过案例来了解使用怎样的工具可以实现以上 4 个过程。如图 3-4 所示,第一,将大数据获得过程的焦点转移到数据的有效存储方面。打个比方,如果使用 Hadoop 的基础分析平台,可将数据存储到 Hadoop 分布式文件系统(HDFS)中,在对大数据进行整理的过程中可以使用到 Hadoop(MapReduce)。一般的分析通过使用构建数据库或是分析应用进行。

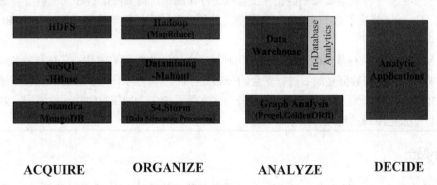

图 3-4 大数据处理的 4 个过程

Hadoop 分布式文件系统(HDFS):作为 Hadoop 分布式文件系统,是将 Hadoop 中需要处理的输入/输出数据进行存储的分布式文件系统。

NoSQL：NoSQL 的意义为 Not Only SQL，是将非构造性的数据进行存储的分布式存储系统。它与关系型数据库系统不同，是将数据的模式进行动态定义。

HBase：HBase 参考了 Google 于 2006 年发表的 BigTable 建模，是 Apache 基金会开源的具体体现。它属于 NoSQL，HBase 拥有分布式系统的 3 个优良属性：一致性（Consistency）、可用性（Availability）、分区容错（Partition Tolerance）中一致性和分区容错两个属性。

Cassandra：Cassandra 也属于 NoSQL，为了体现分布式系统可用性和分区容错性优势被设计开发而成。初期被使用到 Facebook 中，现在是 Apache 的开源代码。

MongoDB：MongoDB 也属于 NoSQL，与 HBase 类似，为体现一致性和分区容错性而设计开发。主要用于存储 JSON，XML 形式的文件。

Datamining-Mahout：作为 Apache 基金会支持的项目，Datamining-Mahout 支持 Hadoop 系统上的扩张性机器学习及数据挖掘任务。

S4：S4 是进行分布式流式处理的平台。它可以帮助程序员更容易地制作出处理源源不断流数据的应用程序。最初被 Yahoo 所使用。

Storm：Storm 和 S4 一样也是进行分布式流式处理的平台。最初被 Twitter 使用。

Data Warehouse：作为报告或是报告的数据库系统，主要对企业大量的市场营销、经营领域的数据进行存储。

Pregel：Pregel 是 Google 开发的分布式图形数据处理框架。

GoldenORB：GoldenORB 是 Pregel（分布式图形分析）开源的具体体现。

3.2　MapReduce

3.1 节我们了解了大数据的一个处理过程。本节将介绍进行大数据结构化或是分析大数据时使用的代表性编程模型——MapReduce。MapReduce 通过使用低廉的机器对大数据进行并行分布式处理。MapReduce 得益于 Google 的推广，最具代表性的成果为作为开源项目的 Apache Hadoop。实际上，在 Yahoo，Facebook，Amazon 这样企业级别的服务公司正在广泛地使用 Hadoop。

MapReduce 编程模型的基本原则是为了引导程序员以数据为中心进行编程。将大数据在多个设备上分散存储后，再对存储的数据加工后进行分析。通常在多个机器上进行数据处理需要考虑几点问题。比如，多个机器中的一台机器如果不能正常工作或是停止的话，需要考虑程序间的调度问题和设备间的网络结构。Hadoop 解决了这一连串的过程问题，将所有的过程以简单化形式的 Map 和 Reduce 函数界面向开发者提供。

通常，MapReduce 执行基本配置的进程，同时处理大规模数据非常容易。它充分考虑到了物理性装置的机械故障，因而将数据复制后进行安全的分布式存储。举个例子，将 Map 的执行结果存储在本地磁盘中，Reduce 的执行结果存储在 Hadoop 分布式文件系统中，如果发生物理性障碍，对节点进行检查后，可以从发生障碍的地点开始重新启动。

　小贴士

Map 任务和 Reduce 任务代表 MapReduce 软件框架中使用的 Map 函数以及 Reduce 函数执行的任务。举个单词个数统计 MapReduce 程序的例子，Map 函数对大型的输入数据执行分析任务，Reduce 函数将分析后的数据进行合并。

小贴士

Checkpoint 是指计算机处理过程中的中断点。将对当时的处理状态进行完整地保存，之后，Checkpoint 意味着可以从该中断点重新开始的时点。如果各种程序中存在 Checkpoint，发生故障时，可以很容易地进行恢复。

3.2.1 MapReduce 示例：词频统计（Word Count）

前文中介绍了用一般的编程方法开发词频统计应用程序，以及数据急增时会出现怎样的问题。为了解决这样的问题下文中将介绍为什么需要 MapReduce 类型的编程模型。

假定存在以下列单词为集合的输入文件。尝试设计对这些文件中单词频度进行统计的程序。

例如，web、weed、green、sun、moon、land、part、web、green 等词的词频搜索。

如图 3-5 所示，单词以集合形式形成的数据存储在数据集散站（Data Collection）中。运用 Parsing 函数将存储的所有数据在文件中以单词的类别进行抽样，运用 Counting 函数对抽出的词频进行统计后存储。图 3-5 中的内容为在数据存储站中对单词一一读取，Parsing，Counting 的最基本的体现方式。这样的方式仅在一个进程中执行 Parsing 和 Counting，因此需要耗费大量的时间。为解决此问题可考虑使用线程模型执行 Parsing 和 Counting 的并行处理。

图 3-6 是多线程 Parsing, Counting 的构造图。作为必然的结果，基于多线程的 Parsing 和 Counting 构造比单线程的构造具有更优越的性能。然而，关于词频的最终结果以文件形式存储在磁盘中，多个线程可以共享文件的内容，因此需要对文件内容进行锁定（Lock）。

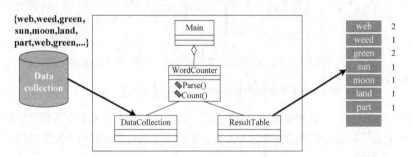

图 3-5　词频统计应用示例——一般编程方法（Step 1）

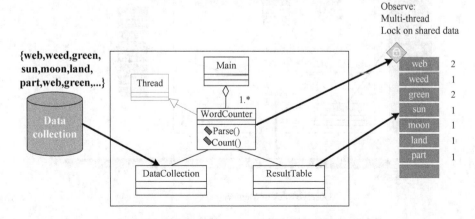

图 3-6　词频统计应用示例——一般编程方法（Step 2）

通过一个简单的例子说明为什么需要对文件进行锁定,假如将 web 单词的频度在特定时点修改为 2,两个线程同时读取 web 单词并增加计数,词频数会更新为 3。如果使用一个线程读取或使用 web 单词的频率数,设置锁定使其他线程无法访问,两个线程则会按照次序执行从 2 个增加到 3 个的任务,3 个增加到 4 个的任务,可以计算正确的频率数。即只使用一个线程读取共享的数据——web 单词的频率数并进行使用。因此 Lock 的使用是不可缺少的,然而 Lock 的使用也会导致数据处理的速度变慢。

 小贴士

Lock 的机制为在计算机中为了有效地使用资源执行多路接入(Multiple Acess)时,使用总线、存储器、磁盘共用的部分进行接入时,会限制其他线程的使用。

磁盘中存储的共享数据如果设置锁定会影响性能,为了避免此问题,如图 3-7 所示,将中间的计数结果存储在存储器中可以提高数据的处理速度。当然,存储器的共享数据也存在 Lock 的问题,但是它的过度开销小于存储在磁盘中共享数据的 Lock。

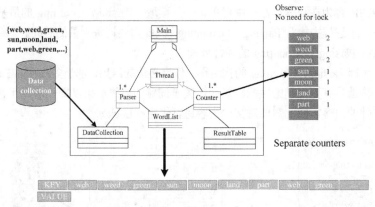

图 3-7 词频统计应用示例——一般编程方法(Step 3)

然而正如图 3-8 所示,如果需要处理的数据量在 PB 以上,单词频率数存储会产生存储器容量不足的问题。即不仅会发生存储大数据的物理性 Machine 磁盘不足的现象,同时会发生存储器不足的问题。

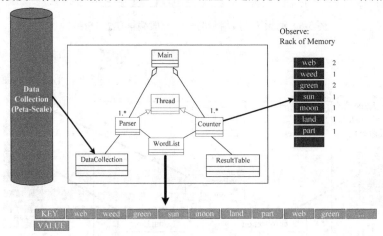

图 3-8 词频统计应用示例——一般编程方法(Step 4)

为解决上面的问题可以考虑分割处理的方法。如图 3-9 所示，将大数据分割后进行存储，在单一的 Machine 构造中进行 Parsing 和 Counting。然而在单一的 Machine 中运行多线程，仍然无法解决存储器不足的问题。

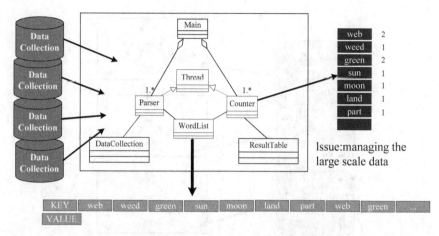

图 3-9　词频统计应用示例——一般编程方法（Step 5）

解决此问题需要判断图 3-10 中一个数据集合（Data Collection）具有的特征。首先，为了计算单词的频率数，收集的数据具有 WORM 的属性。WORM 属性可以将数据读取和分析过程进行并列化。其次，数据之前不存在依赖关系（Dependency）。因此，即使数据的存储和处理过程的顺序不同，产生的结果是相同的。

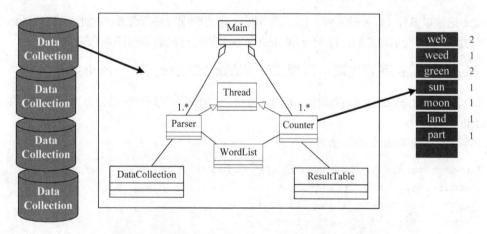

图 3-10　词频统计应用示例——一般编程方法（Stcp 6）

拥有上述两种属性的数据集合，在将多个数据分割后执行各自的任务和将数据整合后进行处理时会变得更加容易。正如图 3-11 中所示，在分割后的多个数据集合中选择一个，进行 Parsing 和 Counting，此结果可以作为最终结果存储。

将上文中提到的方法运用到所有的数据集合中，就如图中一样把大数据分割为多个数据集合，再将分割后的数据存储到多个 Machine 中。同时，各个数据集合将会在多个 Machine 中阶段性地进行 Parsing 和 Counting 的过程，同时并行执行。

至此，对单词统计应用程序的变化过程进行总结，需要着重关注两个处理任务。一个是 Parsing

任务，另一个是 Counting 任务。在应用 MapReduce 编程模型时，Parsing 处理任务可由 Map 函数实现。Map 函数对由大量单词构成的文件的输入内容以［key（单词），值（频率数）］的形式进行 Parsing（Mapping）。

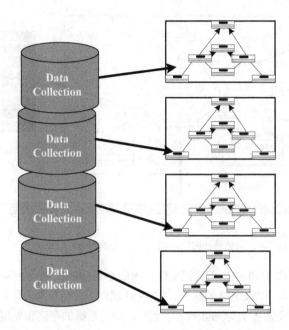

图 3-11　词频统计应用示例——一般编程方法（Step 7）

Reduce 函数以多种［key（单词），值（频率数）］形态的配对进行合并。因此，MapReduce 是将分散存储的数据进行变形加工后，以 Map 和 Reduce 函数进行分割后编制任务的编程模型。

3.2.2　MapReduce 开源代码：词频统计（Word Count）——Java 基础

本部分将使用 MapReduce 编程模型，编制词频统计的代码。代码可大致分为 Map Class，Reduce Class，Main 函数。

● 词频统计 MapReduce 编程示例

```
import java.io.IOException;
import java.util.*;
import org.apache.hadoop.fs.Path;
import org.apache.hadoop.conf.*;
import org.apache.hadoop.io.*;
import org.apache.hadoop.mapred.*;
import org.apache.hadoop.util.*;
//对需要的部分进行import
public class WordCount{
   public static class Map extends MapReduceBase  //定义Map Class
      implements Mapper<LongWritable,Text,Text,IntWritable>{
      private final static IntWritable ONE=new IntWritable(1);
      //将各单词的一个客体的Key设置为"1"，执行初始化
      public void map(LongWritable key,Text value,OutputCollector<Text,
```

```
           IntWritable> output,Reporter reporter) throws IOException {
             String line=value.toString();
             StringTokenizer itr=new StringTokenizer(line);
             //以输入形式导入的文件以 line 类别读取并执行各单词的 Parsing 任务
             while(itr.hasMoreTokens()){
                output.collect(new text(itr.nextToken()),ONE);
             //在以 line 类别读取的字符串中,将单词的令牌作为 Key 进行 Maping,将各单词的
                Key 值设置为 1 进行 Maping
}//while
      }//map
}//Mapper
public static class Reduce extends MapReduceBace      //定义 Reduce Class
       implements Reducer<Text,IntWritable,Text,IntWritable>{
    public void reduce(Text key,Iterator<IntWritable> values,OutputCollector
        <Text,IntWritable> output,Reporter reporter) throws IOException {
         int sum=0;
         while(values.hasNext()){
            sum+=values.next().get();
         //将同样的 Key 的值(假定为 1)相加。Key 代表的意义为单词,在 Reduce Class 中输
           入后可以统计文件中的 Key 的频率
         }
         output.collect(key,new IntWritable(sum));
//将同样 Key 的频率进行最终存储
     }//reduce
}//Reduce

public static void main(String[] args) throws Exception {
// WordCount.java 文件的 main 函数
     JobConf conf=new JobConf(WordCount.class);
     conf.setJobName("wordcount");
     conf.setMapperClass(Map.calss);            //将 Map Class 初始化
     conf.setCombinerClass(Reduce.class);
//在此案例中没有对 Combiner 的功能进行单独划分,按照 Reduce Class 的方式使用
     conf.setReducerClass(Reduce.class);        //将 Reduce Class 初始化
     FileInputFormat.setInputPaths(conf,args[0]);
//设置统计单词频度的输入文件
     FileOutputFormat.setOutputPath(conf,new Path(args[1]));
//设置统计单词频度的输出文件
     conf.setOutputKeyClass(Text.class);        //最终输出的 Key 为单词(字符串)
     conf.setOutputValueClass(IntWritable.class);//最终的输出值为各单词的频率
     JobClient.runJob(conf);
}//main
}//WordCount
```

参照上编程示例中的代码完成 WordCount.java Class 的设置。在实际情况中,运行 Hadoop 需要编译 WordCount.java 文件,并用 JAR 文件进行设置。在 shell 环境中编译 WordCount.java 并对 JAR 文件的创建过程进行了解。

- WordCount.java 文件的编译及 JAR 文件的创建

```
$mkdir wordcount_classes
$javac -classpath
$${HADOOP_HOME}/hadoop-${HADOOP_VERSION}-core.jar -d wordcount_classes
WordCount.java
$jar -cvf /test/wordcount.jar -C wordcluont_classes/.
```

通过以上程序可以创建 JAR 文件。使用 JAR 文件可以运行 MapReduce。详细的事项会在介绍完 Hadoop 后，通过使用案例进行讲解。

3.2.3　MapReduce 开源代码：词频统计（Word Count）——Ruby 语言基础

上一节介绍了使用 Java 语言的 MapReduce 的编程示例。在 Hadoop 中不仅能使用 Java，也可以使用 Ruby、Python 等各种各样的脚本语言。本节中将介绍使用 Ruby 语言的示例。

- 输入文件示例

```
$echo "Hadoop is an implementation of the map reduce framework for"\
"distributed processing of large data sets.">input.txt
```

首先假定输入文件的构成与上述内容一致。

- 单词频率统计 MapReduce 编程 Ruby 示例——Map 脚本

```
#!/usr/bin/env ruby
```

//假定以标准输入（STDIN）导入输入文件

```
STDIN.each_line do |line|
```

//以 line 的类别对以输入方式导入的文件内容进行访问同时执行单词的 Parsing，将值设置为 1。

```
  line.split.each do |word|
    puts "#{word}\t1"
  end
end
```

按照上述方法创建有关 Map 的脚本后，测试是否得到了需要的结果。

- 单词频率统计 MapReduce 编程 Ruby 示例——测试 Map 脚本

```
$ cat input |ruby map.rb
Hadoop     1
is      1
an      1
implementation    1
of      1
the     1
map     1
reduce    1
framework  1
for     1
distributed   1
processing   1
```

```
of       1
large    1
data     1
sets     1
```

- 单词频率统计 MapReduce 编程 Ruby 示例——测试 Reduce 脚本（示例文件：reduce.rb）

```
#!/usr/bin/env ruby

//
wordhash={}
```

//以标准输入的方式导入输入文件，将导入文件的字符串 line 进行整理。

```
STDIN.each_line do |line|
```

//各 line 以单词和 Count 值（Key 和值）配对的形式组成。

```
word,count=line.strip.split
```

//将单词的值看做散列值（Hash Key），如果 wordhash 中存在单词则 Count 会增加，如果 wordhash 中不存在单词则需要创建单词（hash）。

```
    if wordhash.has_key?(word)
        wordhash[word]+=count.to_i
    else
        wordhash[word]=count.to_i
    end
end
```

读取 wordhash 中所有单词的同时得出单词和 Count 的值。

```
wordhash.each{|record,count|puts "#{record}\t#{count}"}
```

最后，使用验证后的 Map 脚本对 Reduce 脚本进行验证。

- 单词频率统计 MapReduce 编程 Ruby 示例——使用 Linux pipe 对 MapReduce 进行简单测试

```
$ cat input|ruby map.rb|sort|ruby reduce.rb
large          1
of             2
framework      1
distributed    1
data           1
an             1

the            1
reduce         1
map            1
sets.          1
Hadoop         1
implementation 1
for            1
processing     1
is             1
```

经过以上检测的测试后，使用 Map 脚本和 Reduce 脚本和 JAR 文件以及 Hadoop 可以运行 MapReduce。

3.3 MapReduce 的结构

MapReduce 的设计目标大致分为扩展性（Scalability）和成本效率（Cost efficiency）两方面。由于数据的容量在不断增加，因此扩展性是必须考虑的问题。举个例子，假定用每秒处理 50MB 的节点来处理 100TB 的数据。100TB 为 100×1024×1024MB = 104 857 600MB，每秒处理 50MB，需要花费 104 857 600÷50 = 24.27 天。也就是说，用一个节点处理 100TB 需要花费的时间约为 24 天。那么如果用 1000 个节点处理，会是怎样的结果呢？如果将 MapReduce 设计为具有扩张性的架构，1000 个节点每秒可处理 50GB。即 100TB÷50（GB/s）= 2048s。换算为分，即 2048÷60，大约 34 分。在具有扩展性的 MapReduce 构架中，通过增加节点的数量可在短时间内处理大数据。

同时 MapReduce 的设计需要考虑成本效率，用一般的设备代替价格昂贵的设备。即使用一般的节点，考虑一般的网络环境。使用一般的设备，价格低廉，然而需要对随时可能发生的故障做好防范措施。一般情况下，在 MapReduce 的构架中考虑为容错性（Fault Tolerance）。容错功能是由 MapReduce 自身提供因此不需要很多的 MapReduce 系统管理员。出于 MapReduce 的立场，不需要担心 MapReduce Job 的调度（Scheduling），监控（Monitoring）以及状态（Status）更新等问题，从而专注于数据的处理。

3.3.1 通过案例了解 MapReduce 结构

为了便于理解 MapReduce 的结构前文中介绍了单词频率统计的案例。将单词数据的集合假定为 {web，weed，green，sun，moon，land，part，web，green，...}。假定进行了单词频率统计的 MapReduce 编程，内容参照下列案例。

在实际情况中，单词频率统计需要将 MapReduce Task 进行分解，运行的过程用图 3-12～图 3-17 进行说明。

通过输入方式接收的数据集合如图 3-12 所示，可进行公式化。

如图 3-13 所示，输入的数据以 3 个 Map Task 的形式变形为中间 Key 和成对的值。Map 函数的所有 Key 的值被设置为"1"，并可确认所有的值均为"1"。

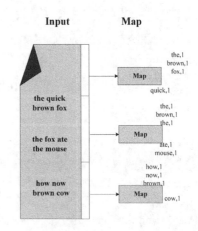

图 3-12 单词频率统计 MapReduce 的运行过程（Step1）　　图 3-13 单词频率统计 MapReduce 的运行过程（Step2）

如图 3-14 所示，依据 MapReduce Task 创建的中间 Key，成对的值经过下列的 Shuffle 过程，将

Map Task 的结果作为 Reduce Task 的输入值使用。在 Shuffle 过程中，同时执行排序（Sorting）和分区（Partitioning）任务，在此案例中执行单词排序的任务，同时为了将 Map Task 的结果作为 Reduce Task 的输入值使用，Partitioning 担任的是将 Map Task 的结果进行划分的角色。

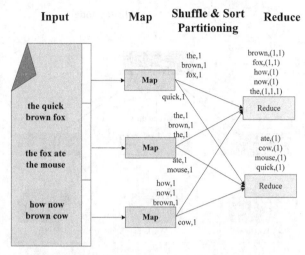

图 3-14　单词频率统计 MapReduce 的运行过程（Step3）

　小贴士

Shuffle 和 Partitioning 的定义？

勾画 MapReduce 的顺序图，可表现为 Map→Shuffle→Reduce。Shuffle 是 Map Task 和 Reduce Task 的中间过程。Shuffle 执行的任务为将 Map Task 过程中创建的（Key，值）对的特定值进行编组和排序。Partitioning 是将经过 Shuffle 过程后编组或是排序的（Key，值）对传达给 Reduce Task 以特定的标准进行 Partitioning（分割）。

最后，Reduce Task 将 Map Task 的结果即收到的输入值进行 Reduce 从而创建最终结果文件。结果文件中包含了单词的频率。如图 3-15 所示为最终运行结果。

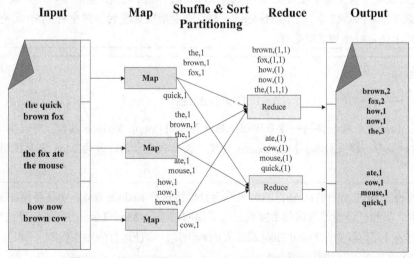

图 3-15　单词频率统计 MapReduce 的运行过程（Step4）

如图 3-16 所示，从 MapReduce 的整体构造上看，Task tracker 对 Map Task 和 Reduce Task 进行管理。Job Tracker 负责 Task 的调度。一个 Master 节点管理多个节点的运行。Task tracker 管理 Slave node 上运行的 Task。

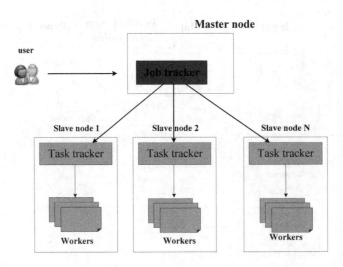

图 3-16　MapReduce 运行结构

　　管理 Map Task 的 Mapper 是将 Map Task 中使用的 Input Block 在存储的节点或是节点所属的 Rack 中运行 Map Task。最终将 Map Task 或是类似于 Reduce Task 的计算进行数据转移。通过此过程可以减少数据转移中的通信量。如果用于计算的数据存储与物理位置远的地方；如果想要将不同 Rack 的数据在一方的 Rack 中进行计算；如果存在另一方 Rack 的数据，则两个 Rack 间的计算——数据通信量会剧增，由此引发性能的降低。

　小贴士

Rack

　　Rack 是用于兼容服务器或是设备等时使用的贴纸框架。标准 Rack 的宽度为 19 英寸，为了兼容宽度更大的设备可以使用宽度为 23 英寸的宽幅 Rack。Rack 的高度有很多种，一般为 1.75 英寸高的 Ru 安装了 24 个或 42 个。它与 Hadoop 一样，是管理大容量的框架中将 24 个或是 42 个的节点以 Rack 的单位进行捆绑实现管理。

　小贴士

Computation

　　Computation 是处理数据的一连串过程。程序员使用 Map，Reduce 函数，可以编写数据处理的逻辑、这种编程逻辑及计算。MapReduce 环境中最具代表性的计算为 Map 函数逻辑和 Reduce 函数逻辑。

　　同时，Mapper 通过 Map Task 获得的结果不会直接传达给 Reduce Task，而是存储在节点所运行的 Local Disk 中。虽然已经通过单词频率案例进行了说明，通过 Map Task 得到的创建结果"(the,1)，(brown,1)，(fox,1)"。存储在 Local Disk 最重要的理由是，即使运行中发生失败（Fail），也可以通过存储在 Local Disk 中的结果进行恢复。

如图 3-17 所示，从 MapReduce 的结构观点出发，将整个 MapReduce 的运行过程整理后，结果如下：第一步，如果用户将 MapReduce 程序编写为用户程序（User Program），用户程序中处理的输入数据会存储在分布式文件系统中。Map Task 读取存储的输入数据后，用户程序管理的 Job Tracker（即 master）会执行 Map Task 的 Scheduling。通过用户程序和 master 创建的 Map Task 在多个节点的 Worker 线程中运行。在 Worker 线程中生成的结果以中间文件（Intermediate File）形式存储在相应的 Local Disk 中，经过 Shuffling 或是 Sorting 过程，作为 Reduce Task 运行的 Worker 线程的输入值被保留。Reduce Task 中处理的最终结果被使用到输出文件中。

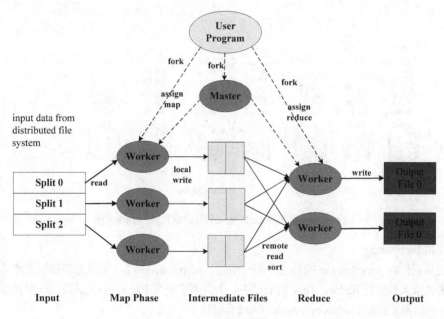

图 3-17 MapReduce 运行流程

3.3.2 从结构性角度进行的 MapReduce 最优化方案

上节内容阐述了 MapReduce 的必要性以及 MapReduce 的运行方法。程序员在设计 MapReduce 的架构时，只专注于 Map 函数、Reduce 函数的编写，这样可以使大规模分布式环境更容易进行管理。然而，MapReduce 的构架 Hadoop 在运行 MapReduce 时可以使用多种多样的最优化方案。下面将对其中的一部分进行介绍。

（1）Map Task 和 Reduce Task 的数量调整

Hadoop 在调整 Map Task 和 Reduce Task 的数量时可以使用多种优化方案。在实际的 MapReduce 运行环境中，Map Task 和 Reduce Task 的设置数量远远大于所有节点的数量。举例说明，Google 设置 2000 个节点时，需要设置 200 000 个运行的 Map Task 和 5000 个运行的 Reduce Task。通过以上设置，在一个节点上可以产生多种多样的 Task 分布，可以自然地实现动态负载平衡（Dynamic Load Balancing）。在多个 Job 运行的环境中，分布了多种多样的依据 Job Tracker Scheduling 政策创建的 Task，这类 Task 可在此环境下运行，可以防止在一边的节点中只分布了具有一种特性的 Task 的现象。参照图 3-18，可以发现在一边的节点中分布了多种多样的用户 Task。

一般情况下，Reduce Task 的数量小于 Map Task 数量的原因是，最终的结果是根据 Reduce Task 中创建的 Reduce 输出文件的数量决定的。Reduce Task 的数量如果很少，则可以相应地减少空间的复杂程度。

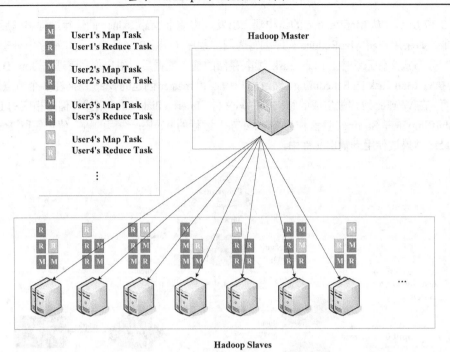

图 3-18 Map 或 Reduce 数量大于节点数量时，Task 的分布

（2）使用 Partitioning

（3）正如我们在 MapReduce 的构造中所介绍的，MapReduce 过程中创建的中间文件的中间 Key 值等记录需要录入到运行 Reduce Task 的节点中。为此需要定义 Partitioning 函数，一般情况下使用的 Partitioning 函数需要经过 Hash(Key)mod R 类似的运算。

 小贴士

Hash(Key)mod R

Hash( )代表 Hash 函数。Hash 函数是将任意数据处理为简短数值的方法。Hash 函数通过将数据进行划分、置换、位置转换等方法得到结果，此结果称之为 Hash 值。如果 Hash 函数中两个 Hash 值不相同，则所对应的原来的数据也是不同的。反之不成立。Key 值是代表 MapReduce 中间过程中生成的中间 Key 的值。Mod 运算是将剩余的部分进行返还的运算。R 则是 Reduce Task 的总个数。Hash(Key)Mod R 将中间 Key 进行 Hash 后，将结果作为 R 值分割后的剩余值使用，剩余的值在 R 个的 Reduce Task 中作为一体进行 Mapping。

如果将 Partitioning 函数运用到所有的 Map Task 中，以 Map Task 的结果方式获取的中间文件中的同一 Key 值的数据在同样的 Reduce Task 中 Mapping 并运行。对于偶尔产生的其他需求事项，可以使用其他的 Hash 函数(Hash Function)。例如，如果想将在同一主机 URL 中产生的数据存储在同一输出文件中，可以使用"hash(hostname(URL))mod R"函数进行处理。

通过单词频率统计的案例了解 Partitioning 函数的运行过程，内容如下：图 3-19 上端 Map Task 生成的结果集合为{{the,1},{browm,1},{fox,1},{quick,1}}。此结果存储为中间文件，将 Reduce Task 的输入值纳入文件则需要经过 Shuffling、Sorting、Partitioning 等阶段。这里如果将 Partitioning 函数鉴定为"Hash（key）mod R"，可以得到各个 key（the，brown，fox，quick）的 Hash 函数值，同时可以将 Hash

函数的值转变为"mod R"值。图 3-19 中 R 值为 2，用{0,1}作为集合的值进行 Mapping。如果以"0"进行 Mapping，则在上端的 Reduce Task 中进行处理，如果用"1"进行 Mapping，则在下端的 Reduce Task 中进行处理，在{the，brown，fox}的情况下 Partitioning 函数的返还值为"0"，{quick}的情况下 Partitioning 函数的返还值为"1"。根据图 3-19 的内容，将第一个 Map Task 生成的{{the,1},{browm,1},{fox,1},{quick,1}}的中间结果使用到第一个 Reduce Task 中，将同一 Map Task 中生成的不同的{{quick,1}}的中间结果使用到第二个 Reduce Task 中。细心的读者可以发现，可以根据 Partitioning 函数的内容对网络通信量的系统开销（overhead）进行调节。用简单的方式进行阐述如下，假定将图 3-19 中的全部 Map Task 和 Reduce Task 运行到其他节点或是其他机架（Rack）所属的节点中，从 Map Task 指向 Reduce Task 的箭头数量越多，或是随着箭头移动的数据量越多，网络的通信量随之增加，因此可能影响整体性能。

（4）使用 Combiner

正如第 2 章中提到的，根据 Partitioning 函数编制方法的不同会对 MapReduce 运行的性能产生影响。Map Task 的生成结果存储到运行节点的本地磁盘中，Reduce Task 需要使用存储的结果，因此需要将数据复制到 Reduce Task 运行的节点中，此时因为大量数据的移动导致了网络通信量的增加。为了减少复制过程中网络的通信量，可以通过 Partitioning 函数的设计来减少通信量，也可以使用 Combiner 进行优化处理。

根据 Map Task 生成的中间文件中如果存在同样的 Key 带有对（Pair）的情况下，对局部聚集函数（Local Aggregation Function）同样 Key 的值进行 Combiner。例如，如果 Key 值{Key,value},{Key,value}存在同样的一对，那么可以通过 combine（key,list(value)）合并为（key,sum(value)）的形式。即总计函数、Counting 函数、最大值函数等联合运算的情况下可以使用 Combiner 函数。

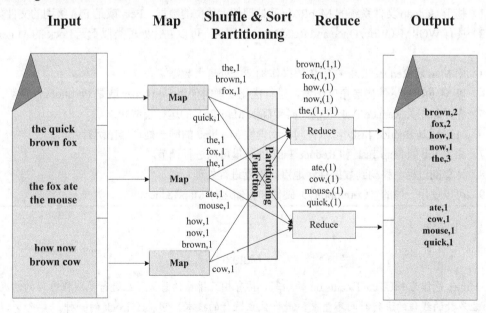

图 3-19　MapReduce Partitioning 过程

● 单词频率统计 MapReduce 编程的 Combiner 函数的体现（Python）

如图 3-20 所示在使用 Combiner 的情况下，可以对 Map Task 中生成的结果的尺寸进行缩减。参照上面的单词频率统计示例，第二个 Map Task 的{{the,1},{fox,1},{the,1}}通过 Combiner 函数可以合并为{{the,2},{fox,1}}。前文中已经解释过，如果通过 Combiner 将同样 Key 的数据量进行缩减，同时可以减少从

Map Task 经由 Reduce 的过程中网络的通信量。通过上面简单案例的说明，可能不容易感受到通信量的大量变化，但是在大规模环境中，类似于 Combiner 的最优化方案可以提高整个 MapReduce 构造的性能。

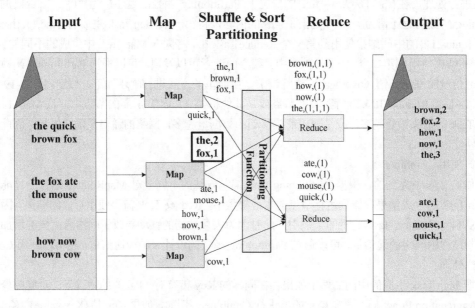

图 3-20　MapReduce Combiner 过程

对前文中提到 MapReduce 的构造特征进行总结，具体内容如下：

（1）基于 Hadoop 文件系统的 MapReduce 处理超大单位的数据（Peta 或是 Exa 级别的文件数据）。

（2）具有 WORM（Write Once and Read Many）属性，可以并行处理类似于无 Lock 的 Mutex 的大数据。

（3）用 Map 和 Reduce Task 在简单的操作构造中处理大数据。

（4）以 MapReduce 的构造角度出发，进行优化处理时使用 Combiner 或是 Partitioning 函数。

（5）在开始相关 Reduce Task 之前，必须确保 Map Task 的运行已终止。

（6）Map 或是 Reduce Task 可以在同一物理性 Machine 的同一处理器中运行。

（7）相关 Job 的 Map Task 和 Reduce Task 的数量可以进行调节。

（8）计算的过程会移动到数据存储地点的附近进行处理。

（9）可以使用一般的（Commodity）硬件和存储运行 MapReduce。

 小贴士

Mutex

Mutex 是作为 MUTual Exclusion 的缩写，具有相互排斥的意义。在进行多线程编程的情况下，作为让多数的线程的运行时间不重复，进行独立运行的技术，它属于 Lock 的一种。

3.4　MapReduce 的容错性（Fault Tolerance）

用户在类似于 MapReduce 的大规模集群环境下处理大数据时，会出现多种错误（Fault）的情况。第一种故障情况，可能发生 Map Task 或是 Reduce Task 的自身失败（Fail）的情况。一般情况下发生的 Map Task 或是 Reduce Task 的失败，大部分是由于节点自身资源的不足导致了运行的失败，Hadoop 会对失败的 Task 启动再运行。毫无疑问，可以对相关 Task 已运行的内容进行再次使用。Map Task 在运行时因为不存在依赖性，因此在其他节点上再次启动时不会产生任何问题。Reduce Task 以输入值使用的数据是作为 Map Task 的结果值存储在本地磁盘中，因此在再次启动时也不会发生问题。然而，在 Task 连续失败的情况下，由于用户权限的限制可能导致相关 Job 的完全取消。

第二种故障情况，由于节点自身的故障导致节点的自身故障。有多种原因，如节点停止供电，或是节点的网卡发生故障。如果发生以上故障，运行中的 Task 需要在其他节点中再次运行。与第一种故障不同，第二种情况下对于再次使用已执行的 Task 结果可能会比较困难。因为节点发生故障的同时，会流失掉存储在本地磁盘中 Map Task 的一部分结果。如果认真阅读上述第一种和第二种情况下关于容错性的内容可以发现，Map 和 Reduce Task 的编制过程中，即使 Task 或节点发生故障，在再次运行的过程中会排除运行中的依赖性。

第三种故障情况，节点上 Task 运行的速度变缓。一般将变缓的 Task 称作 Straggler。Straggler 可翻译为"落伍者"。可以将它比喻为处理大数据的大量 Task 中的落伍者。与上文中的两种情况（Task 失败，节点故障）不同，Hadoop 节点处理的 Task 产生的同时积压导致性能降低或是计算中发生系统开销时，可导致 Task 的处理速度变缓。第 2 章中提到的 Shuffling 和 Sorting 过程中，大量的数据通过网络移动，此时引发过度的网络通信导致数据传输速度变缓及整个 Task 性能的降低。在 Hadoop 中，如果一个 Task 的结果不能快速地反馈，则将它看作 Straggler，将同样的 Task 放到其他节点中执行。此时，使用两个 Task 中更快的一个运行结果，剩下在运行中的 Task 将被终止。Straggler 是在大规模 Hadoop 环境中运行 Job 时，常常发生的 Task。因此，为了有效地处理这些 Straggler，需要提供 Hadoop 中的技术支持。

最后一种情况是 Master Node 发生故障。Master Node 发生故障时，会重新启动。此时，通过 Master Node 遗留的基于日志的 Checkpoint 进行重启。但根据情况的不同，用户可以通过 Job 自身进行重启。

 小贴士

Checkpoint

Checkpoint 是计算系统中故障容错功能搭载的一种方法。将当前的应用程序或是系统的状态以 Snapshot 的形式进行存储，之后应用程序或系统发生故障或失败需要重启时，将以 Checkpoint 为基准进行重启。

3.5 MapReduce 的编程

上一节中通过单词频率案例介绍了 MapReduce 程序设计的构造。下面将介绍通过使用 MapReduce 程序如何访问其他应用程序的案例。

3.5.1 搜索

搜索的案例是多种多样的，这里介绍的是以输入值作为 line 的数量，在由大量 line 构成的文档中对单词进行搜索的案例。

输入值可以作为 line 数量和 line 的记录值，假定结果值为需要查找的字体样式的 line。

- 搜索—MapReduce 示例：伪代码

```
输入：（line 数量，line）记录
输出：格式一致的 line 值
```

```
Map 函数：
If (line matches pattern)://读取输入值时，如果发现一致的 line…
output(line)//输出 line 值

Reduce 函数：
Identity 函数 (Identity function)
```

小贴士

Identity 函数（Identity function）

Identity 函数是数学中的概念。Identity 函数是将从因子中得到的值直接进行返还的函数。即 $F(x)=x$。参照上面的案例可以知道，Reduce 函数中 Identity 函数的意义为将 Reduce 函数的输入值直接进行输出。

通过上列内容可将其想象成伪代码，即搜索的 Rooting 将所有 Map 函数中处理的结果值进行存储，Reduce 函数用 Map Task 的结果值作为输入值使用并形成存储结果值的构造。使用 Reduce 函数构成 Identity 函数的情况下，可以选择不运行 Reduce Task 的选项。

3.5.2 排序

- 排序—MapReduce 示例：伪代码

```
输入：(Key[单词]，值[])记录
输出：以 Key[单词]排序的同样形式的记录

Map 函数：
Identity 函数 (Identity function)
Reduce 函数：
Identity 函数 (Identity function)
Partitioning 函数：
满足下列条件的 Partitioning 函数"H()"的定义
如果是 Key1<Key2 的情况下，需要满足 H(Key1)<H(Key2)的函数
```

图示化内容如图 3-21 所示。

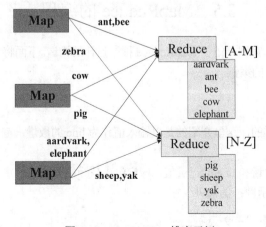

图 3-21 MapReduce 排序示例

Map Task 读取输入文件后进行输出的 Identity 函数,Reduce Task 是先读取依据 Partitioning 函数将分割后的数据后,再进行输出的函数。经过这一系列过程可以得到最终的排序记录。

3.5.3 倒排索引

倒排索引(Inverted Index)属于索引的一种,使用不同于一般索引的构造构成 Mapping 结构。倒排索引的 Mapping 由文件内容(如单词文字等)、文件的位置、文件的名称等形式构成,如(word、helloworld.txt)等形式。倒排索引的目的为在包含大量 Text 的文件中更快地查找包含了相关单词的文件。举个例子,搜索引擎在查找包含相关单词的文件时,需要对所有文件的单词进行整体搜索(Full Scan)。进行整体搜索时,需要将所有的文件传送到存储器中进行操作。文件数量很多时这个操作是无法实现的。此时,使用倒排索引构造,可以很快地找出相关单词的文件和文件信息。本节中将介绍当存在大规模文档或文件时,使用倒排索引作为 MapReduce 函数执行任务的相关内容。

- 倒排索引 MapReduce 示例:伪代码

```
输入:(文件名,Text)记录
输出:各单词所属文件列表
Map 函数:
foreach word in text.split():        //将输入 Text 中的单词进行划分
   output(word,filename)
           //将划分后的单词(单词,文件名)以对的形式加工为结果


Combine 函数:
在一个文件名中,将同样的单词(Key)加工成的对(单词,文件名)合并为一个整体

Reduce 函数:
def reduce(word,filenames):
   //得出 Map Task 的结果和通过 Combine 函数得出的输入值
  output(word,sort(filenames))
       //将各单词中进行 Mapping 的文件名,以文件名称进行排序后,获得结果
```

将使用伪代码创建倒排索引的上述示例进行图示化后,具体内容如图 3-22 所示:

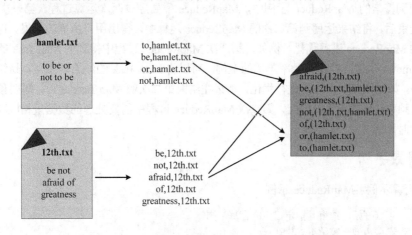

图 3-22 Reduce 倒排索引示例

如图 3-32 所示,从(文件名,Text)中获得的输入值,通过 Map Text 加工成对(单词,文件名),

再通过 Combiner 函数将同种文件名中的同种单词合并为一个整体。通过从 Reduce Task 中得到的输入值加工成最终的结果（单词，文件名 1，文件名 2…）。

3.5.4　查找热门词

- 查找热门单词——MapReduce 示例

> 输入：（文件名，Text）记录
> 输出：文件中检索频率最高的前 100 个单词
> 此 MapReduce 示例需要经过 MapReduce 过程两次
> 第一次 MapReduce 的过程（创建倒排索引）
>
> Map 函数：
> ```
> foreach word in text.split():          //将输入 Text 中的单词进行划分
>   output(word,filename)
> ```
>   //将划分后的单词（单词，文件名）以对的形式加工为结果
>
> Combine 函数：
> 在一个文件名中，将同样的单词（Key）加工成的对（单词，文件名）合并为一个整体
>
> Reduce 函数：
> ```
> def reduce(word,filenames):
> ```
>   //得出 Map Task 的结果和通过 Combine 函数得出的输入值
> ```
>   output(word,sort(filenames))
> ```
>   //将各单词中进行 Mapping 的文件名，以文件名称进行排序后，获得结果
> 第二次 MapReduce 过程
> Map 函数：
> 接收（word,list(file)）输入值转换为结果（count，word）
>
> Reduce 函数：
> 接收（count，word）输入值，以 count 顺序进行排列后找出前 100 个单词

在热门单词搜索的 MapReduce 示例中，MapReduce 需要经过两次运算过程。第一次 MapReduce 的过程全部结束后，将结果运用到第二次的 MapReduce 运算中，得出用户所需的结果。也可以选择性地对第二次的 MapReduce 进行优化。例如，第一次 MapReduce 过程中得到的 Map Task 的最终结果为（word，filename），通过查找最高频率单词的案例，可以将 Map Task 的结果转换为容易统计的形式，如（word，1）。如果按照以上方式进行优化，那么在结束第二次的 Map Task 之前，需要预测所有单词的频率，删除频率较低的单词。因此，第二次 MapReduce 过程中需要处理的数据量相应减少，随之提高整体的运行时间。

3.5.5　合算数字

- 数字合算示例——MapReduce 示例

> 输入：以（开始，结束）指定已定的合算范围
> 输出：范围内的合算结果
>
> Map 函数：

```
Defmap(start,end)://得出数字输入值得范围
sum=0
for(x=start;x<end;x+=step):
    //范围内（从开始到结束）step 增加的部分进行相加
    sum+=f(x)*step
output（""，sum)
        //作为将所有数相加的命题，将所有的 Key 值用""表示

Reduce 函数:
def reduce(key,values):
    output(key,values):
            //将划分后的结果通过 Reduce Task 中的 sum()函数进行合并
```

参照以上内容通过大量数字合算，进行 MapReduce 的编程。从单词频率的统计到倒排索引的创建，通过 MapReduce 的编程，可以运用广范围的应用程序并获得结果。虽然无法将所有领域中应用程序编制为 MapReduce 程序，但在将大单位的数据划分后进行计算再合并的许多应用中可以使用 MapReduce。

3.6 构建 Hadoop：通过 MapReduce 的案例介绍

我们以第 1 章中介绍的 Hadoop 构建内容作为基础，进行 MapReduce 编程的实际操作，再对详细的设置信息进行判断。因为是以 MapReduce 的示例作为基础进行介绍，那么让我们来看看 Single Node Hadoop 的安装方法。

首先从 http://archive.apache.org/dist/hadoop/common/hadoop-1.0.0/中下载稳定的版本。以之前章节中介绍的内容作为基础，设置 conf/hadoop-enx.sh、conf/core-site.xml、conf/hdfs-site.xml、conf/mapred-site.sml 的值。设置 ssh 的访问模式为不需要提示，进行如下 Hadoop 的运行。

- Single Node Hadoop 的安装和运行

```
root@ubuntu:/home/wja300/hadoop/hadoop-1.0.0#./bin/hadoop namenode -format
12/07/15 22:47:29 INFO namenode.Namenode:STARTUP_MSG:
/****************************************************
STARTUP_MSG: Starting Namenode
STARTUP_MSG: host=ubuntu/192.168.10.83
STARTUP_MSG: args=[-format]
STARTUP_MSG: version=1.0.0
STARTUP_MSG: build=https://svn.apache.org/repos/asf/hadoop/common/branches/
    branch-1.0 -r 1214675;compiled by 'hortonfo' on Thu Dec 15 16:36:35 UTC 2011
****************************************************/
12/07/15 22:47:30 INFO util.Gset: VM type       =64-bit
12/07/15 22:47:30 INFO util.Gset: %2 max memory=17.77875 MB
12/07/15 22:47:30 INFO util.Gset: capacity      =2^21=2097152 entries
12/07/15 22:47:30 INFO util.Gset: recommended=2097152,actual=2097152
12/07/15 22:47:30 INFO namenode.FSNamesystem: fsOwner=root
12/07/15 22:47:30 INFO namenode.FSNamesystem: supergroup=supergroup
12/07/15 22:47:30 INFO namenode.FSNamesystem: isPermissionEnabled=true
12/07/15 22:47:30 INFO namenode.FSNamesystem: dfs.block.invalidate.limit=100
```

```
12/07/15 22:47:30 INFO namenode.FSNamesystem: isAccessTokenEnabled-false
    accessKeyUpdateInterval=0 min(s),accessTokenLifetime=0 min(s)
12/07/15 22:47:30 INFO namenode.Namenode:Caching file names occuring more than
    10 times
12/07/15 22:47:30 INFO common.Storage: Image file of size 110 saved in 0 seconds.
12/07/15 22:47:30 INFO common.Storage: Storage directory /tmp/hadoop-root/
    dfs/name has been successfully formatted.
12/07/15 22:47:30 INFO namenode.Namenode: SHUTDOWN_MSG:
/************************************************************
SHUTDOWN_MSG:shuting down Namenode at localhost/127.0.0.1
************************************************************/

root@ubuntu:/home/wja300/hadoop/hadoop-1.0.0# ./bin/start-all.sh
starting namenode, /home/wja300/hadoop-1.0.0/libexec/../logs/hadoop-root-
    namenode-localhost.out
localhost:starting datanode, logging to /home/wja300/hadoop-1.0.0/libexec/../
    logs/hadoop-root-datanode-localhost.out
localhost: starting secondarynamenode,logging to /home/wja300/hadoop-1.0.0/libexec
    /../logs/hadoop-root-secondarynamenode-localhost.out
starting jobtracker, logging to /home/wja300/hadoop-1.0.0/libexec/../
    logs/hadoop-root-jobtracker-localhost.out
localhost:starting tasktracker,logging to /home/wja300/hadoop-1.0.0/libexec
    /../logs/hadoop-root-tasktracker-localhost.out
```

至此已完成了 MapReduce 运行环境的构建,通过本章前部分多次提及的单词频率统计示例来使用 MapReduce。

3.6.1 单词频率统计 MapReduce 的编程

- 单词频率统计 MapReduce 的编程示例 1

  示例文件：WordCount.java

```java
import java.io.IOException;
import java.util.*;
import org.apache.hadoop.fs.Path;
import org.apache.hadoop.conf.*;
import org.apache.hadoop.io.*;
import org.apache.hadoop.mapred.*;
import org.apache.hadoop.util.*;
//将需要的部分 import
public class WordCount{
  public static class Map extends MapReduceBase   //定义 MapReduce
    implements Mapper<LongWritable,Text,Text,IntWritable>{
    private final static IntWritable ONE=new IntWritable(1);
    //对成为 Key 的单词个体的一个以 "1" 的可数形式进行初始化
    private Text word=new Text();
    public void map(LongWritable key,Text value,OutputCollector<Text,
        IntWritable> output,Reporter reporter) throws IOException {
```

```
            String line=value.toString();
            StringTokenizer itr=new StringTokenizer(line);
//以输入方式获得的文件，以 line 的类别进行读取，并执行各单词的 Parsing 任务
            while(itr.hasMoreTokens()){
                output.collect(new text(itr.nextToken()),ONE);
//以 line 类别读取的字符串中,用 Key 进行单词 Token 的 Mapping,各单词的 Key 值以 1 进行 Mapping
}//while
            }//map
        }//mapper

    public static class Reduce extends MapReduceBace    //定义 Reduce Class
           implements Reducer<Text,IntWritable,Text,IntWritable>{
        public void reduce(Text key,Iterator<IntWritable> values,OutputCollector
             <Text,IntWritable> output,Reporter reporter) throws IOException {
            int sum=0;
            while(values.hasNext()){
                sum+=values.next().get();
//将同类 Key 的值相加（这里将值将定为 1），Key 代表单词，在 Reduce Class 中可以统计输入
   文件的同类 Key 的频率

            }
            output.collect(key,new IntWritable(sum));
//将同类 Key 的频率数进行最终存储
        }//reduce
}//Reduce

    public static void main(String[] args) throws Exception {
//WordCount.java 文件的 main 函数
        JobConf conf=new JobConf(WordCount.class);
        conf.setJobName("wordcount");
        conf.setMapperClass(Map.calss);    //初始化 Map Class
        conf.setCombinerClass(Reduce.class);
//本示例中不会将 Combiner 的功能单独区分，按照 Reduce Class 原本的方式使用
        conf.setReducerClass(Reduce.class);    //初始化 Reduce Class
        FileInputFormat.setInputPaths(conf,args[0]);
//统计单词频率的输入文件设置
        FileOutputFormat.setOutputPath(conf,new Path(args[1]));
//统计单词频率的输出文件设置
        conf.setOutputKeyClass(Text.class);    //最终的输出 Key 为单词（字符串）
        conf.setOutputValueClass(IntWritable.class);//最终的输出值为各单词的频率
        JobClient.runJob(conf);
    }//main
}//WordCount
```

用编程示例 1 中创建的文件进行前部分源代码的编译，尝试创建 JAR 文件。
- WordCount.java 文件编译及 JAR 文件的创建

```
root@ubuntu:~/hadoop/hadoop-1.0.0# mkdir wordcount_classes
root@ubuntu:~/haddop/hadoop-1.0.0# cd wordcount_classes/
```

参照下列内容进行编译。一般情况下,在知道 HADOOP_HOME,HADOOP_VERSION 的值后对相关路径和版本进行设置。下面的示例中 HADOOP_HOME 为~/hadoop/hadoop–1.0.0,HADOOP_VERSION 的值为 1.0.0。

```
root@ubuntu:~/hadoop/hadoop-1.0.0/wordcount_classes#
javac -classpath ../hadoop-core-1.0.0.jr -d . WordCount.java
```

在不出错的情况下,成功完成编译后,就可以创建 JAR 文件了。

```
root@ubuntu:~/hadoop/hadoop-1.0.0/wordcount_classes#
javac -cvf ~/hadoop/hadoop1.0.0/wordcount.jar -C ..
added manifest
adding:WordCount.java(in=2146)(out=688)(deflated 67%)
adding:org/(in=0)(out=0)(stored 0%)
adding:org/myorg/(in=0)(out=0)(stored 0%)
adding:org/myorg/WordCount.class(in=1546)(out=747)(deflated 51%)
adding:org/myorg/WordCount$Map.class(in=1938)(out=799)(deflated 58%)
adding:org/myorg/WordCount$Reduce.class(in=1611)(out=648)(deflated 59%)
```

成功创建 JAR 文件后,按照下列方式创建 wordcount.jar 文件,作者将此文件移动到了/hadoop/目录下。

```
=root@ubuntu:~/hadoop# ls
hadoop-1.0.0    hadoop-1.0.0.tar.gz    wordcount.jar
```

为了运行编程示例 1 中创建的单词频率统计 MapReduce 程序,需要生成输入、输出文件。首先在本地磁盘中创建示例文件。

```
root@ubuntu:~/hadoop# cat>file01
Hello World Bye World
^C
root@ubuntu:~/hadoop# cat>file02
Hello Hadoop Goodbye Hadood
^C
```

使用创建的文件在 HDFS 中,进行如下 input/file01,input/file02 的创建。

```
root@ubuntu:~/hadoop# ./hadoop-1.0.0/bin/hadoop dfs -put file01 input/file01
root@ubuntu:~/hadoop# ./hadoop-1.0.0/bin/hadoop dfs -put file02 input/file02
```

确认创建的结果:

```
root@ubuntu:~/hadoop# ./hadoop-1.0.0/bin/hadoop dfs -ls input/
Found 2 items
-rw-r--r--   1    root supergroup        22 2012-07-22 18:10 /user/root/input/file01
-rw-r--r--   1    root supergroup        28 2012-07-22 18:10 /user/root/input/file02
root@ubuntu:~/hadoop# ./hadoop-1.0.0/bin/hadoop dfs -cat input/file01
Hello World Bye World
root@ubuntu:~/hadoop# ./hadoop-1.0.0/bin/hadoop dfs -cat input/file02
Hallo Hadoop Goodbye Haddo
```

完成确认后,使用已编译及创建的 JAR 文件运行 MapReduce 程序。

```
root@ubuntu:~/hadoop# ./hadoop-1.0.0/bin/hadoop jar wordcount.jar org.myorg.
   WordCount input output
12/07/22 18:11:38 WARN mapred.JobClient:Use GenericOptionsParser for parsing
   the arguments.Applications should implement Tool for the same.
12/07/22 18:11:38 INFO mapred.FileInputFormat:Totla input paths to process:2
12/07/22 18:11:38 INFO mapred.JobClient:Running job:job_201207200217_0001
12/07/22 18:11:39 INFO mapred.JobClient:map 0% reduce 0%
12/07/22 18:11:52 INFO mapred.JobClient:map 66% reduce 0%
12/07/22 18:11:58 INFO mapred.JobClient:map 100% reduce 0%
12/07/22 18:12:02 INFO mapred.JobClient:map 100% reduce 22%
12/07/22 18:12:11 INFO mapred.JobClient:map 100% reduce 100%
12/07/22 18:12:16 INFO mapred.JobClient:Job complete: job_201207200217_0001
12/07/22 18:12:16 INFO mapred.JobClient:Counters:30
12/07/22 18:12:16 INFO mapred.JobClient:    Job Counters
12/07/22 18:12:16 INFO mapred.JobClient:        Launched reduce tasks=1
12/07/22 18:12:16 INFO mapred.JobClient:        SLOTS_MILLIS_MAPS=21306
12/07/22 18:12:16 INFO mapred.JobClient:        Total time spent by all reduce
   waiting after reserving slots (ms)=0
12/07/22 18:12:16 INFO mapred.JobClient:        Total time spent by all maps waiting
   after reserving slots          (ms)=0
12/07/22 18:12:16 INFO mapred.JobClient:        Launched map tasks=3
12/07/22 18:12:16 INFO mapred.JobClient:        Data-local map tasks=3
12/07/22 18:12:16 INFO mapred.JobClient:        SLOTS_MILLIS_REDUCES=16473
12/07/22 18:12:16 INFO mapred.JobClient:    File Input Format Counters
12/07/22 18:12:16 INFO mapred.JobClient:        Bytes Read=54
12/07/22 18:12:16 INFO mapred.JobClient:    File Output Format Counters
12/07/22 18:12:16 INFO mapred.JobClient:        Bytes Written=50
12/07/22 18:12:16 INFO mapred.JobClient:    FileSystemCounters
12/07/22 18:12:16 INFO mapred.JobClient:        FILE_BYTES_READ=92
12/07/22 18:12:16 INFO mapred.JobClient:        HDFS_BYTES_READ=345
12/07/22 18:12:16 INFO mapred.JobClient:        FILE_BYTES_WRITTEN=86033
12/07/22 18:12:16 INFO mapred.JobClient:        HDFS_BYTES_WRITTEN=50
12/07/22 18:12:16 INFO mapred.JobClient:    Map-Reduce Framework
12/07/22 18:12:16 INFO mapred.JobClient:        Map output materialized bytes=104
12/07/22 18:12:16 INFO mapred.JobClient:        Map input records=2
12/07/22 18:12:16 INFO mapred.JobClient:        Reduce shuffle bytes=98
12/07/22 18:12:16 INFO mapred.JobClient:        Spilled Records=14
12/07/22 18:12:16 INFO mapred.JobClient:        Map output bytes=82
12/07/22 18:12:16 INFO mapred.JobClient:        Total committed heap usage(bytes)=
   602996736
12/07/22 18:12:16 INFO mapred.JobClient:        CPU time spent (ms)=2340
12/07/22 18:12:16 INFO mapred.JobClient:        Map input bytes=50
12/07/22 18:12:16 INFO mapred.JobClient:        SPLIT_RAW_BYTES=291
12/07/22 18:12:16 INFO mapred.JobClient:        Combine input records=8
12/07/22 18:12:16 INFO mapred.JobClient:        Reduce input records=7
12/07/22 18:12:16 INFO mapred.JobClient:        Reduce input groups=6
12/07/22 18:12:16 INFO mapred.JobClient:        Combine output records=7
```

```
12/07/22 18:12:16 INFO mapred.JobClient:    Physical memory (Bytes) snapshot=
    597200896
12/07/22 18:12:16 INFO mapred.JobClient:    Reduce output records=6
12/07/22 18:12:16 INFO mapred.JobClient:    Virtual memory (Bytes) snapshot=
    8120303616
12/07/22 18:12:16 INFO mapred.JobClient:    Map output records=8
```

运行成功后,如果下列方式可对结果文件进行确认。

```
=root@ubuntu:~/hadoop# ./hadoop-1.0.0/bin/hadoop dfs -ls output/
Found 3 items
-rw-r--r--   1 root supergroup    0 2012-07-22 18:12 /user/root/output/_SUCCESS
drwxr-xr-x   - root supergroup    0 2012-07-02 18:11 /user/root/output/_logs
-rw-r--r--   1 root supergroup   50 2012-07-22 18:12 /user/root/input/part-00000
root@ubuntu:~/hadoop# ./hadoop-1.0.0/bin/hadoop dfs -cat output/part-00000
Bye         1
Goodbye     1
Hadood      1
Hadoop      1
Hello       2
World       2
```

以上为正确的结果。

小贴士

JAR 文件

JAR 文件格式化是近来在 ZIP 文件格式化基础上开发的,它用于将多个文件压缩为一个文件。与 ZIP 文件不同,JAR 文件不仅限于压缩和分配,也可以用于库、组件、插件的展开。JAR 运行文件是特别设定的 JAR 文件中存储的独立型 java 应用程序。不需要抽取文件及设置 class 的路径,依据 JVM(Java Virtual Machine)直接运行。

3.6.2 MapReduce——用户界面

如图 3-23 所示,本节介绍用户使用 MapReduce 框架时所需的基本界面。用户使用下文中即将介绍的界面,可以很容易地完成 MapReduce Job 的细节 Tuning、设置及实现。首先介绍 Mapper 和 Reducer 界面。大量的 MapReduce 程序通过上述两种界面实现(Implement),并使用 Map、Reduce 函数。除此之外,会对 JobConf、JobClient、Partitioner、OutputCollecter、Reporter、InputFormat、OutputFormat、OutputCommitter 等多种多样的界面进行说明。

1. Mapper

Mapper 和 Reducer 是编程环境中的核心界面。Mapper 的角色是将以输入方式得到的 Key 和值的对 Mapping 为中间 Key 值的对。被转换的中间记录不需要同种类的输入记录。被指定的输入对可以不设定输出对的值,也可以同时拥有多个输出对。Hadoop MapReduce 框架将相关 Job 的 InputFormat 生成的各个 InputSplit 创建为一个 Map Task。

从整体上看,Mapper 使用 JobConfigurable(JobConf 进行 Override)设置 Job 的各项内容。Mapper

引出 member 函数 map（WritableComparable、Writable、OutputCollector、Reporter）。Mapper 使用 Closeale.close() 函数进行 Override，最后执行 Cleanup。输出对的形式可以与输入对的形式不同。被指定的 input 对 Mapping 到空的 output 对或是多个 output 对中。从 Mapper 中输出的对通过 OutputCollector.collect(WritableComparable.Writable) 函数进行整理。用户在进行编程的过程中使用 Reporter 界面。使用 Reporter 界面可以记录 MapReduce 的进行过程，也可以增加应用程序 level 的状态信息及 Counter 值。同时，Reporter 会传送相关应用程序是否运行的信息。

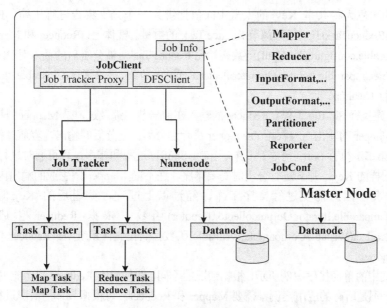

图 3-23　以 Hadoop 的整体架构角度分析界面的结构

所有的中间值可以根据指定的输出值进行 Grouping。为了获得最终的结果值，将 Grouping 后的中间值作为 Reducer 的输入值进行传达。此时，用户可以使用 JobConf.setOutputKeyComparatorClass(Class) 对 Grouping 中使用的指定输出 Key 的比较运算进行设置。例如，比较运算可以是对整数值的大小进行比较。

依据 Mapper 创建的输出值作为 Reducer 的输入值使用时，需要进行排序和 Partitioning。将 Partition 个数与相应 Job 的 Reduce Task 的总数设置为同样的数量。根据 Mapper 得到的输出内容中，将哪个 Key 值或是哪个记录传达给哪个 Reducer 取决于用户的设置。这是用户得到 Partitioner 界面的继承后进行创建时可以使用的功能。

为了将 Mapper 和 Reducer 间的数据传输量最小化，用户可以使用 Combiner。通过 JobConf.setOutputKeyComparatorClass(Class) 用户可定义 Combiner，使用 Combiner 可以对 Mapper 生成的中间值进行本地统计。中间 Key，值的对总是以（Key 的长度，Key，值的长度，值）的形式进行存储。同时用户可以使用 CompressionCodec 界面对中间输入内容进行压缩。

　小贴士

一般情况下，设置多少个 Map Task 恰当？

Map Task 的个数根据输入数据的规模大小进行设置。即 Map Task 的数量由输入数据文件的 Block 数量决定。通常通过 MapReduce 平台的并列使用，在一个物理 Machine 中运行 10 个或是

100 个 Map Task。然而对于不经常使用 CPU 的 Map Task，在一个物理 Machine 中可以运行 300 个 Map Task。举个例子，在基本 Block 的大小为 128MB 的情况下接收 10TB 的输入文件，用户需要的总 Map Task 的数量为 10×1024×1024÷128 = 81 920。然而，用户可根据 Map Task 的属性选择 setNumMapTasks(int)函数调节 Map Task 的数量。

2. Reducer

Reducer 的角色为将共享 Key 的大量中间值捆绑为一个分支集合进行压缩。Reducer 也使用 JobConf.setNumReduceTasks(int)函数调节 Reduce Task 的数量。整体上，Reducer 和 Mapper 相同，也是使用 JobConfigurable.configure(JobConf)函数初始化 Reduce Task，被分组后的输入对<Key,值的列表>引出 reduce(WritableCmparable,Iterator,Outputcollector,Repoter)函数。最终通过 Closeable.close()函数对整体 Reduce Task 进行 Cleanup。

Reducer 首先执行 Shuffle 工作。Reducer 的输入在前一节已提及过，是 Mapper 排序的结果。通过 Shuffle 过程，Mapper 的输出内容根据 Partitioner 进行划分后，划分后的输出内容通过使用 HTTP 协议输入 Reducer。第二步执行 Sort（排序）工作，当然，Shuffle 过程和排序过程可同时进行。如果 Reducer 的输入中拥有同样的 Key，那么进行分组时需要排序。在不同 Mapper 中生成的输出内容的 Key 可能存在相同的情况，因此需要进行排序工作。经过以上过程，分组后的<Key,值的列表>引出 reduce(WritableCmparable,Iterator,Outputcollector,Repoter) 函数。依据 Reducer 生成的结果通过 OutputCollector.collect(WritableComparable,Writeable)函数存储在文件系统中。Reducer 与 Mapper 一样，也可以使用 Reporter。

如本章前文中的单词排序案例所示，根据情况的不同，即使没有 Reducer 的功能也能够实现排序。在实际情况中，不是所有的应用案例都需要 Mapper 和 Reducer，可根据具体的情况进行编程。在没有 Reducer 功能的情况下实现排序，需要将 Map Task 的结果及时保存在文件系统中。存储结果的最终文件系统的路径通过 setOutputPath(Path)函数进行设置。如果将 Mapper 的结果直接存储在文件系统中，则 Map 结果的排序将直接被省略。

3. Partitioner

如本章前文所述，依据 Mapper 得到的结果的 Key 空间可根据 Partitioner 进行划分。Paritioner 执行划分 Map 结果中间 Key 值的角色。被划分后的一部分 Key 使用到 Partition 过程中，此时使用的函数为 Hash 函数。Partitioner 划分的 Partition 总数量与相应 Job 的 Reduce Task 数量应当一致。

 小贴士

Hash 函数

Hash 函数是将任意的数据处理成简短数值的方法。Hash 函数通过将数据进行划分、置换、位置转换等方法得到结果，此结果称之为 Hash 值。如果 Hash 函数中两个 Hash 值不相同则所对应的原来的数据也是不同的。反之不成立。

4. Reporter

MapReduce 应用程序的 MapReduce 进行过程中，Reporter 提供报告功能且可以设置应用程序的状态信息。例如，Mapper 和 Reducer 的继承体在判断 MapReduce 的整个过程中 MapReduce Task 是否正常运行时可以使用 Reporter。

5. 设置 Job

在 MapReduce 的运行环境中设置 MapReduce Job 需要使用 JobConf Class。JobConf 可参照 http://hadoop.apache.org/common/docs/r1.0.0/apr/org/apache/hadoop/mapred/JobConf.html 进行 Hadoop 框架 MapReduce 运行的设置。虽然可以使用 JobConf 进行大量设置,但并不代表可以在所有的环境进行。某些部分可以在直观上进行轻易设置,很多部分需要参照其他环境的设置而进行。

使用 JobConf,可以对 MapReduce 运行时需要的 Mapper、Combiner、Partitioner、Reducer、InputFormat、OutputFormat、OutputCommitter 等环境进行设置。例如,可以使用 JobConf 设置输入文件(setInputPaths(JobConf,Path..)、addInputPath(JobConf,Path)、setInputPaths(JobConf,String)、addInputPaths(JobConf,String));也可以设置输出文件(setOutputPath(Path))。在 MapReduce 中,也可以实现对于高级设置 Comparator 的相关设置,同时对根据 MapReduce 创建的文件存储进行设置。除此之外,也可实现关于 MapReduce 中间结果的压缩设置,Map/Reduce Task 的 Debugging 设置(setMapDebugScript(String)/setReduceDebugScript(String)),Map/Reduce Task 的 Speculative Task 设置(SetMapSpeculativeExecution(boolean)/SetReduce SpeculativeExecution(boolean))。更多的设置可参考 http://hadoop.apache.org/docs/r1.0.4/api/。

 小贴士

Speculative Task

MapReduce Task 被分散到多个物理 Machine 中执行。因为所有的物理 Machine 状态的不一致,特定的 Map-Reduce Task 的运行可能会比其他物理 Machine 执行的 Task 慢。解决此问题需要使用 Speculative Task 方法。MapReduce 等待缓慢运行的 Task 时会导致性能下降,Speculative Task 可感知运行慢的 Task,将其放至可以快速运行的物理 Machine 中,并可以选取最快结束的 Task。

6. Task 运行环境

前文中介绍的 Task Tracker 通过使用不同的 JVM 子进程运行 Map 和 Reduce Task。运行子进程的 Map 和 Reduce Task 继承了母 Task Tracker 的环境设置。除继承的设置值以外,还有用户可设置的参数值。用户通过使用 JobConf 中的 mapred.{map/reduce}.child.java.opts 设置参数值,可以指定 Java library 的路径,在设置值中使用@taskid@符号可以得知各 Map-Reduce Task 的 ID。

- mapred.{map/reduce}.child.java.opts 设置信息示例

```
<property>
  <name>mapred.map.child.java.opts</name>
  <value>
    -Xmx512M -Djava.library.path=/home/mycompany/lib -verbose:gc -Xloggc:/
        tmp/@taskid@.gc
    -Dcom.sun.management.jmxremote.authenticate=false -Dcom.sun.management.
        jmxremote.ssl=false
  </value>
</property>

<property>
  <name>mapred.reduce.child.java.opts</name>
  <value>
    -Xmx1024M -Djava.library.path=/home/mycompany/lib -verbose:gc -Xloggc:
        /tmp/@taskid@.gc
    -Dcom.sun.management.jmxremote.authenticate=false -Dcom.sun.management.
        jmxremote.ssl=false
```

```
</value>
</property>
```

以上为 mapred.{map/reduce}.child.java.opts 设置信息的示例。可以将 JVM heap-size 设置为最大值，上例示例中将 Map Task 设置为 512MB，Reduce Task 设置为 1024MB。关于运行 Map-Reduce Task 子进程的设置中设置了 Java Library 的路径，通过使用@taskid@设置了 GC logging 的信息。以上设置可以在上节介绍的 conf/mapred-site.xml 中进行。

（1）内存设置

用户可以使用 mapred,{map/reduce}}.child.ulimit 设置运行 Map-Reduce 子 Task 的最大虚拟内存。需要注意的事项是前面设置的值为一个进程的限定值。mapred,{map/reduce}}.child.ulimit 的值是以 KB 为基本单位，设置的值作为—Xmx 值的因子，需要大于经过的值才能成功地运行 Task。同时，由于用户使用的虚拟内存和 RAM，Task Tracke 可使用的量会受到限制。

（2）Map 相关设置

为了进行下一步，Map Task 创建的结果存储在内存缓冲器中。内存缓冲器中存储了 Map Task 的结果和结果的元数据。以 Map 相关设置值制定临界值，超过临界值后，内存缓冲器的内容被排序并使用到磁盘中。Map Task 在进行过程中如果内容缓冲器被全部填满，那么全部的 Map Task 会陷入等待（blocking）状态。因此，有效地设置临界值可以调制整体 MapReduce 的工作性能。

（3）Shuffle/Reduce 相关设置

Reduce 读取依据 Partitioner 等创建的结果后，合并为最终结果，在磁盘中存储结果值。此时，可以对同时读取合并数据块的个数进行设置。

7. Job Submission 和 Monitoring

用户使用 JobClient 进行 Job Tracker 和 Interfacing。JobClient 在用户进行 Job 的系统中登录，监视 Job 的进行状态，同时便于对每个 Task 的报告和日志进行访问。整体上，Job 的 Submission 拥有下列流程。第一步，确认删除运行的 Job 的输入/输出数据及设置。第二步，设置相应 Job 的 InputSplit 值。这里 InputSplit 是指一个 Mapper 处理的数据。第三步，将相关 Job 的 JAR 文件或设置信息复制到 MapReduce 系统目录下。最后一步，在 Job Tracker 中运行 Job，对运行过程进行监视。

8. Job 输入（Input）

InputFormat 对 MapReduce Job 的输入值进行详细设置。MapReduce Job 中 InputFormat 的具体角色如下。第一，验证 Job 输入值的设置；第二，将输入文件用 InputSplit 进行划分，将分割后的部分分配到各个 Mapper 中；第三，提供 RecordReader 界面，从 InputSplit 中抽取 Mapper 的输入记录。

9. Job 输出（Output）

OutputFormat 与 InputFormat 一样，是对输入值进行详细设置。第一，验证 Job 输出值的设置，例如确定输入目录是否存在；第二，提供 RecordWriter 界面，创建输出文件并存储到文件系统中。

10. Hadoop MapReduce 的其他实用功能

（1）使用 Queue 进行 Job 管理

用户使用 Queue 可以管理大量的 Job。Queue 是聚集这些 Job 的存储所。例如，Hadoop 使用 Queue 执行 Job 的调度管理。

（2）DistributedCache

DistributedCache 将 MapReduce 应用程序中需要的以读取为主的文件有效地分配到 Slave Node 中。

分配后的文件在各 Slave Node 中被 Cache。可以被分配的文件有 Text 文件、JAR 文件等。运行 Job 的 Task 前，MapReduce 的框架将需要 Cache 的文件复制到 Slave Node 中。这样可以无须在远距离的节点中读取文件，可以提高 MapReduce 的性能。

3.7 小　　结

  本章介绍了能够有效处理大数据的编程方法 MapReduce 和支持 MapReduce 的 Hadoop。处理大数据仅使用一两台 Machine 是不够的，需要使用多台 Machine，以多台 Machine 的方式处理大数据不能只专注于编程。MapReduce 和 Hadoop 是解决此类难题的编程方法和平台。回想本章节中介绍的 MapReduce 的案例和 Hadoop 的构造，如果亲自尝试大数据处理的案例编程并将其使用到 Hadoop 中，会加深你对 Hadoop 的认识。

第 4 章　Hadoop 版本特征及进化

4.1　Hadoop 0.1x 版本的 API
4.2　Hadoop 附加功能（append）
4.3　Hadoop 安全相关功能
4.4　Hadoop 2.0.0 alpha
4.5　小结

※ 摘要

本章介绍从 Hadoop 的早期版本到现在的 Alpha Release 版本 2.0 的发展历程，并对各版本的特征进行讨论。通过对创立初期 Hadoop 的版本和 API 兼容性，除 MapReduce 以外的应用程序的 Hadoop 文件系统的附加功能，企业级别的集群需要考虑的安全要素等为中心进行讨论，从而加深对 Hadoop 的理解。从 2.0 版本中可以看出 Hadoop 的大概发展方向，2.0 版本以不同的集群构建和驱动方法作为开始，它具备了能够应对 Namenode 故障的 Hadoop 文件系统的联合和高可用性功能，本章将介绍被称为新一代 MapReduce 或 MapReduce 2.0 的 YARN 框架。通过此过程，读者可根据自身情况选择适宜的版本构建集群，了解运用的方法。

经过无数开发和企业的参与，Hadoop 以多种形态发展而来，如今 Hadoop 的新版本也在不断推出。新版本推出后，构成系统基础的系统体系结构发生变化，或是在现有的版本中使用的 API 发生变化的可能性很大。比如 Hadoop 1.0 版本和 2.0 版本（2012 年 6 月前，alpha 版本）在系统体系结构和内部呈现上就有很大的差异，需要特别注意。如果已经具备了构建好的 Hadoop 集群，需要知道在这样的集群中可以使用怎样的功能，如果需要构建新的集群需要使用什么版本来满足对功能和系统体系结构的需求。因此，初次接触 Hadoop 的用户需要大概了解不同版本的差异。本章中的内容将满足初次使用 Hadoop 用户的需要，介绍 Hadoop 多种进化过程中的核心变化。

对于 Hadoop 用户来说，2011 年 12 月 27 日是非常具有历史性意义的一天，因为这天是公开发表 Hadoop1.0.0 版本的日子。1.0 版本对于软件开发，尤其是对类似于 Hadoop 的开源软件来说意义重大。因为这是经过了无数次测试和功能添加后，发表的第一个"正式"版本。软件开发过程中，如果不能确保技术的成熟度，那么还未开发出正式版本前往往已经走向了"死亡"。Hadoop 从 2006 年开始单独设立了 Nutch 项目并取名为 Hadoop，在发表第一个正式版本前经历了很长的过程。事实上，在 1.0.0 版本前发布的版本使用了 0.2x 形式的版本编号。更有意思的是，1.0 版本只是 0.20.205 重新命名后的版本。从中可以知道，1.0 版本跳过了很多的中间版本。在那段很长期间中，Hadoop 不断通过在相关行业中的测试来增加新功能，在学术方面也发表了大量添加新功能后的变形 Hadoop。最近在很多领域中刚提到的大数据话题也随着类似 Hadoop 分布式环境的发展而更加受到瞩目。当前的 Hadoop 正式版本可以很稳定地满足用户的各种需求，因此将 Hadoop 看成辛苦付出后的成果。发表正式版本 5 个月后 2.0 alpha 版本亮相。2013 年 10 月，发布 2.2.0 版本，这是 2.x 的稳定版本，采用 Yarn 新的资源管理系统，实现了 HDFS HA 以及一系列新特性。关于 Hadoop 未来的进化将更受期待。

本章中讨论的内容可简单概括为图 4-1 中的内容。首先，可以将 Hadoop 分为 0.1x 和 0.2x 版本。

第 4 章 Hadoop 版本特征及进化

在此之中，存在 MapReduce 框架 API 的变化。因而两个版本间拥有不同形式的 MapReduce 代码，下面将详细说明。新的 API 发布后，在对产生的 bug 进行修复的同时，0.20.2 版本的稳定性在一定程度上受到了认可。事实上，在 1.0.0 版本发布之前使用最多的版本是 0.20.2。简单来说，1.0.0 版本是在原有基础上增加了两个功能，一个是添加（append）功能，另一个是安全（security）相关功能。添加功能是作为 Hadoop 0.20.0-append 补丁方式发行，安全相关功能通过 0.20.203 版本一起发布。版本 0.20.205 中包含了这两个功能，也称为 1.0.0 版本。之后也将介绍 alpha 阶段关于 2.0.0 版本的内容。在此版本中，系统的框架，驱动方法都发生了改变。这正是一睹 Hadoop 未来的机会。

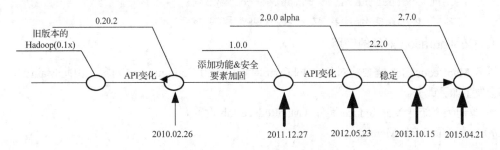

图 4-1 Hadoop 的主要变化过程

4.1 Hadoop 0.1x 版本的 API

虽然最近大部分 Hadoop 集群的构建都使用 0.2x 以上的版本，但有些情况下也需要对 0.1x 版本的知识进行了解。例如，HOP（Hadoop Online Prototype）类似的项目中，提供了在线统计（Hadoop 任务运行中抽取结果）或流处理（不中断 Hadoop 任务的情况下处理新的数据）等功能，但作为创建的基础 Hadoop 版本为 0.19.2。对应以后新的 Hadoop 版本这些功能不能进行更新，因此在导入以上功能时需要了解 0.1x 版本的相关知识。事实上，想要让 Hadoop 上运行的多数框架适应 Haddoop 的所有变化是非常困难的。因此需要更加注意版本的特征。

尤其已经提前告知了 0.1x 版本的 MapReduce API 不能继续在 0.20.x 版本中使用。Hadoop 的开发人员认为 0.1 版本在未来很难进行扩展，因此推荐了新的 API。在此前提下，两个版本的 MapReduce 运行代码的形态有所差异。通过了解单词频率统计 MapReduce 的函数来观察它们之间的差异。

 小贴士

Deprecated API

API 发布后随着用户的增加，会收到关于某些 Method 存在功能或是性能缺陷的反馈。新的版本发布时会对这些 Method 进行修正并解决此类问题，然而如果将现有的构成进行清除的话，会导致兼容性的丢失，因此有的时候会允许缺陷继续存在。这种情况称为 API 的 deprecated，在开发新的应用程序时建议尽量不要使用。

- 单词频率统计 MapReduce 编程（更改包）

//0.1x 版本形式的包使用：

```
//0.1x
import org.apache.hadoop.mapred.JobClient;
```

```
import org.apache.hadoop.mapred.Jonconf;
import org.apache.hadoop.mapred.Mapper;
import org.apache.hadoop.mapred.Reducer;
import org.apache.hadoop.mapred.MapReduceBase;
```

//0.2x 版本形式的包使用：

```
//0.20.x
import org.apache.hadoop.mapreduce.Job;
import org.apache.hadoop.mapreduce.Mapper;
import org.apache.hadoop.mapreduce.Reducer;
```

1. Configuration 对象的使用

设置 MapReduce Job 需要将对象由 JobConf 对象更改为 Configuration 对象。由此 Main Method 的形态会发生如下改变。

- 单词频率统计 MapReduce 编程（MapReduce Job 设置）

//0.1x 版本的 Main Method：

```
//0.1x
public static void main(String[] args) throws Exception{
    JobConf conf=new JobConf(WordCount.class);
    conf.setJobName("wordcount");

    conf.setOutputKeyClass(Text.class);
    conf.setOutputValueClass(IntWritable.class);

    conf.setMapperClass(Map.class);
    conf.setCombinerClass(Reduce.class);
    conf.setReducerClass(Reduce.class);

    conf.setInputFormat(TextInputFormat.class);
    conf.setOutputFormat(TextOutputFormat.class);

    FileInputFormat.setinputPaths(conf,new Path(args[0]));
    FileOutputFormat.setOutputPath(conf,new Path(args[1]));

    JobClient.runJob(conf);
}
```

//0.20x 版本的 Main Method：

```
//0.20.x
public static void main(String[] args) throws Exception{
    Configuration conf=new Configuration();
    Job job=new Job(conf,"word count");

    job.setJarByClass(WordCount.class);

    job.setOutputKeyClass(Text.class);
    job.setOutputValueClass(IntWritable.class);

    job.setMapperClass(Map.class);
    job.setCombinerClass(Reduce.class);
```

```
        job.setReducerClass(Reduce.class);

        FileInputFormat.addInputPath(job,new Path(otherArgs[0]));
        FileOutputFormat.setOutputPath(job,new Path(otherArgs[1]));

        job.waitForCompletion(true);
    }
```

2. Mapper/Reducer 界面变更为 Class

在 1.0 版本中 Mapper 和 Reducer 作为只决定输入和输出的界面使用,然而在版本 0.20x 中更改为带有 map()和 reduce()Method 签名(signature)形式的 Class。由此带来 MapReduce Class 声明和 Method 的变化。

小贴士

Java Method 的签名(signature)

它是指 Java Method 中使用的访问范围、返回时间(return time)、Method 名、因子等。通过编译程序上的信息可以判别是否为同一种 Method,因此将它称为签名。如果实现下端 Class 具有同样的签名,那么此 Method 会产生过载。

- 单词频率统计 MapReduce 编程(更改 Class/Method 声明)

//0.1x 版本的 MapReduce 界面创建:

```
//0.1x
public static class Map extends MapReduceBase implements
    Mapper<LongWritable,Text,Text,IntWritable>{
...
}
public static class Reduce extends MapReduceBase implements
    Reducer<Text,IntWritable,Text,IntWritable>{
...
}
```

//0.20.x 版本的 MapReduce Class 扩展(extends):

```
//0.20.x
public static class Map extends Mapper<Object,Text,Text,IntWritable>{
...
}
public static class Reduce extends Reducer<Text,IntWritable,Text,IntWritable>{
...
}
```

3. Context 对象的使用

在 0.1 版本中获得 MapReduce Job 信息的窗口有两种。关于 Job 的设置信息可以从 JobConf 对象中获得,结果信息通过 OutputCollector 对象输出,将这样分离的对象整合为一个 Context 对象。MapReduce 的设置信息通过 context.getConfiguration( )Method 获得,输出信息通过 context.write()Method 实现集中统一。

- 单词频率统计 MapReduce 编程（使用 Context 对象的 map,reduce Method）

//0.1x 版本的 MapReduce Method 创建：

```
//0.1x
public void map(LongWritable key,Text value,OutputCollector<Text,IntWritable>
   output,Reporter reporter) throws IOException {
   String line=value.toString();
   StringTokenizer tokenizer=new StringTokenizer(line);
   while(tokenizer.hasMoreTokens()){
      word.set(tokenizer.nextToken());
      output.collect(word,one);
   }//while
}//map

public void reduce(Text key,Iterator<IntWritable> values,OutputCollector
   <Text,IntWritable> output,Reporter reporter) throws IOException {
   int sum=0;
   while(values.hasNext()){
      sum+=values.next().get();
   }
   output.collect(key,new IntWritable(sum));
}//reduce
```

//0.20.x 版本的 MapReduce Method 创建：

```
//0.20.x
public void map(Object key,Text value,Context context) throws IOException,
   InterruptedException{
      StringTokenizer itr=new StringTokenizer(value.toString());
      while(itr.hasMoreTokens()){
         word.set(itr.nextToken());
         context.write(word,one);
      }//while
}//map

public void reduce(Text key,Iterable<IntWritable> values,Context context)
   throws IOException,InterruptedException{
   int sum=0;
   for(Inwritable val:values){
      sum+=val.get();
   }
   result.set(sum);
   context.write(key,result);
}//reduce
```

现在使用最多的 Hadoop 0.20.x 版本中虽然也包含了 org.apache.hadoop.mapred 包，然而是被 deprecated 的状态。Hadoop 开发团队决定在 0.1x 版本过渡到 0.2x 版本过程中，开发可扩展的 API 形态，由此导入了新的包。然而事与愿违，旧版本形式的 API 仍在广泛使用，这是因为新版本的 API 中没有提供之前版本中的所有功能。比如，新版本中不能支持可以使用多种输入方式的 MultipleInputs Class，即便是新版本中包含了新的包的 API 和新的功能。

最具代表性的是在 Map 函数中呼叫 nextKeyValue( ) 的方法函数可以呈现"pull"的形式。在这种情况下会对用户产生误导。最终，在 Hadoop 0.21 以上的版本中取消了之前版本包中附加的 deprecated 的标签，同时支持之前和现在的两种版本包。在之后发布的 1.0.0 版本中，继续维持了两种版本包的有效性，Hadoop 用户可根据情况选择适宜的 Class。

小贴士

"pull"形式的 Map 函数的呈现

通常情况下，MapReduce 将收到的输入文件中的一个 chunk 划分成几个记录后，按照顺序逐个向 Map 函数传达。在此过程中，接收到输入记录的 Map 函数以手动方式与一个输入记录一起呼叫，这样的方式称作 push 形式。与此相反，Map 函数中通过自动方式发出下一个记录的请求并接收信息的方式称作 pull 形式。这样的方式对于 Map 函数中维持多个记录进行比较时非常有用。

这对于 API 来说虽然算不上是很重要的变化，它是区分 0.1x 版本和之后 Hadoop 系统版本使用时的一个重要差异。旧版本的 Hadoop 中将多种多样的配置文件全本存储到 hadoop-site.xml 文件中进行使用。然而从 0.2x 版本开始，分别存储到 core-site.xml，hdfs-site.xml，mapred-site.xml 三个文件中。因而在现有的 Hadoop 集群中需要将相应的设置内容移动到匹配的文件中。为了确认环境设置变量中的基本值，建议参照 core-default.xml，hdfs-default.xml，mapred-default.xml 的内容。

4.2 Hadoop 附加功能（append）

Hadoop1.0.0 版本发布之前使用最普遍的版本是 0.20.2 版本，此版本发布于 2010 年 2 月。几乎在两年内开发者没有发布重要的更新版本，因此，以该版本为中心自然而然地产生了多种多样的变形。其中有几项正式的变形运用到了 1.0.0 版本中，成为了一种最重要的附加功能。下面将介绍关于此功能的一个复杂故事。

初期的 Hadoop 版本中不支持附加功能。在文件中编写内容后一旦关闭则不能对内容进行修改，能够进行修改的唯一方式只有重新创建。你可能会认为这种方式不能作为一般的文件管理方式使用，但是它足以支持 MapReduce 的任务。反而，从"其可以不创建共享资源"这点上来看，MapReduce 可能更适合。例如，在一个文件中几个 Reducer 同时进行输出，比起各个 Reducer 在不同的文件中进行输出更具有效率。在这种情况下没有必要使用附加功能。并且，在 Hadoop 文件系统中 client 呼叫 close 方法，在文件编写未结束的情况下不能生成物理文件。从这个例子中可以看出，Hadoop 文件系统以 MapReduce 任务的执行作为出发点进行了设计。通过简单的任务再执行来解决任务失败的问题，而不是通过清除中间结果文件等复杂的任务来解决。概括来说，初期版本的 Hadoop 文件系统可以充分处理 MapReduce 任务，对附加功能的需求也不是必需的。

随着 Hadoop 日益被更多的用户所熟知，用户对除 MapReduce 以外用途的需求也在逐渐增加。怎样用低廉的费用实现扩展，稳定的分布式文件系统需要怎样的应用程序，这些都是重要的组成部分。可以将 Hadoop 文件系统使用到通用系统中的需求可视为必然的趋势。作为代表性案例，HBase 是满足在 Hadoop 文件系统中存储交易日志需求的功能。HBase 是以键-值对的标准进行数据存储和提取的数据库系统。数据存储/修改/删除的交易日志在系统运行中持续增加，因此在已有的日志文件中添加新日志的功能成为了必备条件。这样的附件功能在添加时需要保证它的可靠性，因为系统发生问题时，在恢复到原来的状态的过程中，日志文件扮演了重要的角色。

在 Hadoop 文件系统中将附加功能进行可靠地实现不是一件容易的事情。文件系统需要提供保障写数据的特定部分永久存储的功能，并且系统在对问题进行恢复时，需要保证在下一个领域依然可以使用此文件。这些功能实现的前提需要修改原来的一部分代码。例如，在只考虑 MapReduce 任务的创立初期 Hadoop 文件系统中，将文件的内容考虑为不变的（immutable）。如果可以实现附加功能，则在文件末尾的部分可以进行修改。同时，在一个 Datanode 上如果发生修改，那么其他 Datanode 中关于 Block 以前版本的数值随之进行更新的事项也非常重要。关于功能实现话题的热议背景下，包含附加功能的 Hadoop 0.190 版本发布了。

用户使用 append( ) Method 可以在文件中附加新的内容进行编辑。然而 0.19.0 版本并没有保证以上需求实现的稳定性，随之带来的是各种关于 bug 的报告。最终，发布了关于 append( ) Method 缺乏稳性定的说明后，该功能的使用随之停止。

append( ) Method 的再次使用出现在添加了 0.20.2-append 补丁的 0.20.2 版本及之后的版本中。此补丁使用 FileSystem 对象中的 append( ) Method 开启文件的附件模式，再通过使用 FSDataOutputSream 对象的 write( ) Method，将需要的信息添加到文件后面。下个示例的代码简单地描述了这个过程。

- 在文件最后附加新内容的 append 示例代码

```java
import org.apache.hadoop.conf.Configuration;
import org.apache.hadoop.fs.FSDataOutputStream;;
import org.apache.hadoop.fs.FileSystem;
import org.apache.hadoop.fs.Path;

public class Append{
    public void startTest(String filePath) throws Exception{
        Configuration conf=new Configuration();
        FileSystem fs=FileSystem.get(conf);

        private static Path path=new Path(filePath);
//文件已存在的情况下进行删除
        if(fs.exists(path)){
            fs.delete(path,true);
        }
//新文件创建及测试内容输入
      FSDataOutputStream out1=fs.create(path);
      out1.writeBytes("Write!\n");
      out1.close();
//以附加方式增加内容
      FSDataOutputStream out2=fs.append(path);
      out2.writeBytes("Append!\n");
      out2.close();
    }//startTest

    public static void main(String[] args) throws Exception{
      Append instance=new Append();
      instance.startTest(args[0]);
    }//main
}
```

在运行示例内容前，首先在 Hadoop 环境设置中将 append 功能激活。按照 conf 目录的 hdfs-site.xml 文件下方的内容设置附加功能的相关属性。

- 激活 append 功能相关的 hdfs-site.xml 文件设置

```xml
<?xml version="1.0"?>
<?xml-stylesheet type="text/xsl" href="configuration.xsl"?>

<!--Put site-specific property overrides in this file.-->
<configuration>
   <property>
       <name>dfs.support.append</name>
       <value>true</value>
   </property>
</configuration>
```

现在对此示例的运行结果进行确认。将上述的 Append Class 放在基本包中之后，假定以 append.jar 名称进行打包。下列结果中的第一行通过 creat( )Method 生成文件中写运算的执行结果，第二行为通过 append( )Method 添加的内容。

- append 示例的执行

```
$ hadoop jar append.jar Append appendtest.log
$ hadoop fs -cat appendtest.log
Write!
Append!
$
```

还有一点注意事项为，Hadoop1.0.0 版本中不包含 FSDataOutputStream Class 中支持 HBase 的 hsync( )Method 和 hflush( )Method。因此在附件任务执行过程中如果客户端程序意外终止，此时编辑的内容有丢失的可能。hflush( )担任的角色是将客户端程序缓冲器中的修改事项传输到磁盘中，hsync( )的角色类似于 hflush( )Method，虽然缓冲器是空置的，但它可以在操作系统层面上，将相关信息缓存到磁盘中。这些 Method 添加在了 2012 年 5 月发表的 1.0.3 版本的 FSDataOutputStream Class 中。因而 1.0.0 版本的用户可以使用 append( )Method 和 close( )Method 执行附件任务。

 小贴士

　　缓冲器的使用源于在客户端的非正常终止时防止数据的损失。在大多情况下可以有助于性能的提高。通常情况下，在磁盘中执行写的运算比在存储器中的速度慢一千倍以上。何况是分布式文件系统中包含了多个副本，因此如果日志记录不是每一个都是重要的应用程序，可以将缓冲器维持在适当的水平。定期执行写的运算可以提高客户端的性能。如果不经常发生写的运算，每次呼叫 hflush( )Method 也无妨。

4.3　Hadoop 安全相关功能

　　本章将会简单提到 Hadoop 的安全相关话题。事实上，目前保有数百数千个 Hadoop 集群的机关和企业虽然不算多，但逐渐呈上升的趋势。在保有数百数千个 Hadoop 集群的情况下，将 Hadoop 集群进行共享和使用，用户间共享数据的情况也非常多。因而需要相应的管理方法来授予用户访问数据的权限。为了满足这样的需求，在 Hadoop 1.0.0 版本中特别增加了与安全相关的补丁。Hadoop 中涉及安全相关内容的发布版本有 0.20.203，0.20.204，0.20.205（此版本以 1.0.0 版本发布），0.23（此版本以 2.0.0 alpha 版本发布）。

　　初期的 Hadoop 只考虑了最基本的安全技术。例如，类似于在访问 Hadoop 文件系统的文件时对用户账户名进行确认的技术。Hadoop 在确认用户账户名时，使用 whoami 命令获得结果。此命令是将相关用户的用户名进行反馈的 Linux 命令。然而如果使用这种方式，恶意地编辑同样用户名的 shell 脚本，并设置成将其他用户的用户名进行输出，这样会造成可以任意访问其他用户的文件的缺陷。还可以举关于数据的一个例子。初期的 Hadoop 在访问 Datanode 时不需要任何的认证过程。也就是说，只需要提供 Block 的识别码，就可以任意获得相关文件的 Block，反过来说也就是谁都可以进行相关 Block 的数据写入运算。虽然这种情况不会对小规模的 Hadoop 集群产生大的影响。但在一般的企业中，需要考虑的安全制约事项远远大于此。尤其是关于人事及财务资料的分析，需要对组织内部的数据安全多加注意。对于 HDFS 上的所有文件的访问，都应设计为只允许被认证的用户访问，同时需要包含分析文件的 MapReduce 任务或是此类认证过程。2009 年，Yahoo 认识到了安全功能的重要性并提议对此部分进行修改。将开发后的修改内容逐渐加入到新版本中，在 0.20.203 版本发布中已经包含了安全补丁程序。

　　包含安全功能的 Hadoop 版本中，进行认证时一般使用 Kerberos 网络认证方法。Kerberos 是通过美国 MIT 主导的 Athena 项目开发而来的。Kerberos 来源于希腊神话 "三个头的狗——地狱之门守护者"，Hadoop 不包含 Kerberos，仅限于使用。即用户将 Hadoop 与 Kerberos 服务器独立开来使用，在 Hadoop 中通过设置来确认 Kerberos 服务器的位置。图 4-2 中展示了使用 Kerberos 的认证过程。Kerberos 拥有 Key 分布中心（KDC，Key Distribution）的认证服务器（AS，Authentication Server）和票据授予服务器（TGS，Ticket Granting Server）。用户在向 Kerberos 发出认证（Authentication）请求后，认证服务器向客户端授予票据（TGT，Ticket Granting Ticket）。客户端将票据传送到票据认证服务器中，并获得特定服务的服务票据。最后，客户端向服务提供者提交相应的票据，并执行相应的请求服务。

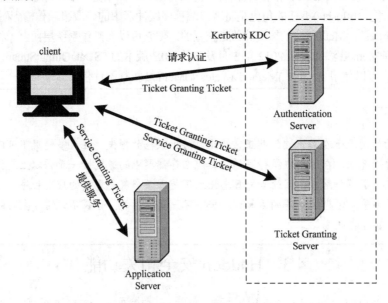

图 4-2　Kerberos 的认证过程

　　此协议不会在网络中传输用户的密码，在认证过程中以加密的票据方式执行特定的服务。因此在 Kerberos 和用户间如果未发生安全问题，则用户和 Hadoop 间发生安全问题的概率也会降低。

同时，服务授予票据只在用户设定的特定期间内有效。站在管理员的角度，即便发生了问题，也可以估测持续的时间。在 Hadoop 中使用 Kerberos 时，访问 HDFS Namenode 的时间就是 MapReduce 执行任务时访问 Job Tracker 的时间。此时，Namenode 和 Job Tracker 担任应用程序服务器的角色。

如图 4-3 所示。一般来说，Hadoop 客户端需要认证的时间就是访问 HDFS 或是执行 MapReduce 任务的时间。两种方法的共同点是初次访问时 Namenode 或 Job Tracker 需要在相同的管理员 Node 上得到认证。此时，Hadoop 客户端通过远程过程调用协议（RPC）方式访问服务。一旦认证成功，将认证信息进行缓存后，通过 DIGEST 方式的令牌可以将缓存的信息在下一认证阶段更快地被处理。如果超过了特定时限（一般为 7 天），则不能再使用缓存的认证信息，需要重新使用 Kerberos 进行认证。在 MapReduce 任务的执行中也是同样的方式。在进行初次的 Job Tracker 认证时运用 Kerberos，之后的任务通过 DIGEST 方式传达授权令牌（Delegation Token）并使用。

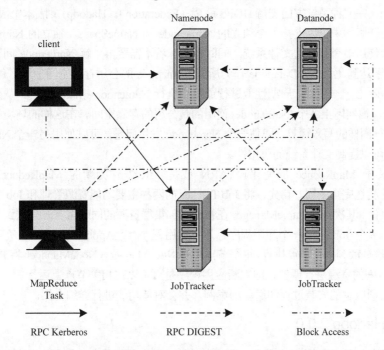

图 4-3　文件系统的访问及 MapReduce 任务执行过程

一起来了解 Datanode 的保护方法。之前在 Hadoop 中没有包含保护数据 Block 的功能，随着将 Namenode 的访问保护方式导入 Datanode 中作为认证方式使用之后，此问题被合理解决。正如 Namenode 从 Kerbcros 中获得令牌进行使用的方式一样，Datanode 从 Namenode 中获得令牌并使用。此令牌称作 Block 访问令牌（Block Acess Token）。在 Datanode 中可以直接访问 Block 的方法大部分被屏蔽掉了。Namenode 生成 Block 访问令牌并传达给 Datanode。令牌可以屏蔽包括有效期间、Key、所有者，以及 Block 等无效的访问。

除此之外，还存在本书中未提及的其他各种各样的安全相关事项。例如，使用 hadoop-policy.xml 文件的 ACL（Access Control Lists）管理，在 Kerberos 中使用 HTTP 进行认证的工具 SPNEGO 等不同层面需要讨论的问题。这里无法一一对这类事项的设置、使用方法进行介绍，有些版本提供了类似于 Cloudera CDH 版本的安全功能。使用这些版本构架集群可以更加容易地设置安全事项。对此有兴趣的读者可以仔细地阅读相关文件。

4.4 Hadoop 2.0.0 alpha

Hadoop 的第一个正式版本发布之前经历了相当长一段时间，但仅仅间隔了 6 个月就再次发布了 2.x 版本，是使用 1.x 版本，还是使用更快的 2.x 版本，这让很多用户感到很混乱。根据用户使用 Hadoop 集群目的的不同，答案也有所不同。Hadoop 1.x 是经过数年开发的安全版本，也是基于 Hadoop 的数据分析工具的基本平台。因此 1.x 版本是兼备安全性及可以使用大量工具的版本。

Hadoop 2.x 版本是目前属于测试阶段的产物。Hadoop 的大量工具目前还没有在 2.x 版本中进行测试。但是 Hadoop 2.x 版本对 1.x 版本的不良设计构造进行了重新编排，因此 2.x 版本提供了更佳优良的性能和功能。因此在选择版本时，需要考虑 Hadoop 新的变化和使用目的来选择适合的版本。

Hadoop 2.x 版本是基于 2011 年 11 月发表的 0.23.0 版本开发的。此版本中不同的主要特征可归结为两个。第一个，在文件系统方面支持 HDFS 联盟（Federation）。Hadoop1.x 版本中限制了 Namenode 的个数为一个，新版本中可以支持多个独立的 Namenode 和 NameSpace。独立的 Namenode 是指在客户端的角度可以使用多个独立的文件系统。同时也意味着不需要再了解 Namenode 间彼此拥有怎样的数据 Block。为了达到此目的，Datanode 作为所有 Namenode 的公用存储空间使用。每个 Datanode 在所有的 Namenode 上一一注册，周期性地进行通信和执行 Namenode 指派的命令。从外表上看虽然像几个 Namenode，而实际上各个 Namenode 使用的是公用的存储空间。在这样的环境中，如果在两个 Namenode 上执行同样的写入运算，即使一个 Namenode 发生问题，可以使用另一个 Namenode 访问数据 Block。这样可以提高文件系统的可用性。

第二个是关于 MapReduce 的变化。YARN 或是 MRv2 作为新的 MapReduce 框架与已有的 MapReduce 设计构造完全不同。首先，将 Job Tracker 的两种主要功能资源管理和 Job 生命周期管理分为了两个新的组件。其次，ResourceManager 在管理全部集群资源的同时将资源分派到相应的应用程序中。下一阶段，多个 Job 形成一个应用程序，运行应用程序时，ApplicationMaster 充当调度和调节的角色。应用程序被分散到多个节点执行。每个节点上有 NodeManager，NodeManager 将 ResourceManager 和 NodeManager 间的资源进行调解，即判断应用程序是否可以在相关节点上运行。

本节会介绍新版本的安装过程和简单的案例，并会对新功能进行详细介绍。

4.4.1 安装 Hadoop 2.0.0

安装 2.x 版本前需要安装 Java 和 ssh 等基本工具。因为在前文中已经介绍过安装 Hadoop 时生成 ssh Key 和复制的过程，所以本节中省略了相关内容。按照示例安装的集群环境如下。

- Hadoop 2.0.0 alpha 安装示例环境

```
Linux 账号：hadoop
安装节点：cluster-01～ cluster-08
Hadoop 安装目录：/opt/hadoop/hadoop-2.0.0-alpha
Namenode 目录：/opt/hadoop/dfs2/name
Datanode 目录：/opt/hadoop/dfs2/data
```

Hadoop 2.0.0 alpha 版本可以在官方网站下载。也可以在安装的 cluster-01 节点中输入下列指令直接下载。本节介绍的安装过程中需要注意的是无须在集群的所有节点上分别进行下载。完成 cluster-01 上的各种设置后，将会把设置的文件复制到其他节点上。

- 下载及解压

```
hadoop@cluster-01:/opt/hadoop$ wget http://archive.apache.org/dist/hadoop/
```

```
            common/hadoop-2.0.0-alpha/hadoop-2.0.0-alpha.tar.gz
hadoop@cluster-01:/opt/hadoop$ tar -xzvf hadoop-2.0.0-alpha.tar.gz
hadoop@cluster-01:/opt/hadoop/hadoop-2.0.0-alpha$ bin/hadoop version
hadoop 2.0.0-alpha
Subversion http://svn.apache.org/repos/asf/hadoop/common/branches/branch-
    2.0.0-alpha/hadoop-common-project/hadoop-common -r 1338348
compiled by hortonmu on Wed May 16 01:28:50 UTC 2012
From source with checksum 954e3f6c91d058b1e81a02813303f
```

如果出于测试的目的运行独立（standalone）模式下的 MapReduce Job，上面的内容已经充分满足。尝试运行发布版本中包含的基本 grep 示例。

- 在独立模式下运行 MapReduce 示例

```
hadoop@cluster-01:/opt/hadoop/hadoop-2.0.0-alpha$ mkdir input
hadoop@cluster-01:/opt/hadoop/hadoop-2.0.0-alpha$ cp share/hadoop/common/
    templates/conf/*.xml input
hadoop@cluster-01:/opt/hadoop/hadoop-2.0.0-alpha$ bin/hadoop jar share/
    hadoop/mapreduce/hadoop-mapreduce-examples-2.0.0-alpha.jar grep input
    output 'dfs[a-z.]+'
hadoop@cluster-01:/opt/hadoop/hadoop-2.0.0-alpha$ cat output/part-r-00000
```

事实上在新的 MapReduce 中也可以使用之前版本的 MapReduce API。如果在之前的版本中有现成的 MapReduce 任务，用于测试的目的可以同样在独立模式中执行。接下来让我们来看看环境配置文件，解压 Hadoop 2.0.0 版本后，可以发现目录的构造与 1.0.0 版本的构造有一些差异。首先观察最上端的目录构造。

- 版本 2.0.0 中改变的目录构造

```
hadoop@cluster-01:/opt/hadoop/hadoop-2.0.0-alpha$ ls
bin etc include lib libexec LICENSE.txt NOTICE.txt README.txt sbin share
```

最引人注目的是在此版本中缺少了原本应包含在配置文件中的 Conf 目录。此部分是从 0.23.0 版本开始进行了修改，在 etc/hadoop 目录中包含大部分的配置文件。Hadoop 2.0.0 版本中需要关注的有 core-site.xml、hdfs-site.xml、mapred-site.xml、yarn-site.xml 等。介绍环境设置之前，先介绍几种重要的目录以及如何运用设置值。bin 目录中有访问 Hadoop 文件系统或是执行 MapReduce Job 的脚本。在新版本中使用 hdfs 脚本或 mapred 脚本可以访问各自的服务。include 和 lib 目录中包含了运行中需要操作系统附属的库。libexe 目录是关于环境设置的重要目录，Hadoop 通过此目录的 hadoop-config.sh 脚本和 hdfs-config.sh 读取环境变量。sbin 目录中包含了运行和管理 Hadoop 的脚本。在以前的版本中主要使用 hadoop-daemon.sh 脚本运行和终止服务。运行此脚本将会在执行 libexe 目录下的 hadoop-config.sh 文件的同时读取环境变量。share 目录中包含了文档、库、模板等。

 小贴士

设置 Hadoop 的内部环境时使用最多的是 hadoop-env.sh 脚本，解压 2.0.0 版本后会发现不仅没有 conf 目录而且也不存在此脚本。如果在 etc/hadoop 目录中直接创建 hadoop-env.sh 脚本并进行环境设置的话，可以以在运行 sbin/hadoop-daemon.sh 脚本时使用此脚本。跟 JAVA_HOME 一样必须设置必要的环境变量。观察 share/hadoop/common/templates/conf/hadoop-env.sh 可以获得模板。

下面进行环境设置,首先输入最基本的 etc/hadoop/core-site.xml 文件的环境信息。这里主要观察必须设置的环境变量。

- etc/hadoop/core-site.xml 文件的设置

```
<configuration>
  <property>
     <name>fs.defaultFS</name>
     <value>hdfs://cluster-01:9001</value>
  </property>
</configuration>
```

与 Hadoop1.0.0 版本中 fs.default.name 担任同一角色的属性是 fs.defaultFS 属性。然而 fs.default.name 属性也会依然运行。此属性指示 Namenode 的位置,基本值为 file:///,在本地中运行。在集群中运行此属性需要设置适当的 hostname 和端口编号。在此示例中,为了避免和 Hadoop1.0.0 的冲突,设置的端口编号为 9001。

接下来介绍的 etc/hadoop/hdfs-site.xml 文件,它与文件系统及其相关信息设置有关。

- etc/hadoop/hdfs-site.xml 文件的设置

```
<configuration>
  <property>
     <name>dfs.namenode.name.dir</name>
     <value>file:/opt/hadoop/dfs2/name</value>
  </property>
  <property>
     <name>dfs.datanode.data.dir</name>
     <value>file:/opt/hadoop/dfs2/data</value>
  </property>
  <property>
     <name>dfs.namenode.http-address</name>
     <value>0.0.0.0:50071</value>
  </property>
</configuration>
```

上列设置的属性中 dfs.namenode.name.dir 属性是关于 Namenode 的属性,它对存储 Namenode 信息本地文件系统的位置进行指示。这里用逗号(,)分隔,设置多个目录可以将一样的内容重复存储在多个位置。这样即使是一个目录发生损坏,也可以通过其他目录进行恢复。dfs.datanode.data.dir 属性是 Datanode 的相关属性,此属性是决定 Datanode 将数据 Block 存储在本地文件系统的哪个位置的属性,此属性也可以通过输入多个目录得到,不存在的目录可以直接忽略。一般在设置多个目录的情况下,使用网络在其他设备中进行数据存储,设置后即使一个设备发生物理损坏也可以在之后进行恢复。还有重要的一点是,设置 Namenode 和 Datanode 的目录时,需要输入完整的绝对路径。最后的一项属性 dfs.namenode.http-address 通过 UI 可以设置访问的地址。通常使用 50070 端口。

在运行 Hadoop 文件系统前,创建必需的目录并格式化文件系统。

- Hadoop 文件系统的运行准备和格式化

```
hadoop@cluster-01:/opt/hadoop$ mkdir dfs2
hadoop@cluster-01:/opt/hadoop$ mkdir dfs2/name
hadoop@cluster-01:/opt/hadoop$ mkdir dfs2/data
hadoop@cluster-01:/opt/hadoop/hadoop-2.0.0-alpha$ bin/hdfs namenode -format
```

第 4 章 Hadoop 版本特征及进化

通过前面的 mkdir 指令在 hdfs-site.xml 中创建了已设置的目录。

目录生成后格式化 Hadoop 文件系统，则 Namenode 目录的运行准备完全就绪。还有一点需要注意的是这里将 bin/hdfs 代替 bin/hadoop 进行了使用。

首先确认在一个节点上 Hadoop 文件系统是否正常运行，再扩展到多个节点。将下面的命令按照 Namenode，Datanode，Secondary Namenode 顺序确认是否正常运行。

- Hadoop 文件系统运行及确认

```
hadoop@cluster-01:/opt/hadoop/hadoop-2.0.0-alpha$ sbin/hadoop-daemon.sh
    start namenode
hadoop@cluster-01:/opt/hadoop/hadoop-2.0.0-alpha$ sbin/hadoop-daemon.sh
    start datanode
hadoop@cluster-01:/opt/hadoop/hadoop-2.0.0-alpha$ sbin/hadoop-daemon.sh
    start secondarynamenode
hadoop@cluster-01:/opt/hadoop/hadoop-2.0.0-alpha$ jps
508 Namenode
669 SecondaryNameNode
584 Datanode
710 Jps
```

上面的示例中运行了 3 个守护进程，使用 jps 指令确认了进程是否运行。守护进程的运行使用 sbin 目录的 hadoop-daemon.sh 脚本。通过 start/stop 参数指示进程的开始和终止。hadoop-daemon.sh 脚本的作用是与 libexe 目录的 hadoop-configh 文件类似的设置脚本运行。Secondary Namenode 定期复制 Namenode 的数据，并帮助修复发生的问题。安装测试虽然不是必备事项，但在实际的运行中，考虑将辅助 Namenode 进行独立的运行会更佳安全。一旦运行守护进程，在 logs 中会记录日志。log 扩展名文件代表实际的日志，out 扩展名文件记录标准的输出。图 4-4 展示了运行守护进程后 Namenode 的 Web Space。与 hdfs-site.xml 的设置一样，可以通过 http://<host>:50071/等地址访问。

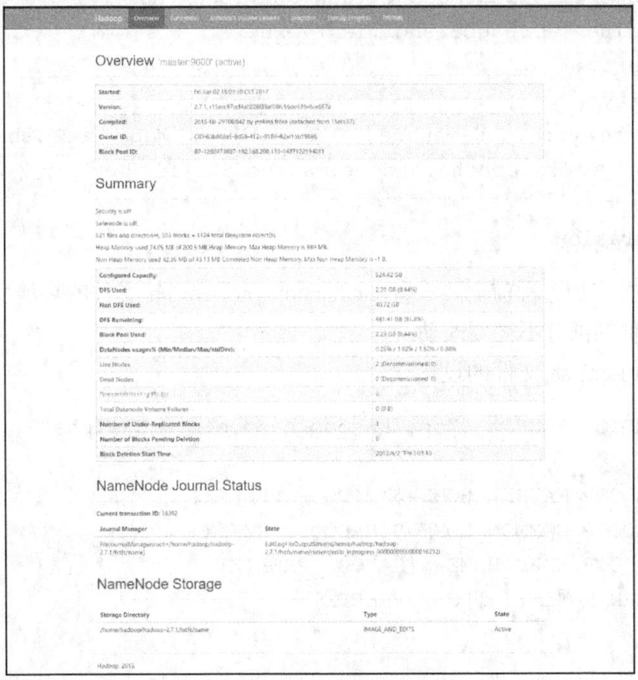

图 4-4 Namenode 的 Web 界面

虽然只是单一的节点,但可以确认 hdfs 的运行形态。输入 bin/hadoop fs 指令,与之前的版本相同,会得到文件系统下达的多种命令。输入 mkdir、rm、cp 等大量的命令来确认工作状态。中止文件系统需要使用 sbin/hadoop-daemon.sh 脚本的 stop 参数。

尝试运行下面的 YARN 守护进程。在此之前需要修改几种配置文件。可能的话只对需要的设置值进行修改。首先对 etc/hadoop/mapred-site.xml 文件进行如下设置。

- etc/hadoop/mapred-site.xml 文件的设置

```xml
<configuration>
  <property>
     <name>mapreduce.framework.name</name>
     <value>yarn</value>
  </property>
</configuration>
```

设置 mapreduce.framework.name 属性可以决定以何种方式执行 MapReduce Job。可以在 local、classic、yarn 中选择后进行设置。local 虽然是基本值,在 Hadoop 2.0.0 版本中为了执行修改后的 MapReduce Job 需要以 yarn 进行设置。还有一项注意事项为在 Hadoop 2.0.0 版本的解压状态下 etc/hadoop 目录中不存在 mapred-site.xml 文件。与前文中提到的 hadoop-env.sh 文件一样,缺少了集中配置文件。如果直接创建进行使用,在运行中也不会发生问题。

接下来在 etc/hadoop/yarn-site.xml 文件中进行 YARN 的相关设置。下面两种属性是 Hadoop 2.0.0 版本中执行 MapReduce Job 的必备属性。

- etc/hadoop/yarn-site.xml 文件的设置

```xml
<configuration>
  <property>
     <name>yarn.nodemanager.aux-services</name>
     <value>mapreduce.shuffle</value>
  </property>
  <property>
     <name>yarn.nodemanager.aux-services.mapreduce.shuffle.class</name>
     <value>org.apache.hadoop.mapred.ShuffleHandler</value>
  </property>
</configuration>
```

最后,在运行相关守护进程前需要设置 etc/hadoop/yarn-env.sh 文件的环境变量。在文件的开头部分添加下列变量,其他的部分不需要改动。

- etc/hadoop/yarn-env.sh 文件的设置

```bash
export HADOOP_PREFIX="/opt/hadoop/hadoop-2.0.0-alpha"

export HADOOP_MAPRED_HOME=${HADOOP_PREFIX}
export HADOOP_COMMON_HOME=${HADOOP_PREFIX}
export HADOOP_HDFS_HOME=${HADOOP_PREFIX}
export YARN_HOME=${HADOOP_PREFIX}

...
...//原来的内容
```

第 4 章　Hadoop 版本特征及进化

接下来运行 YARN 守护进程。下列命令为启动 Resource Manager、Node Manager、Job History 服务器守护进程的命令，通过 jps 命令可以确定命令是否执行。

- Hadoop 文件系统机制及确认

```
hadoop@cluster-01:/opt/hadoop/hadoop-2.0.0-alpha$ sbin/yarn-daemon.sh start
    resourcemanager
hadoop@cluster-01:/opt/hadoop/hadoop-2.0.0-alpha$ sbin/yarn-daemon.sh start
    nodemanager
hadoop@cluster-01:/opt/hadoop/hadoop-2.0.0-alpha$ sbin/mr-jobhistory-
    daemon.sh start historyserver
hadoop@cluster-01:/opt/hadoop/hadoop-2.0.0-alpha$ jps
508 Namenode
669 SecondaryNameNode
2322 JobHistoryServer
584 Datanode
1907 ResourceManager
2397 Jps
1960 NodeManager
```

结束了一个节点上 Hadoop 2.0.0 版本的安装，尝试运行 Hadoop 中提供的一个基本示例并确认是否正常执行。下面的示例为推定 Pi 值的示例。

- 确认 Hadoop YARN 机制的示例

```
hadoop@cluster-01:/opt/hadoop/hadoop-2.0.0-alpha$ bin/hadoop jar share/
    hadoop/mapreduce/hadoop-mapreduce-examples-2.0.0-alpha.jar pi -Dmapreduce.
    clientfactory.class.name=org.apache.hadoop.mapred.YarnClientFactory
    -libjars share/hadoop/mapreduce/hadoop-mapreduce-examples-2.0.0-alpha.
    jar 16 10000

Job Finished in 32.432 seconds
Estimated value of Pi is 3.141275000000000000
```

截至目前的所有设置都在一个节点中进行。现在将所有的设置复制到剩余的节点中，并构建以多个节点实现的集群。首先，将 etc/hadoop/slaves 文件的内容按照以下内容进行修改。原来的内容中会新增 localhost 的值，它记录了将要清除的节点名称。示例中从 cluster-01 开始到 cluster-08，对 8 个节点进行了设置。

- etc/hadoop/slaves

```
cluster-01
cluster-02
...
cluster-08
```

 小贴士

如果想要按照上文中的方式直接使用节点的名称，需要在/etc/hosts 文件中事先设置好 IP 地址。需要注意的是，/etc/hosts 文件中设置的节点名称只能在本地中使用。在其他节点中设置同样的名称需要在其他节点的相关文件中设置名称。

若在多个节点上执行 YARN，需要在 etc/hadoop/yarn-site.xml 文件中增加几项设置。将下面的内容作为添加内容使用。

- 被修改的 etc/hadoop/yarn-site.xml

```xml
<configuration>
    <property>
        <name>yarn.nodemanager.aux-services</name>
        <value>mapreduce.shuffle</value>
    </property>
    <property>
        <name>yarn.nodemanager.aux-services.mapreduce.shuffle.class</name>
        <value>org.apache.hadoop.mapred.ShuffleHandler</value>
    </property>
    <property>
        <name>yarn.resourcemanager.address</name>
        <value>cluster-01:8032</value>
    </property>
    <property>
        <name>yarn.resourcemanager.scheduler.address</name>
        <value>cluster-01:8030</value>
    </property>
    <property>
        <name>yarn.resourcemanager.webapp.address</name>
        <value>cluster-01:8088</value>
    </property>
    <property>
        <name>yarn.resourcemanager.resource-tracker.address</name>
        <value>cluster-01:8031</value>
    </property>
    <property>
        <name>yarn.resourcemanager.admin.address</name>
        <value>cluster-01:8033</value>
    </property>
</configuration>
```

修改的部分为关于 Resource Manager 相关属性的部分。各节点的 Node Manager 与 Resource Manager 通信时使用上述属性值。构建大规模集群时，正确的方法是将 HDFS Namenode 和 YARN Resource Mangager 在独立的设备上运用，如果可能尽量使用优良性能的设备。然而，在本示例中，为了方便，将 cluster-01 设置成担任所有角色的节点。

接下来将安装完成的 Hadoop 版本复制到所有节点。按照下列方式，将设置的 Hadoop 压缩后传送到其他节点。

- Hadoop 的压缩和复制

```
hadoop@cluster-01:/opt/hadoop$ tar zcf hadoop-configured2.tar.gz   ./hadoop-2.0.0-alpha
```

```
hadoop@cluster-01:/opt/hadoop$ cd hadoop-2.0.0-alpha
hadoop@cluster-01:/opt/hadoop/hadoop-2.0.0-alpha$ ./copy.sh /opt/hadoop/
    hadoop-configured2.tar.gz /opt/hadoop/hadoop-configured2.tar.gz
hadoop@cluster-01:/opt/hadoop/hadoop-2.0.0-alpha$ sbin/slaves.sh tar xzf
    /opt/hadoop/hadoop-configured2.tar.gz --directory /opt/hadoop
```

此过程完成后，通过 ssh 对其他节点进行访问，确认/opt/hadoop/hadoop-2.0.0-alpha 目录和其中的文件是否顺利生成。上述内容中的 copy.sh 脚本是为了方便文件复制而创建的。按照下列内容进行创建后，使用 chmod 指令赋予执行权限。同时需要注意的是之前版本中 bin 目录下的 slaves.sh 脚本移动到了 sbin 目录中。

- Hadoop 的压缩和复制（copy.sh）

```
SERVERS=etc/hadoop/slaves
for i in 'cat $SERVERS'
do
    scp $1 hadoop@$i:$2
    echo "scp $1 hadoop@$i:$2"
done
```

现在，尝试运行多个节点构成的 Hadoop 集群。需要运行的守护进程是 Namenode、Datanode、Resource Manager、Node Manager、Job History 服务器。

- 运行 Hadoop 集群

```
hadoop@cluster-01:/opt/hadoop/hadoop-2.0.0-alpha$ sbin/hadoop-daemon.sh
    start namenode
hadoop@cluster-01:/opt/hadoop/hadoop-2.0.0-alpha$ sbin/slaves.sh /opt/
    hadoop/hadoop-2.0.0-alpha/sbin/hadoop-daemon.sh start datanode
hadoop@cluster-01:/opt/hadoop/hadoop-2.0.0-alpha$ sbin/yarn-daemon.sh start
    resourcemanager
hadoop@cluster-01:/opt/hadoop/hadoop-2.0.0-alpha$ sbin/slaves.sh /opt/
    hadoop/hadoop-2.0.0-alpha/sbin/yarn-daemon.sh start nodemanager
hadoop@cluster-01:/opt/hadoop/hadoop-2.0.0-alpha$ sbin/mr-jobhistory-daemon.
    sh start historyserver
```

cluster-01 节点中 Namenode、Resource Manager、Job History 服务器都在运行。它们促成了 sbin 目录中脚本的运行。Datanode 和 Node Manager 因为需要在所有节点中运行，因此使用 sbin 目录中的 slaves.sh 脚本。中止集群时使用 stop 参数进行传达并执行。

关于运行中的集群信息可以通过 Web 界面了解。首先，如果想要确认 HDFS Namenode 的状态是否可以以网页浏览器 http://<namenode>：50071 的形式访问，并通过图 4-4 的界面确认 Namenode 和 Datanode 的状态。确认 YARN 守护进程时需要访问 Resource Manager。此时，需要使用 yarn-site.xml 文件中的 yarn.resourcemanager.webapp.address 属性值，示例中以 http://<resourcemanager>:8088 的形式进行了设置。同时也可以对此期间运行的 MapReduce Job 的信息进行确认，访问 http://<jobhistoryserver>:19888 即可。图 4-5 和图 4-6 呈现了 Resource Manager 的状态和 Job History 服务器的网页界面。

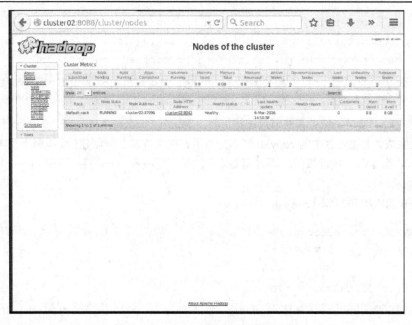

图 4-5　Resource Manager 的网页界面

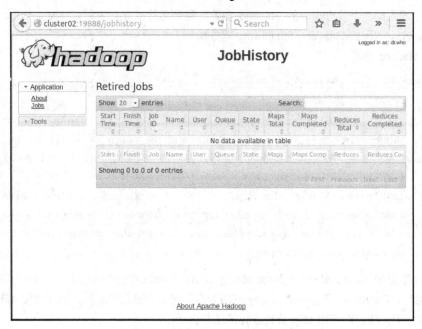

图 4-6　Job History 服务器的网页界面

最后，在多个节点上再次运行前文中的 Pi 测定示例，确认执行时间是否缩短。观察下面的运行结果可以发现执行时间比上个示例中的执行时间短。

● 确认 YARN 机制的示例

```
hadoop@cluster-01:/opt/hadoop/hadoop-2.0.0-alpha$ bin/hadoop jar share/
    hadoop/mapreduce/hadoop-mapreduce-examples-2.0.0-alpha.jar pi -Dmapreduce.
    clientfactory.class.name=org.apache.hadoop.mapred.YarnClientFactory
    -libjars share/hadoop/mapreduce/hadoop-mapreduce-examples-2.0.0-alpha.
```

```
        jar 16 10000

Job Finished in 32.432 seconds
Estimated value of Pi is 3.14127500000000000000
```

目前为止我们了解了 Hadoop 2.0.0 版本的安装过程。比起初始期的版本，因为在很多部分做了提前准备，所以用户可以很容易地进行安装。事实上，根据环境变量设置方法的不同，集群的性能也会发生改变。新版本中可以使用 1.0.0 版本的大多数环境变量，使用 yarn-site.xml 配置文件中的新环境变量可以构建最佳的集群。

4.4.2 Hadoop 分布式文件系统的更改

接下来一起来观察 Hadoop 2.0.0 版本中文件系统的不同之处。虽然新的版本中有多种变化，但最重要的变化为 HDFS 联盟（Federation）和高可用性（HA, High Availability）的部分。在说明这两个部分之前，首先来了解之前的 Hadoop 文件系统的结构。详细的结构请参考第 2 章。

如图 4-7 所示，HDFS 有两种主要的层次。第一层为 Namespace 层，它由目录、文件、Block 等构成。Namespace 层支持文件系统上与 Namespace 相关的所有指令。例如，目录或文件的创建、删除、修改、获得 Block 位置的运算等指令。第二层为 Block 的储藏库，它又被分为 Block 管理（Block Management）。此部分被包含在 Namenode 中，主要功能有：①管理 Datanode 的登录，周期性确认状态；②处理数据 Block 的记录并保留位置；③执行 Block 单位的创建、删除、修改等类似的运算；④管理 Block 的复制。根据以上特性可知 HDFS 的任务可以在一个 Namespace 中执行。正因为使用一个 Namenode 管理 Namespace 会导致可用性问题发生的可能，而 HDFS 联盟的功能是帮助多个节点管理 Namespace，因此可以解决上述问题。

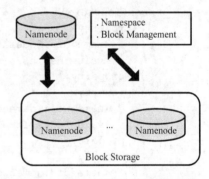

图 4-7 Hadoop 早期文件系统的结构

在 HDFS 联盟中多个 Namenode 和 Namespace 被独立使用。独立的 Namenode 是指 Namenode 之间不需要任何调整，即从外部看起来像同时具有多个不同的文件系统。然而从内部看，Datanode 是作为所有 Namenode 的公共储藏库使用。每个 Datanode 可以登录到集群中的所有 Namenode 中。Datanode 向所登录的 Namenode 定期发送状态信息，Namenode 处理传送的指令。图 4-7 是 Hadoop 早期文件系统结构，图 4-8 所描述的正如上面的内容，是新的 Hadoop 文件系统中被更改后的结构图。

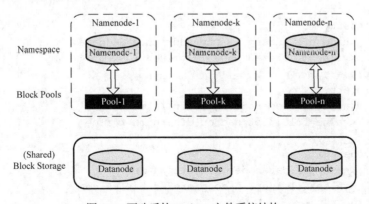

图 4-8 更改后的 Hadoop 文件系统结构

在更改后的结构中，对主要的组件 Block Pool 进行介绍。Block Pool 是一个 Namespace 中的 Block 的集合。Datanode 将所有的 Block 存储到集群的 Block Pool 中。每个种类的 Namenode 都拥有 Block Pool，它们被独立的管理。在执行添加和删除 Block 的任务时，Namenode 间不需要传达信息。即使一个 Namenode 发生问题对其他 Namenode 的 Block 关联的 Datanode 不会产生影响。这种结构的优点可归纳为三点。第一点，之前的结构是通过一个 Namenode 维持 Namespace，因此 Namespace 的扩展是一个难题。因为 Namenode 存储器的容量问题，存储过多的文件将导致系统不能运行。在新的结构中，通过增加 Namenode 可以解决扩展问题。第二点，在一个 Namenode 中处理所有的请求会导致处理量下降。通过使用多个 Namenode，可以达到将 Namenode 请求的分散效果。第三点，在存在多个用户的环境下，可以在彼此间提供不同的 Namespace，通过此方式，用户可以获得独立的存储空间。

1. 设置 HDFS 联盟

新版本的设计由于考虑了向后兼容性（backward compatability），因此只需要在已有的设置上添加几项新的属性就可以以联盟的形式运用 Hadoop 文件系统。还有引人注目的一点是 NameServiceID 概念的导入。NameServiceID 为 Namenode 的固有识别 ID，是将 Namenode 中从属的辅助 Namenode、Backup Namenode、Checkpoint 等 Namenode 进行区分的标准。在配置文件的环境变量名称后面添加 NameServiceID 表示用于什么类型的 Namenode 的设置。请参考下面的例子。

- 更改后的 etc/hadoop/hdfs-site.xml

```xml
<configuration>
    <property>
        <name>dfs.federation.nameservices</name>
        <value>ns1,ns2</value>
    </property>
    <property>
        <name>dfs.namenode.rpc-address.ns1</name>
        <value>cluster-01:9001</value>
    </property>
    <property>
        <name>dfs.namenode.rpc-address.ns2</name>
        <value>cluster-02:9001</value>
    </property>
    <property>
        <name>dfs.namenode.http-address.ns1</name>
        <value>cluster-01:50071</value>
    </property>
    <property>
        <name>dfs.namenode.http-address.ns2</name>
        <value>cluster-02:50071</value>
    </property>
    <property>
        <name>dfs.namenode.name.dir</name>
        <value>file:/opt/hadoop/dfs2/name</value>
    </property>
    <property>
        <name>dfs.datanode.data.dir</name>
        <value>file:/opt/hadoop/dfs2/data</value>
    </property>
</configuration>
```

第 4 章　Hadoop 版本特征及进化

上面的示例中将 dfs.federation.nameservices 属性值的 ns1 和 ns2 的 NameServiceID 进行了设置。之后,在 dfs.namenode.rpc-address 属性和 dfs.namenode.http-address 属性中添加了 NameServiceID(ns1,ns2),并向相关节点传输相关设置。示例中将 ns1 和 cluster-01 连接,ns2 和 cluster-02 连接。配置文件需要复制到集群的其他节点中。按照下列方式创建并使用 copy_conf.sh 脚本,可以更方便地复制配置文件。

- 复制配置文件(copy_conf.sh)

```
hadoop@cluster-01:/opt/hadoop/hadoop-2.0.0-alpha$ cat copy_conf.sh
scp /opt/hadoop/hadoop-2.0.0-alpha/etc/hadoop/* hadoop@cluster-02:/opt/
    hadoop/hadoop-2.0.0-alpha/etc/hadoop
...//从 cluster-02~08 复制配置文件
scp /opt/hadoop/hadoop-2.0.0-alpha/etc/hadoop/* hadoop@cluster-08:/opt/
    hadoop/hadoop-2.0.0-alpha/etc/hadoop
hadoop@cluster-01:/opt/hadoop/hadoop-2.0.0-alpha$ ./copy_conf.sh
```

- 格式化 Namenode 及运行文件系统

```
hadoop@cluster-01:/opt/hadoop/hadoop-2.0.0-alpha$ bin/hdfs namenode -format
    -clusterId hdfs_federation
hadoop@cluster-02:/opt/hadoop/hadoop-2.0.0-alpha$ bin/hdfs namenode -format
    -clusterId hdfs_federation
hadoop@cluster-01:/opt/hadoop/hadoop-2.0.0-alpha$ sbin/start-dfs.sh
```

在进行 Namenode 格式化时,须在两个 Namenode cluster-01,cluster-02 中各自执行格式化命令。需要注意的是,在格式化命令中将 clusterId 参数的值同样添加到 hdfs_federation 中。如果参数值不同,则会失去两个 Namenode 共享 Datanode 联盟的功能。文件系统的启动使用了 sbin 目录的 start-dfs.sh 脚本。此脚本读取 hdfs-site.xml 文件,识别并运行 Namenode,将 etc/hadoop/slaves 文件的节点作为 Datanode 运行。中止时使用 sbin 目录的 stop-dfs.shj 脚本。图 4-9 是运行后,通过 Web 界面进行访问的画面。可以确认两个 Namenode 已处于运行状态。

小贴士

重新设置 clusterId 后,格式化 Namenode 再运行文件系统时,偶尔会出现 Namenode 正常运行但 Datanode 不能运行的情况。参考 logs 目录可以发现 incompatible clusterId 的相关信息,可推测发生意外事故的可能性很大。原因为 Datanode 目录的 clusterId 值继续维持原来的值。在 dfs.datanode.data.dir 属性中清除指定目录的所有内容后,重新启动就可以恢复正常运行。

小贴士

HDFS 联盟(Federation)和高可用性(HA)

事实上,HDFS 联盟和 HA 功能的用途不同。HDFS 联盟将独立 Namespace 的多个 Namenode 进行驱动。它可以将 Datanode 共享的大量应用程序同时使用在一个集群中。HA 是集群发生故障时关于如何解决的问题。前文中讨论了文件系统 Namenode SPOF(Single Point Of Failure)的问题。在 Namenode 中发生意外故障时,或是定期升级设备的软件或硬件时,这个集群都会停止工作。通过 HA 功能可以同时拥有两个 Namenode,这可以实现快速的故障修复。如果说 HDFS 联盟是共享 Datanode 的功能,那么高可用性功能就是共享 Namenode 的功能。

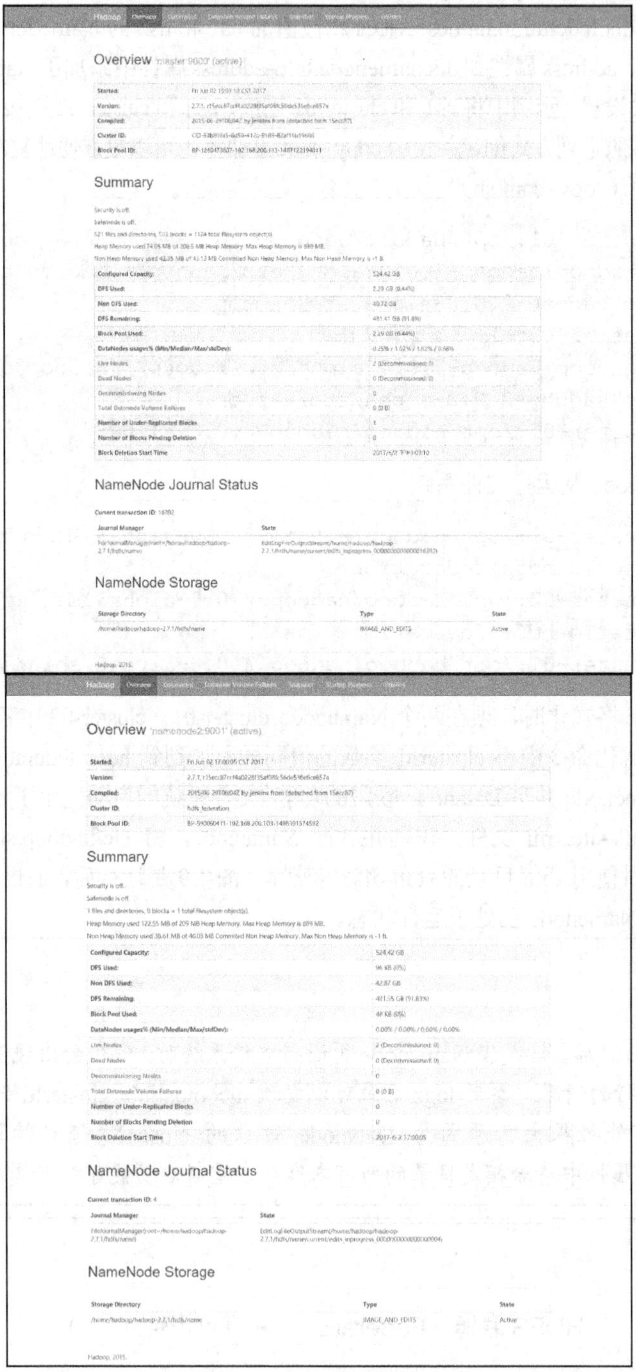

图 4-9 HDFS 联盟的运行

2. 设置 HDFS 高可用性功能

一般情况下，将 HA 功能使用在设置集群内两个独立的 Namenode 中。然而，无论在哪个时点，处于活跃（active）状态的 Namenode 只有一个。其他的节点为等待状态（standby）。活跃状态的 Namenode 会对所有客户端的命令做出反应。但是等待状态的 Namenode 作为辅助的角色，只有在需要转换为活跃状态时维持迅速转换的状态。在进行等待状态节点和活跃状态节点的同步时，Hadoop 2.0.0 的 HA 功能需要类似 NFS 的共享储藏库。活跃的节点发生任何变化，相关的信息会记录在共享数据库的日志文件中，等待状态的节点在确认共享储藏库的同时查找修改的部分，找到修改的部分后使用到自己的 Namespace 中。如果发生等待状态的 Namenode 需要替代活跃状态的节点时，等待状态的节点将共享储藏库中所有的修改日志进行反馈后转换为活性状态。如果等待状态的 Namenode 掌握了集群中所有数据 Block 的正确位置信息，以上的工作进行速度会大幅提升。因而，Datanode 需要将 Block 的位置信息及 Datanode 的状态传达给两个 Namenode。

为正常的执行集群内的所有命令，最核心的条件为无论在何时都需要一个活跃状态的 Namenode。如果没有活跃状态的节点，两个 Namenode 在独立的共享储藏库存储的被修改日志时，很难进入同步状态。为了避免这样的问题，管理员需要在共享储藏库中至少设置一种屏蔽方法（fencing method）。Namenode 在被替代时，屏蔽进程会阻止之前处于活跃状态的 Namenode 再次访问共享储藏库。通过此过程，可以在新的 Namenode 转换为活跃状态之前，预防 Namespace 中发生额外修改的可能。然而在当前的 2.0 版本中只能通过手动实现。

因为目前状态下无法对 Namenode 非工作状态进行自动感应。这个问题会在以后的版本中进行改善。

配置 HA 集群所需的 Namenode 需要由两台设备和共享的存储空间组成。目前 Namenode 只支持两种，即活跃状态和等待状态。作为两台 Namenode 中共享的储藏库，主要使用 NFS 类似的远程文件存储空间，需要安装在每个 Namenode 中。目前是将修改的日志存储在共享目录中，实际上可以将这个共享目录看作其他的 SPOF（Single Point Of Failure）。为了完善这个问题最好将共享目录重复使用并进行保留。

小贴士

HA 集群中配置辅助 Namenode、Checkpoint Node、Backup Node 会产生错误。这是因为集群中等待状态的节点独自执行以上任务。因此没有必要单独进行配置。同时，将当前集群中作为辅助 Namenode 的设备设置为等待状态的 Namenode 可以提高集群的操作性。

使用共享储藏库需要在 NFS 文件系统中创建目录。NFS 的设置根据 Linux 的版本存在差异，示例中使用 Ubuntu 版本进行说明。首先，假定在 cluster-01 中设置 NFS 服务器，在 cluster-02 中设置客户端。参照下列内容设置各节点中的 NFS 服务器和客户端。

- 设置 HA 集群共享目录前 NFS 的安装

```
hadoop@cluster-01:/opt/hadoop/hadoop-2.0.0-alpha$ sudo apt-get install nfs-
    kernel-server
hadoop@cluster-02:/opt/hadoop/hadoop-2.0.0-alpha$ sudo apt-get install nfs-common
```

安装后，在 cluster-01 节点的/etc/exports 文件中放入将要共享的目录信息。使用 sudo vi/etc/exports 命令添加以下内容。这意味着 cluster-01 节点和 cluster-02 节点中可以使用/opt/hadoop/dfs2/nfs 目录。

- NFS 设置所需的/etc/exports 文件

```
/opt/hadoop/dfs2/nfs  cluster-01(rw,sync,no_subtree_check) cluster-02(rw,
    sync,no_subtree_check)
```

修改配置文件后再次启动 NFS 服务器守护进程。

- NFS 守护进程再启动

```
/etc/init.d/nfs-kernel-server restart
```

现在就可以在各客户端中通过 mount 命令访问共享目录了。在执行下列命令时需要注意的是执行 mount 前，在客户端设备中必须存在/mnt/nfs 目录。
- 设置 HA 集群共享目录的 NFS 安装

```
hadoop@cluster-01:/opt/hadoop/hadoop-2.0.0-alpha$ sudo mkdir /mnt/nfs
hadoop@cluster-01:/opt/hadoop/hadoop-2.0.0-alpha$ mount -t nfs -o nolock
    cluster-01:/opt/hadoop/dfs2/nfs  /mnt/nfs
hadoop@cluster-02:/opt/hadoop/hadoop-2.0.0-alpha$ sudo mkdir /mnt/nfs
hadoop@cluster-02:/opt/hadoop/hadoop-2.0.0-alpha$ mount -t nfs -o nolock
    cluster-01:/opt/hadoop/dfs2/nfs  /mnt/nfs
```

完成了 NFS 的设置。尝试在客户端中的共享目录下创建或删除新文件。

HA 集群的设置和 HDFS 联盟的设置有很多相似的点。考虑向后兼容性可以保留之前的设置，所以将同样的配置文件在所有的节点上进行共享。还有一个共同之处为使用 Nameservice ID 识别 Namenode。同样在 HA 集群中增加了 Namenode ID 的概念，可以对捆绑为一个 Namespace ID 的设备进行区分。则集群中各 Namenode 都拥有不同的 Namenode ID。在一个配置文件中，为了管理这些节点的配置，在配置文件内将 Nameservice ID 和 Namenode ID 添加到属性的后面使用。查看下面的 hdfs-site.xml 文件，了解可以设置的环境变量。

- 设置 HA 集群的 etc/hadoop/hdfs-site.xml 示例

```xml
<configuration>
  <property>
      <name>dfs.federation.nameservices</name>
      <value>ns1</value>
  </property>
  <property>
      <name>dfs.ha.namenodes.ns1</name>
      <value>nn1,nn2</value>
  </property>
  <property>
      <name> dfs.namenode.rpc-address.ns1.nn1</name>
      <value>cluster-01:9001</value>
  </property>
  <property>
      <name>dfs.namenode.rpc-address.ns1.nn2</name>
      <value>cluster-02:9001</value>
  </property>
  <property>
      <name>dfs.namenode.http-address.ns1.nn1</name>
      <value>cluster-01:50071</value>
  </property>
  <property>
      <name>dfs.namenode.http-address.ns1.nn2</name>
      <value>cluster-02:50071</value>
  </property>
  <property>
```

```xml
        <name>dfs.namenode.shared.edits.dir</name>
        <value>file:///mnt/nfs</value>
    </property>
    <property>
        <name>dfs.client.failover.proxy.provider.ns1</name>
        <value>org.apache.hadoop.hdfs.server.namenode.ha.ConfiguredFailover
            ProxyProvider</value>
    </property>
    <property>
        <name>dfs.ha.fencing.methods</name>
        <value>sshfence</value>
    </property>
    <property>
        <name> dfs.ha.fencing.ssh.private-key-files</name>
        <value>/home/hadoop/.ssh/id_rsa</value>
    </property>
    <property>
        <name>dfs.namenode.name.dir</name>
        <value>file:/opt/hadoop/dfs2/name</value>
    </property>
    <property>
        <name>dfs.namenode.data.dir</name>
        <value>file:/opt/hadoop/dfs2/data</value>
    </property>
</configuration>
```

下面来简单了解上述内容中的设置值。dfs.federation.nameservices 属性是在 HDFS 联盟中也可以使用的属性。在本示例中用一个 Nameservice ID 构建了两个 Namenode。dfs.ha.namenodes 属性是命名 Namenode ID 的属性。ns1 Nameservice ID 的下面有 nn1、nn2 两个 Namenode。前面已经介绍过 dfs.namenode.rpc-address 属性和 dfs.namenode.http-address 属性，因此在此处省略。dfs.namenode.shared.edits.dir 属性指定共享储藏库的位置。由于预先设置了 NFS，所以可以使用相应的目录，此目录值需要设置一个 dfs.client.falilover.proxy. provider 属性让客户端可以辨别哪些 Namenode 处于活跃状态。目前唯一实现的只有 ConfiguredFailoverProxy Provider Class，因而不需要大的修改。dfs.ha.fencing.methods 属性是关于上文中提到的屏蔽方法的内容。在本示例中设置 sshfence 的值暗示使用了 ssh。因此在 dsf.ha.fencing.ssh. private -key-files 属性中可以指定 ssh key 的位置。

完成所有的设置后，再次格式化 Namenode 并驱动文件系统。

- 格式化 Namenode 及运行文件系统

```
hadoop@cluster-01:/opt/hadoop/hadoop-2.0.0-alpha$ ./copy_conf.sh
hadoop@cluster-01:/opt/hadoop/hadoop-2.0.0-alpha$ bin/hdfs namenode -format
hadoop@cluster-01:/opt/hadoop/hadoop-2.0.0-alpha$ sbin/start-dfs.sh
```

文件系统启动后，通过 bin/hdfs haadmin 命令确认 Namenode 的状态。下面为转换为 Namenode 活跃状态的示例。

- HA 集群管理命令

```
hadoop@cluster-01:/opt/hadoop/hadoop-2.0.0-alpha$ bin/hdfs haadmin
```

```
Usage:DFSHAAdmin [-ns<nameserviceId>]
    [-transitionToActive<serviceId>]
    [-transitionToStandby<serviceId>]
    [-failover [--forcefence] [--foceactive] <serviceId> <serviceId>]
    [-getServiceState<servieId>]
    [-checkHealth<serviceId>]
    [-help<command>]
hadoop@cluster-01:/opt/hadoop/hadoop-2.0.0-alpha$ bin/hdfs haadmin
    -getServiceState nn1
standby
hadoop@cluster-01:/opt/hadoop/hadoop-2.0.0-alpha$ bin/hdfs haadmin
    -transitionToActive nn1
hadoop@cluster-01:/opt/hadoop/hadoop-2.0.0-alpha$ bin/hdfs haadmin
    -getServiceState nn1
active
```

到目前为止介绍了 Hadoop 2.0.0 版本中 HDFS 联盟和高可用性集群的构建。之前被认为是缺点的关于 Namenode 的依赖性在新版本中也进行了相当部分的改善。但由于 alpha 版本目前还处于开发中，在导入重要的应用中之前有必要进行充分的研究。

4.4.3 跨时代 MapReduce 框架：YARN

Hadoop 2.0.0 版本中最热门的话题为新 MapReduce 框架的登场。以 Hadoop 0.23.x 版本登场的此框架将之前 MapReduce 几乎所有的部分进行了崭新的呈现，实现了 2.0.0 版本的跨越。被称为 YARN（Yet Another Resource Negotiator），MRv2 或是 NextGen MapReduce 的此版本的 MapReduce 框架，不仅是运行方式发生了改变，在分布式框架中将资源管理的部分进行抽象化，并创建了可以支持其他编程模型的环境。

在介绍新构造之前先提出一个大家最好奇的问题。在新的 MapReduce 框架中，之前的 MapReduce 代码还能工作吗？幸运的是，在 MapReduce API 方面继续维持 1.0.0 版本的兼容性。这意味着不需要对原来的 MapReduce Job 的代码进行修改就可以在 YARN 守护进程中执行。因为目前处于稳定化阶段还无法进行判断，在执行时间方面，一般情况下比 1.0.0 版本更快。综上所述，2.0.0 版本在可以兼容之前版本 MapReduce 框架的同时，缩短了执行时间，同时支持其他分散处理模型，它正朝着理想的方向发展。框架的稳定化，用户在创建各种有用道具的过程需要一定的制作时间，但我们分明可以发现，在很短的时间内，此版本已经开始被使用到了很多应用领域。

通过图 4-10 来了解 YARN 的结构和 Job 的执行过程。新呈现的结构中最核心的变化是将原来的 Job Tracker 的资源管理功能和 Job 调度功能划分为了几个独立的守护进程。下面将要介绍的守护进程是 RM（Resource Manager）和 NM（Node Manager），以及 AM（Application Master）和 Container。我们已经尝试过驱动 Resource Manager 和 Node Manager。在安装过程中，我们运行了这两种守护进程和 Job History 服务器。之前是在毫无概念的情况下运行了守护进程，现在来了解它对 Namenode 的作用。

Resource Manager 将集群内的资源进行综合管理。特别是在运行集群内的各种应用程序时，它们间需要调解人的角色。这里的应用程序是集群中将要运行的一个 Job 或是执行复杂任务的连续性的 Job 的集合。图 4-10 中，为了方便，Resource Manager 在指定为 Master Node 的独立节点上运行，与集群中给所有的节点通信并调节状态，因此，可能的话尽量在独立的节点上执行，避免瓶颈现象的发生。Resource Manager 具有持续性的生命周期。即 Hadoop 集群运行后，想要运行应用程序之前需要保证

Resource Manager 已经处于运行的状态,在中断 Hadoop 集群的使用之前,Resource Manager 需要等下一个应用程序的服务。因此,Resource Manager 充当了应用程序运行过程中的重要角色。

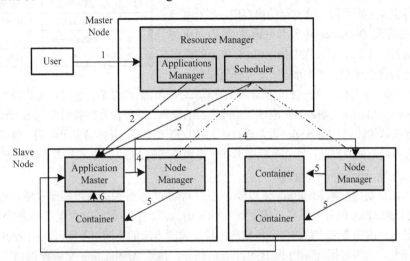

图 4-10 Hadoop YARN 结构及应用程序的执行过程

通过应用程序的运行过程来了解各个守护进程的角色。如图 4-10 所示,Resource Manager 包含了 ASM(Applications Manager)和 Scheduler 守护进程。

① 用户提交应用程序后,最早的 Resource Manager 的 Applications Manager 担任此角色。

② Applications Manager 将执行此应用程序过程的 Application Master 指定在集群中的某处运行。Applications Manager 如果在 Application Master 中发生故障,会启动重启让应用程序正常工作。

③ Application Master 向 Scheduler 发送资源分配的请求并获得许可。Application Master 是每个应用程序中包含的一个守护进程。Application Master 向 Scheduler 发送资源请求后,Resource Manager 中的 Scheduler 会确认整个集群中的资源情况,并告知 Application Master 在哪些节点上需要执行应用程序的独立任务。

④ Application Master 将任务执行的 Container 发送给执行独立任务节点的 Node Manager。

⑤ Node Manager 创建相关节点应用程序关于详细任务执行的 Container 和运行环境。

⑥ Container 执行详细任务并将进行过程传达给 Application Master。最后,Application Master 检查各个 Container 的进行过程,如果中途发生故障则返回。

⑦ 获得分配的资源并创建新的 Container。应用程序终止后不再需要 Application Master 和 Container。守护进程也随之终止。此时,应用程序的运行日志会消失,在 YARN 中引入 Job History 服务器维持运行日志。

再对 Resource Manager 进行详细说明。Scheduler 的角色为将运行中应用程序的资源进行分配。只看 Scheduler 的名字很难将它与资源的分配联系到一起,Scheduler 将资源分配给运行中的应用程序的同时决定哪个实用程序首先运行,因此也能将它与调度联系到一起。目前 YARN 中的 Scheduler 只能分配基于存储器的资源。从此观点出发,可以将集群内的所有节点看成具有特定大小的存储器单位的多个 Container 的集合。因此,Application Master 在确认输入数据的大小后,根据此大小计算存储器的单位,再发出 Container 的请求即可。这种资源不会限制 Container 是 Map 还是 Reduce,从而提供了一定的灵活性。

接下来一起来了解 Application Master 怎样向 Scheduler 发送 Container 的请求。一般是将 Application

Master 和 Scheduler 假定为一种协议。包含了"优先级、请求节点（Host、Rack、*）、存储器、Container 数量"等信息。参考表 4-1 的示例，第一行的内容中，发出了 3 个 Container 的请求，在 cluster-01 节点中获得，各 Container 被分配的存储器为 1GB。第二行中指定 Rack 单位的请求节点。第三行的优先级最低，对 Node 没有任何限制。

表 4-1　Application Master 的资源请求协议

排 序	请求节点	存 储 器	Container
1	cluster-01	1GB	3
1	default-rack	1GB	5
2	*	2GB	2

当然 Scheduler 不会按照 Application Master 的需求分配资源。如果是恶意用户为获得大量的 Container 而创建 Application Master，Scheduler 应该拒绝此集群的请求。即使没有恶意用户，Scheduler 也应该对资源的使用进行整体的计划。Scheduler 通常通过队列接收资源请求，并维持多个队列。调度算法以下列方式工作：①选择最空闲的列队；②在列队中选择优先级最高的 Job；③处理相关 Job 的资源请求。

下面介绍编制 Application Master。

YARN 的优点是用户除 MapReduce 以外，也可以编制大量种类的应用程序模型。单纯地在 YARN 集群中运行 MapReduce 任务不能真正感受到 YARN 的优点。在 YARN 的大量守护进程中，Application Master 能根据用户的需要来进行编制。根据应用程序编制方法的不同，不仅可以在 YARN 集群中运行 MapReduce 任务，也可以运行 MPI 或 BSP 形态的任务。虽然 Application Master 的角色多种多样，但直接的编制是一件非常不容易的事。这里只有对 Hadoop 中提供的 DistrubutedShell 应用程序源代码中的主要部分进行编辑，并观察 YARN 中编辑运行 Application Master 的流程。

小贴士

　　DistrubutedShell 示例中所有的代码可在 Hadoop 的网站（http://archive.apache.org/dist /hadoop/common/hadoop-2.0.0-alpha）中下载。解压文件后，在 hadoop-2.0.0-alpha-src/hadoop-mapreduce-project/hadoop-yarn-applications/hadoop-yarn-applications-distributedshell 路径中确认代码。

DistrubutedShell 是集群的各节点中执行 Shell 命令的应用程序示例。虽然它不像 MapReduce 那样复杂，但作为处理 Application Master 运行大量功能的案例来了解是非常好的。在编辑的版本中包含了可以进行再使用的代码。

一起来回忆图 4-10 中说明的应用程序的运行过程。首先，用户运行的应用程序访问最早的 Resource Manager 的 Applications Manager 并获得将要运行的应用程序 ID。

● 访问 Applications Manager 的 Method 的实现

```
private void connectionToASM() throws IOException{
    YarnConfiguration yarnConf=new YarnConfiguration(conf);
    InetSocketAddress rmAddress=yarnConf.getSocketAddr(YarnConfiguration.
        RM_ADDRESS,YarnConfiguration.DEFAULT_RM_ADDRESS,YarnConfiguration.
        DEFAULT_RM_PORT);
    applicationsManager=((ClientRMProtocol)rpc.getProxy(ClientRMProtocol.class,
        rmAddress,conf));
}
private GetNewApplicationResponse getApplication() throws YarnRemoteException{
    GetNewApplicationRequest request=Records.newRecord(GetNewapplicationRequest.
        class);
    GetNewApplicationResponse response=applicationsManager.getNewApplication
        (request);
```

```
//新应用程序 ID 以 reponse.getApplicationId()类似的形态获得
return response;
}
```

上列代码中 ClientRMProtocol 类型的 applicationManager 对象中包含了与 Resource Manager 的 applicationsManager 间的连接信息。通过此对象可以获得整个集群的节点信息、列队、用户的访问权限等信息。以 GetNewApplicationRequest 对象的形式通过 getNewApplication Method 向 applicationManager 发送请求，作为请求的结果之后会获得将要运行的应用程序 ID。

以 GetNewApplicationResponse 形式收回的应用程序对象中包含了关于集群 Resource 的限制条件。其中有一项为关于存储器的限制，根据 Resource 的最小/最大容量来调整 Container。

- 调节运行 Container 的存储器大小

```
int minMem=newApp.getMinimumResourceCapability().getMemory();
int maxMem=newApp.getMaximumResourceCapability().getMemory();
//在集群中根据被设置的 Resource 的最大/最小容量进行调整
if(amMemory<minMem){
    amMemory=minMem;
}else if(amMemory>maxMem){
    amMemory=maxMem;
}
```

接下来，客户端需要将 Application Master 运行时需要的信息传达给 Applications Manager。此过程中创建 ApplicationSubmissionContext 对象，并将包含了 Container 运行信息的 ContainerLaunchContext 对象的值放入 ApplicationSubmissionContext 对象中。ApplicationsManager 将 Application Master 作为一个 Container 进行处理，需要注意 ContainerLaunchContext 对象已经被使用。

- 创建 ApplicationSubmissionContext

```
ApplicationSubmissionContext appContext=Records.newRecord
    (ApplicationSubmissionContext.class);

appContext.setApplicationId(appId);
appContext.setApplicationName(appName);

ContainerlaunchContext amContainer=Records.newRecord(ContainerLaunchContext.class);
```

- Application Master 复制 JAR 文件

```
Map<String,LocalResource>localResources=new HashMap<String,LocalResource>();
//本地文件系统的 JAR 文件复制为 HDFS 的 AppMaster.jar 文件
FileSystem fs=FileSystem.get(conf);
Path src=new Path(appMasterJar);

String pathSuffix=appName+"/"+appId.getId()+"/AppMaster.jar";
Path dst=new Path(fs.getHomeDirectory(),pathSuffix);
fs.copyFromLocalFile(false,true,src,dst);
FileStatus destStatus=fs.getFileStatus(dst);
LocalResource amJarRsrc=Records.newRecord(LocalResource.class);

amJarRsrc.setType(LocalResourceType.FILE);
```

```
amJarRsrc.setVisibility(LocalResourceVisibility.APPLICATION);
amJarRsrc.setResource(ConverterUtils.getYarnUrlFromPath(dst));
amJarRsrc.setTimestamp(destStatus.getModificationTime());
amJarRsrc.setSize(destStatus.getLen());
localResources.put("AppMaster.jar",amJarRsrc);

//添加 Container 的运行环境
amContainer.setLocalResources(localResources);
```

运行环境与本地中 JAR 文件的名称无关，在执行任务的节点中以 AppMaster.JAR 的名称将 JAR 进行复制并执行。在相关节点运行时需要合适的 Class Path，可以按照下列方法设置。

```
Map<String,String>env=new HashMap<String,String>();
//
StringBuilder classPathEnv=new StringBuilder("${CLASSPATH}:./*");
for(String c:conf.get(YarnConfiguration.YARN_APPLICATION_CALSSPATH).split(",")){
    classPathEnv.append(':');
    classPathEnv.append(c.trim());
}

env.put("CLASSPATH",classPathEnv.toString());
amContainer.setEnvironment(env);
```

现在已完成了在 Container 中运行 Application Master 需要的 JAR 文件和 Class Path 设置。接下来还需要完成的是在实际的 Application Master 运行中添加相关指令。

- 运行 Application Master JAR 的指令设置

```
Vector<CharSequence> vargs=new Vector<CharSequence>(30);

vargs.add("${JAVA_HOME}"+"/bin/java");
vargs.add("-Xmx"+amMemory+"m");
vargs.add(appMasterMainClass);
//添加其他参数

//设置最终命令

StringBuilder command=new StringBuilder();
for(CharSequence str:vargs){
    command.append(str).append(" ");
}
List<String> commands=new ArrayList<String>();
commands.add(command.toString());
amContainer.setCommands(commands);
```

Application Master 信息输入的最后阶段是在运行环境中决定存储器限制条件。完成设置后，添加到 ApplicationSubmissionContext 对象中。

- 设置 ApplicationSubmissionContext

```
Resource capability=Records.newRecord(Resource.class);
capability.setMemory(amMemory);
amContainer.setResource(capability);
```

```
appContext.setAMContainerSpec(amContainer);
```

完成 Application Master 的所有设置后，就可以使用客户端运行应用程序。按照下列方式创建 SubmitApplicationRequest 对象，通过 submitApplication Method 将之前设置的运行环境信息放入客户端中。

- 运行应用程序

```
SubmitApplicationRequest appRequest=Records.newRecord(SubmitApplicationRequest.
    class);
appRequest.setApplicationSubmissionContext(appContext);

applicationsManager.submitApplication(appRequest);
```

一旦应用程序运行后，可以从 Applications Manager 中获得当前应用程序的状态信息。在下列代码中通过 GetApplicationReportRequest 对象，以 ApplicationReport 形式获得应用程序的状态。这样的工作周期性进行，从而可以确认应用程序的状态。

- 确认运行中应用程序的状态

```
GetApplicationReportRequest reportRequest=Records.newRecord
    (GetApplicationReportRequest.class);
reportRequest.setApplicationId(appId);
GetApplicationReportResponse reportResponse=applicationsManager.
    getApplicationReport(reportRequest);
ApplicationReport report=reportResponse.getApplicationReport();
```

Application Master 的所有任务终止后，客户端也需要随之终止。为此需要周期性地确认 Application Master 的状态，并确认状态是否终止。ApplicationReport 对象中包含了应用程序的状态信息。

- 运行中的应用程序的终止确认

```
YarnApplicationState state=report.getYarnApplicationState();
FinalApplicationStatus dsStatus=report.getFinalApplicationStatus();
if(YarnApplicationState.FINISHED==state){
    if(FinalApplicationStatus.SUCCEEDED==dsStatus){
        //应用程序正常终止后需要执行的任务
        return true;
    }
}
```

如果应用程序过长时间未终止，有必要进行强制终止。下列示例中通过代码强制终止了 KillApplicationRequest 对象。

- 应用程序的强制终止

```
if(System.currentTimeMillis()>(clientStartTime+clientTimeout)){
    KillApplicationRequest request=Records.newRecord(KillApplicationRequest.class);
    request.setApplicationId(appId);
    applicationsManager.forceKillApplication(request);

    return false;
}
```

综上所述，客户端与 Resource Manager 的 Applications Manager 连接，作为一种 Container 运行应

用程序,并将运行中需要的信息从客户端传输到 Applications Manager。应用程序运行中,客户端周期性检查 Application Master 的状态,Application Master 终止后客户端进行相应的处理。

下面将对 Application Master 的代码进行介绍。Application Master 首先需要做的事情是告知 Applications Manager 应用程序是否运行并进行登录。Application Master 从运行环境中获得 ApplicationAttemptId,通过此 ID 与 Resource Manager 通信。Applications Manager 和 Resource Manager 间的通信通过 AMRMProtocol 对象实现。

- 获得 ApplicationAttemptId→连接 Resource Manager→登录 Resource Manager

```
//在运行环境中获得ApplicationAttemptId
Map<String.String>envs=System.getenv();
appAttemptID=Records.newRecord(ApplicationAttemptId.class);
if(!envs.containsKey(ApplicatinConstants.AM_CONTAINER_ID_ENV)){
    throw new IllegalArgumentException("Application Attemp Id not set in the
        environment");
}else{
    ContainerId containerId=ConverterUtils.toContainerId(envs.get(ApplicationConstants.
        AM_CONTAINER_ID_ENV));
    appAttemptID=containerID.getApplicationAttemptId();
}

//连接Resource Manager
private AMRMProtocol connectToRM(){
    YarnConfiguration yarnConf=new YarnConfiguration(conf);
    InetSocketAddress rmAddress=yarnConf.getSocketAddr(
        YarnConfiguration.RM_SCHEDULER_ADDRESS,
        YarnConfiguration.DEFAULT_RM_SCHEDULER_ADDRESS,
        YarnConfiguration.DEFAULT_RM_SCHEDULER_PORT);
    return((AMRMProtocol)rpc.getProxy(AMRMProtocol.class,rmAddress,conf));
}
//在Resource Manager中登录ApplicationsManager
privateRegisterApplicationMasterResponse registerToRM() throws YarnRemoteException{
    RegisterApplicationMasterRequest appMasterRequest=
        Records.newRecord(RegisterApplicationMasterRequest.class);

    appMasterRequest.setApplicationAttemptId(appAttemptID);
    appMasterRequest.setHost(appMasterHostname);
    appMasterRequest.setRpcPort(appMasterRpcPort);
    appMasterRequest.setTrackingUrl(appMasterTrackingUrl);
    return resourceManager.registerApplicationMaster(appMasterRequest);
}
```

现在,Application Master 可以向 Resource Manager(正确的 Resource Manager 的 Scheduler)发送 Resource 请求。获得 Resource 的份额后,在各 Container 中设置执行任务并执行,在全部的应用程序终止之前重复此过程。

- 获得 Resource→执行 Container 任务

```
while(numCompletedContainers.get()<numTotalContainers && !appDone){
    try{
        Thread.sleep(1000);
    }catch(InterruptedException e){
```

```
    //每秒执行一次资源分配事项的检查
    }
    int askCount=numTotalContainers-numRequestedContainers.get();
    numRequestedContainers.addAndGet(askCount);

    //为 Resource Manager 的请求做准备
    List<ResourceRequest>resourceReq=new ArrayList<ResourceRequest>();
    if(askCount>0){
        ResourceRequest containerAsk=setupContainerAskForRM(askCount);
        resourceReq.add(containerAsk);
    }

    //向 Resource Manager 发送请求
    AMResponse amResp=sendContainerAskToRM(resourceReq);

    //将任务分派到相应的 Container 中
    List<Container>allocatedContainers=amResp.getAllocatedContainers();
    numAllocatedContainers.addAndGet(allocatedContainers.size());
    for(Container allocatedContainer:allocatedcontainers){
        LaunchContainerRunnable runnableLaunchContainer=
            new LaunchContainerRunnable(allocatedContainers);
        Thread launchThread=new Thread(runnableLaunchContainer);
        launchThreads.add(launchThread);
        launchThread.start();
    }
}
```

运行完所有需要的 Container 后，确认运行状态是否正常，结束后终止应用程序。

● 终止应用程序

```
FinishApplicationMasterRequest finishReq=
    Records.newRecord(FinishApplicationMasterRequest.class);
finishReq.setAppAttemptId(appAttemptID);
boolean isSuccess=true;
if(numFailedContainers.get()==0){
    finishReq.setFinishApplicationStatus(FinalApplicationStatus.SUCCEEDED);
}else{
    finishReq.setFinishApplicationStatus(FinalApplicationStatus.FAILED);
    isSuccess=false;
}
resourceManager.finishAppklicationMaster(finishReq);
return isSuccess;
```

4.5 小　　结

初期的 Hadoop 因为具有能无障碍处理大容量数据的文件系统，以及能够将大容量分布式数据处理用简单的方式进行实现的 MapReduce 简洁框架，所以受到许多用户的热捧。截止到 0.20.x 版本，开发者一直试图将这种简洁的框架以更完美的方式提供给用户。引入了新的 API，对于之前版本中 Bug

的修正也在不断进行。在用户不断增加的同时需求也在增加。在需要增加新功能的时点上,开发新的应用领域,如附加功能、新的安全功能等,为处理复杂的企业信息创造了可能性。将这些功能整合后通过 1.0.0 版本的发表向用户呈现了完整形态的 Hadoop。

  Hadoop 的未来不仅限于 MapReduce。全新的 YARN 框架不仅能以进步的方式支持 MapReduce,更重要的是从中我们看到了 YARN 框架可以支持新类别的应用程序形态的可能性。YARN 最大的优势在于根据 Application Master 的编写方式可以支持完全不同的其他形态的分布式数据处理模型,如 MPI、BSP 等。在文件系统方面,它可以接受更多的一般模型。多个 Namenode 共享 Datanode 的同时,HDFS 联盟功能可以同时运行多个 Namenode,与之相反的 HDFS 高可用性功能,在共享 Namenode 的同时,运用只包含单一 Namespace 的 Datanode 来帮助不同形态的构成能成功运用。虽然这些功能的稳定化还需要花费一定的时间,然而,我们可以推测以后的 Hadoop 作为一个独立的分层必将可以兼容多种多样分布式应用程序,从中我们可以发掘 Hadoop 的多种用处。

第 5 章　云计算和 Hadoop

5.1　大规模 Hadoop 集群的构建和案例
5.2　云基础设施服务的登场
5.3　在 Amazon EC2 中构建 Hadoop 集群
5.4　小结

※ 摘要

随着 Hadoop 在互联网企业中的运用案例的具体化，近来不仅是在互联网企业，在制造、汽车、能源等各种领域，Hadoop 正作为分析大数据的平台使用。使用 Hadoop 前需要直接构建集群或借用云计算资源构建集群。本章中介绍的企业案例使用的方法是直接构建大规模 Hadoop 集群，其中也包括使用 Amazon 云计算环境的实际方案。

Hadoop 的早期从简单的 Map 和 Reduce 的 API 出发，扩展为现在多种多样复杂的 API。这实际上反映了 Google、Yahoo、Facebook 等大型互联网企业在使用 Hadoop 的服务的同时，产生了大量的需求，从而促进了 Hadoop 的发展。近来不仅是在互联网企业，在制造、汽车、能源等各种领域 Hadoop 正作为分析大数据的平台使用。使用 Hadoop 前需要直接构建集群或借用云计算资源构建集群。截止到目前，由于数据安全、性能等限制因素，许多企业使用直接构建集群的方法应用 Hadoop。随着模式的改变，像 Amazon 这类企业通过使用云计算服务，开发了可以节约 CAPEX（初期设备投资费用）且可以更加便利地使用 Hadoop 的方法。本章中介绍的企业案例使用的是直接构建大规模 Hadoop 集群的方法，其中也包括使用 Amazon 云计算环境的实际方案。

5.1　大规模 Hadoop 集群的构建和案例

自从 Yahoo 参与 Hadoop 项目之后，开发的进展有了很大的提高，最近 Hadoop 事业部成立了独立的子公司 Hortonworks。Yahoo 工程师们开发的代码占据了 Hadoop 代码的约 70% 以上。不仅是 Hortonworks，Yahoo 工程师出身的 Doug Cutting 创建的 Cloudera 公司的销售量也在急速上升。2009 年，Doug Cutting 写了关于改善 Hadoop 性能的论文，为了进行验证 Doug Cutting 暂时借用了 Yahoo 的数千个节点作为 Hadoop 的集群使用。当时，Yahoo 利用 HOD（Hadoop On Demand）管理 Hadoop 集群，并使用了 Hadoop 自身的包。Yahoo 的 Hadoop 集群分为 Hadoop 开发用、展示用、研究用、产品开发用等几大类，Yahoo Hadoop 集群中总是包含了最新版本的 Hadoop 包。图 5-1 是 Yahoo Hadoop 集群的图片。

图 5-1　Yahoo Hadoop 的集群

小贴士

HOD

HOD（Hadoop On Demand）正如其名，在多个用户发出请求时，对集群进行逻辑性共享，并将需要的节点进行动态分配，是在相应的节点上支持 HDFS 和 MapReduce 应用程序的一种工具。多个用户共享物理集群的方式是指构建一种虚拟的集群环境，对用户来说被分配的节点只能独自使用。在 HOD 上设置节点的方法可以参考设置向导（http://hadoop.apache.org/docs/r1.0.4/hod_scheduler.html#HOD+Users）。

节点的分配和撤销

按照下列方法使用 HOD 分配虚拟集群。集群_目录既是运行 MapReduce 的目录又是自动创建 hadoop-site.xml 脚本的目录。在物理性可支持的范围之内可以指定节点的个数。

$hod allocate-d 集群_目录-n 节点_个数-t Hadoop_tarball_位置（tarball）

搭建 HOD 后会自动生成 haoop-site.xml 同时运行必要的守护进程。然而一般 Hadoop 的二进制版本是用户共享所有的集群，如果在集群中想要使用自己的 Hadoop 版本，则需要修改 Hadoop，重新搭建后打包为 tarball，并通过-t 选项指定相应 tarball 的位置。tarball 是指以 tar 打包后压缩为 gz 的格式。下面的内容是在分配的节点上运行 MapReduce 实例程序的示例。

```
$hod allocate -d xxxx -n xxxxxx (tarball)
$hadoop --config ~/hod-clusters/test jar hadoop-examples.jar wordcount output
$hod deallocate -d xxxxxxx
```

务必在配置的集群目录中运行。完成所有的处理后，使用下列方法撤销被分配的虚拟集群。

```
$hod deallocate -d集群_目录
```

通过撤销任务，在分配节点的存储器中整理自己的守护进程将资源让给其他用户。

不仅是 Yahoo，很多互联网企业通过直接构建 Hadoop 集群应用到实际业务中。最具代表性的是 SNS 界的强者 Facebook。Facebook 仅一天中产生的新数据就超过数十 TB，扫描数百 TB 以上的数据，况且这些数据还是被压缩以后的形态。Facebook 将这些数据全部存储在 HDFS 中，并通过运行 MapReduce Job 处理分析任务。图 5-2 是 Facebook 数据中心的图片。Facebook 为了提高能源效率使用了特别的冷却线缆（cooling cable）。Facebook 搭建的集群最大的特征在于根据用户将要处理的工作负载来进行动态的 Map 和 Reduce 任务的调整。此技术在 2009 年被正式命名为 Fair Scheduler 包含在了 Hadoop 中。

图 5-2 Facebook 数据中心

小贴士

Hadoop Fair Scheduler

2009 年初期，Facebook 基于由 600 多台构成的 HOD 运营了 Hadoop 集群，在 Hadoop 基本调度器的可用效率性（utilization）降低的情况下开发了 Fair Scheduler。尤其 Facebook 工作负载时间大多较短，使用 Hadoop 基本调度器时，如果中间包含了运行时间长的工作负载，那么只有无条件的等待，这将降低调度器的效率。在这种情况下，应该先运行时间长的工作负载或是将其调度到其他节点中运行，可以将效率最大化。以此原理作为背景开发了新的调度器 Hadoop Fair Scheduler，它可以按照工作负载的特性来创建组（pool）并对每个 Job 的优先级进行排序。

早期，Hadoop 的推广主要由 Yahoo、Facebook 这类互联网企业起了主导作用。近期，随着相关工具产业的发展，已经远远超出了由传统 SAS 占领的市场，如 BI（Business Intelligence）、DW（Data Warehouse）等领域，向 SAP、Oracle 等企业占有的 ERP、CRM 等领域扩张。由此可以看出，Hadoop 的运用范围将从 IT 企业延伸到制造业、物流业、通信业等大量的领域。Hadoop 的相关工具将在第 7 章中讨论。

5.2 云基础设施服务的登场

如图 5-3 所示，自从 Amazon 开放了 IaaS 服务之后，带来了全世界计算模式的改变。不再是通过直接构建服务器，存储、网络的方式进行运营，而是在需要的时候根据需求进行租用。从 2012 年至现在，以美国作为中心，计算的模式逐渐向虚拟形式的方向转换。在多数的企业中，已经构建了自己的云计算系统（private）或是租用云计算系统（public）。

图 5-3 计算模式的改变

公有云 vs.私有云

公有云（public cloud）是通过网络提供公开的云服务的方式，主要有 Amazon、Rackspace、Cloud.com 等。接受服务的用户不需要直接运营服务器，同时还具有在需要的时点按照需求的量使用资源和服务的优点。然而由于安全性的薄弱，将 Hadoop 迁移到在类似金融机构这类重视数据安全的企业并非易事。在美国，类似于 Rackspace 的传统托管企业，以及 Amazon 这样的大型服务企业，通过成功地使用公有云服务提高了服务器资源的使用率。相反，韩国的托管企业由于技术水平的不足导致了发展进度的缓慢，然而随后才进入云计算领域的韩国大企业在没有确保体系技术的前提下，一味地模仿国际公有云公司的服务模式，妨碍了韩国客户对公有云市场的正确认识。韩国的大多数客户至今不知道 KT 的 Ucloud CS 的性能和价格优势体现在什么地方，这是因为托管服务的市场规模没有减少。

私有云是通过内部安全的网络提供云服务的方式，最具代表性的是 XenServer、Vmware vSphere 服务，私有云在这类基础设施中提供安全的 PaaS 和 SaaS 服务。然而从有限资源的使用率和需要内部的管理人员等角度看来，这样的方式不太适合大规模的服务。在韩国，除了对国外的解决方案进行再销售的形式之外，几乎还没有能通过自身的技术和打包技术进入私有云市场的韩国企业。

图 5-4 中展示了使用公有云租用服务器、存储、数据库的形态。韩国企业在文化特征上对资源的占有倾向非常强，模式的变化相对来说迟缓了一点。2010 年以后，KT、SKT 等 3 家通信商涉足了与 Amazon 类似的云服务领域，并持续取得了很大的发展。而现在已经不需要直接构建基础设施，而是通过使用云服务来构建各种平台。

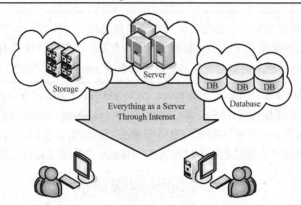

图 5-4　公有云服务的概念

5.2.1　Amazon 云服务

Hadoop 对云基础设施也遇到了这种情况。尤其 Hadoop 在分析数据时，临时（ad-hoc）使用的情况非常多，直接构建数百台、数千台专用集群进行运营的必要性不大。目前，已经有大量的企业通过使用与 Amazon 类似的云服务来构建 Hadoop 集群并使用到产品中。本节将会介绍到 Amazon 的基础设施服务，5.3 节中介绍通过使用 Apache Whirr 构建 Hadoop 集群的案例。同时 Amazon 提供的 EMR Hadoop 服务会在第 6 章中详细介绍。Amazon 的云服务从 2006 年 3 月的目标存储 S3 服务发布之后，目前已经发展为 20 多种服务。表 5-1 是以测试版服务发布作为基准整理的 Amazon 的服务。本节中将介绍最具代表性的基础设施服务 S3、EC2、Elastic Block Store、RDS、Storage Gateway 等。当然，根据视角的不同对基础设施的划分标准也会不一样。这里的定义如下：

表 5-1　Amazon 云服务

日期	Amazon Web Services	日期	Amazon Web Services
2006 年 3 月	Amazon Simple Storage Service(S3)	2013 年 1 月	Amazon Elastic Transcoder
2006 年 8 月	Amazon Elastic Compute Cloud(EC2)	2013 年 2 月	AWS OpsWorks
2007 年 12 月	Amazon SimpleDB	2013 年 7 月	Amazon CloudHSM
2008 年 8 月	Amazon Elastic Block Store	2013 年 10 月	Amazon AppStream
2008 年 11 月	Amazon CloudFront	2013 年 10 月	Amazon Cloud Trail
2008 年 11 月	Elastic Load Balancing	2013 年 11 月	Amazon WorkSpaces
2008 年 11 月	Auto Scaling	2013 年 12 月	Amazon Kinesls
2009 年 4 月	Amazon Elastic MapReduce	2014 年 9 月	Amazon Cognito
2009 年 5 月	Amazon CloudWatch	2014 年 11 月	AmazonEC2 Container，Service(ECS)
2009 年 8 月	Amazon Virtual Private Cloud(VPC)	2014 年 11 月	AWS Lambda
2009 年 10 月	Amazon RDS	2014 年 11 月	AWS Service Catalog
2010 年 12 月	Amazon Route 53	2014 年 11 月	AWS Conflg
2011 年 1 月	AWS Elastic Beanstalk	2014 年 11 月	AWS CodeDeploy
2011 年 2 月	AWS CloudFormation	2014 年 11 月	AWS CodeCommit
2011 年 3 月	AWS Identity and Access Management(IAM)	2014 年 11 月	AWS CodePipeline
2011 年 8 月	Amazon ElastiCache	2014 年 11 月	AWS Key Management Service
2011 年 8 月	AWS Direct Connect	2014 年 11 月	Amazon RDS for Aurors
2012 年 1 月	AWS Storage Gateway	2014 年 12 月	Amazon Mobile Analytics
2012 年 1 月	Amazon DynamoDB	2014 年 12 月	AWS Directory Service
2012 年 4 月	Amazon CloudSearch	2015 年 1 月	AWS Directory Service
2012 年 10 月	Amazon Glacier	2015 年 7 月	AWS Service catalog
2012 年 10 月	AWS Data Pipeline	2015 年 9 月	AWS Elastic File System(EFS)
2012 年 11 月	Amazon Redshift		

- EC2：云虚拟服务器资源；
- S3、Elastic Block Store：存储资源；
- RDS：数据库支持；
- Storage Gateway：存储网关。

1. EC2（Elastic Compute Cloud）

Amazon EC2 服务是在需要云虚拟机资源时按照需求量提供的服务，从 2006 年 8 月发布到现在一直占据最具代表性的基本设施服务的主导地位。EC2 在 2014 年一年的销售规模超过了 30 亿元人民币。下面一起来了解 EC2 具有哪些特征。

Elastic：利用 Amazon 管理工具或是 API 可以在任何时点仅需要几分钟时间就可以生成和终止所需的虚拟服务器资源。

完美的管理：利用 Amazon 管理工具或是 API 可以控制所有即时的生命周期。生命周期是指启动、再启动、中止、结束等一连贯的过程。

弹性：客户可以选择理想 CPU、存储器、存储，还可以直接选择操作系统，软件包等。

安全：数据中心分布在多个国家/地区，由此构成了各自的 HA。通过提供与私有环境类似的虚拟私有云（Virtual Private Cloud）服务，不仅可以使用独立网络的子网络还可以通过连接 IPSec VPN 保证通信的安全。客户可以使用 EC2 的虚拟私有云功能确保数据的安全。未来，VPC 将成为 EC2 服务的基本功能。

轻松入门：访问 AWS Marketplace 选择亚马逊系统映像（AMI）上的预配置软件，快速了解 Amazon EC2；利用 Marketplace 通过 Click 方式启动或 EC2 控制台将软件快速部署到虚拟机上。

 小贴士

EC2 虚拟系统镜像，AMI

Amazon AWS 将 EC2 服务中所需的虚拟系统镜像以 AMI 标准格式进行管理。AMI 包含了操作系统和软件的所有信息。例如，可以在 AMI 搜索页面（http://aws.amazon.com/amis）中查询 Linux 和 Oracle 安装数据库的虚拟机。完成搜索后可以直接在 EC2 中运行。

 小贴士

Amazon Marketplace

Amazon Marketplace 提供了数千种提前安装/配置好的 AMI。客户只需要通过几次单击就可以即时运行已经安装了软件包的虚拟实例。软件的价格根据软件版权的规定而制定，它与 EC2 连接在一起，客户按照每个月总的使用时间（每小时为单位）来支付总费用。现今，总共有 400 多种 AMI 在进行交易，服务网址为 http://aws.amazon.com/marketplace。

访问 Amazon 的管理控制台可以看到图 5-5 中的 EC2 Dashboard 页面（http://console.aws.amazon.com/ec2）。接下来尝试简单地运用 Marketplace 组建 EC2 服务。在 Dashboard 中单击 Launch Instance 按钮会出现图 5-6 中可以选择虚拟机的画面。

这里选择的是包含 MongoDB 软件的 AMI。图 5-7 是选择了安装 MongoDB 软件 AMI 的页面，单击性能类型，防火墙等设置可直接应用。例如，在性能类型中选择 Standard Micro，选择一般防火墙一个月的费用为 14.4 美元。

只需要 2~3 次的单击就可以轻松地生成配置了 MongoDB 的虚拟机。实际所需的生成时间约 1 分钟。如图 5-8 所示，下端部分的内容正在执行初始化（initializing），可以确认用 MongoDB 表示的实例项目。状态变更为运行后（running），可以在相应的页面中监测 CPU、磁盘、存储器、网络等虚拟机的资源状态。如果需要更加详细的监测服务，在图 5-9 页面中单击 Enable Detailed Monitoring 键支付附加费用后即可使用。除此之外，可以与 CloudWatch 服务联动，设置被监测资源的临界值以及在超过临界值时发送邮件警报。在页面中单击 Create Alarm 进入相关的设置页面。

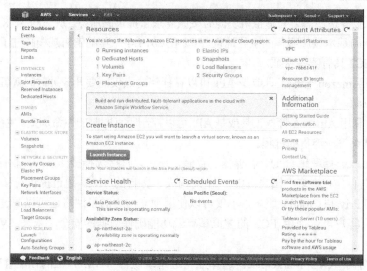

图 5-5　EC2 Dashboard 页面

图 5-6　使用 Marketplace 创建虚拟机

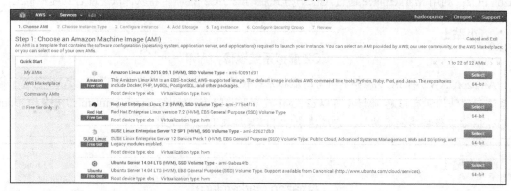

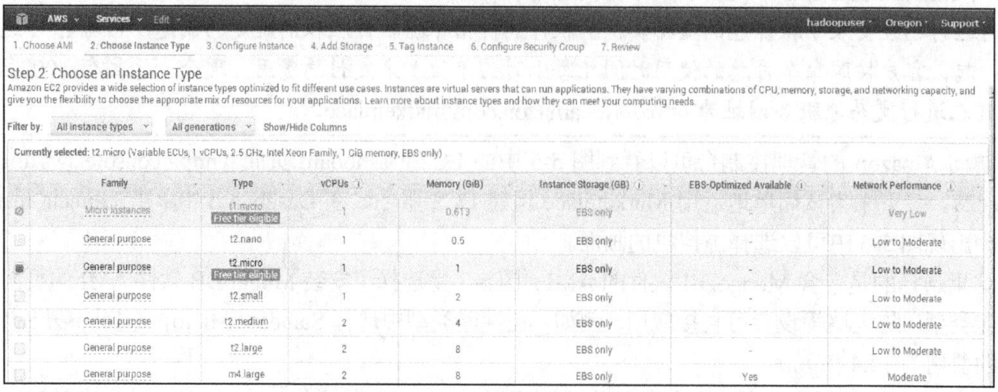

图 5-7　MongoDB AMI 选择页面

第 5 章 云计算和 Hadoop

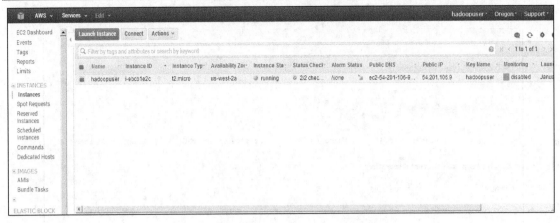

图 5-8 MongoDB AMI 运行页面（最终阶段）

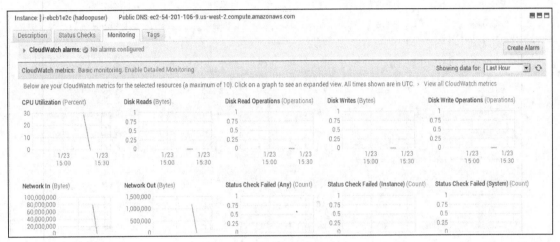

图 5-9 监测页面

小贴士

Amazon CloudWatch

CloudWatch 于 2009 年 5 月发布，它是一种与 Amazon 的大部分的服务联动后将监测信息告知给用户的服务。联动服务有 EC2、EBS、Elastic Load Balances、RDS、SQS、SNS、ElastiCache、DynamoDB、Storage Gateway、EMR 等，同时提供了强大的监测警报界面。用户可以根据相关服务的 metric，设置警报，通过自动监测在设置了警报的前提下，实时以短信或邮件的形式发送给用户。相关的设置不仅可以通过控制台，还可以通过文件库或 API 进行设置。

目前为止介绍了 Amazon 的 EC2，并简单地使用 Marketplace 运行了虚拟机。以上全部过程也可以通过 API（http://docs.aws.amazon.com/AWSEC2/latest/APIReference/Welcome.html）或 SDK 运行。EC2 的价格制度（US East 基准）如图 5-10 所示。

以预约的（Reserved）方式购买实例（Instance）可节约 50%以上的费用，根据实例的负载情况，有 3 种类型可供选择。种类的选择根据用户的使用用途而决定。例如，用于内部的 Web 服务可选择最便宜的 Heavy Utilization Reserved Instances，提高性价比。

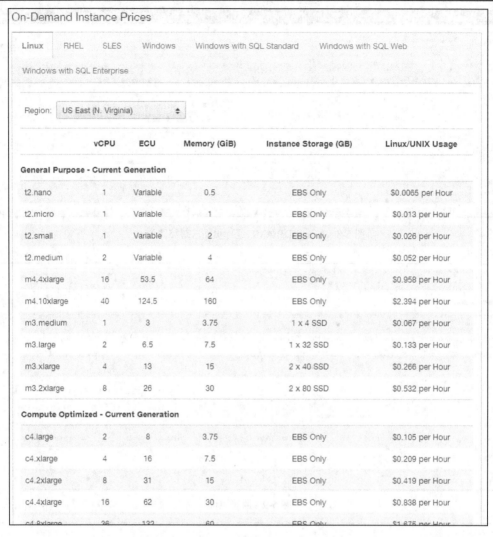

图 5-10 EC2 的价值制度（US East 基准）

- Light Utilization Reserved Instance：几乎不存在负载的系统的 Instance，通过预约的方式购买，可节省 50%左右的费用。
- Medium Utilization Reserved Instance：存在中等程度负载的系统的 Instance，通过预约的方式购买，可节省 70%左右的费用。
- Heavy Utilization Reserved Instance：存在高负载的系统的 Instance，通过预约的方式购买，可节省 80%左右的费用。

2. S3（Simple Storage Service）

S3 是 Amazon 于 2006 年 3 月发布的最早的云服务，它是基于 Key 和 Value 的对象存储。简单来说，它是通过 Hash 机制将一连串的 Key 以标识符的形式存储数据值的一种具有强大扩展性的云分布式存储。其中最具代表性的 S3 服务是 Dropbox。Dropbox 不需要单独运营存储的基础设施，通过 Amazon S3 服务使用基础设施，同时能保证数据的安全。S3 提供了基本的 HTTPS 安全协议，免费提供 IAM（Identity and Access Management），ACL（Access Control List）等安全设备。

小贴士

IAM（Identity and Access Management）

IAM 是 2011 年 2 月发布的新服务，它提供了对单一账户服务类别的权限设置功能。在此之前，设置用户的权限需要创建新的账户，而使用 IAM 服务则不需要添加新的账户，在内部创建 IAM 用户用于管理各种权限。即在单一账户中添加 IAM 用户，可以编辑组，也可以根据服务种类设置 IAM 用户或设置每个组的权限。在图 5-11 中，分别在多个部门中设置 IAM 权限，从而更加有效地管理。

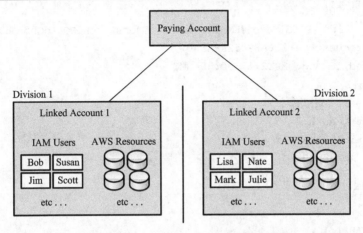

图 5-11 在多个部门中用 IAM 管理 AWS 账户

图 5-12 是通过 S3 访问控制台（http://console.aws.amazon.com/s3/home）后，创建"旅伴旅行社"文件夹上传文件的页面。它跟 EC2 一样可以通过 API 和 SDK 创建文件夹上传文件，示例如下。

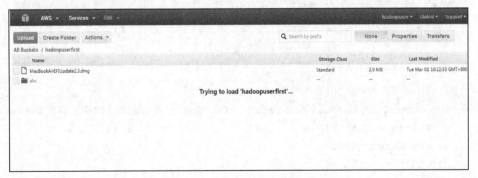

图 5-12 S3 管理控制台访问页面

- 创建"旅伴旅行社"文件夹

```
(Syntax)
PUT/FTTP/1.1
Host:BucketName.s3.amazonws.com
Content-Length:length
Date:date
Authorization:signatureValue
```

(示例—请求)
```
PUT/HTTP/1.1
Host: 旅伴旅行社.s3.amazonaws.com
Content-Length:0
Date:Wed,12 AUG. 2012 17:00:00 GMT
Authorization:AWS AKIAIOSFODNN7EXAMPLES:Xqe0diMbLRepdf3YB+FIEXAMPLE=(xxxx)
```

(示例—成功应答)
```
HTTP/1.1 200 OK
x-amz-id-2:YgIPIfBiKa2bj0KMg95r/0zo3emzU4dzsD4rcKCHQUAdQkf3ShJTOOpXUueF6Qko
x-amz-request-id:236A8905248E5A01
Date:Wed,12 Aug. 2012 17:00:00 GMT

Location:/ 旅伴旅行社
Content-Length:0
Connection:close
Server:AmazonS3
```

- 在"旅伴旅行社"文件夹中上传文件

(Syntax)
```
PUT/FTTP/1.1
Host:BucketName.s3.amazonws.com
Content-Length:length
Date:date
Authorization:signatureValue
```

(示例—请求)
```
PUT/MacBookAirEFIUpdate2.3.dmg   HTTP/1.1
Host: 旅伴旅行社.S3.amazons.com
Date:Wed,12 AUG. 2012 17:50:00 GMT
Authorization:AWS AKIAIOSFODNN7EXAMPLES:Xqe0diMbLRepdf3YB+FIEXAMPLE=(xxxx)
Content-Type:text/plain
Content-Length:11434
Expect:100-continue
[11434 bytes of object data]
```

(示例—成功应答)
```
HTTP/1.1 100 Continue

HTTP/1.1 200 OK
x-amz-id-2:LriypLdmOdAiIfgSm/F1YsViT1LW94/xUQxMsF7xiEb1a0wiIOIx1+zbwZ163pt7
x-amz-request-id:0A49CE4060975EAC
Date:Wed,12 Aug. 2012 17:50:00 GMT
Etag:"1b2cf535f27731c974343645a3985328"
```

```
Content-Length:0
Connection:close
Server:AmazonS3
```

更详细的 API 信息可以在 http://docs.amaxonwebservices.com/Amazons3/lastest /dec/Welcome.html 获取。需要注意的是：使用 S3 启动 EC2 虚拟机时，在终止的瞬间是不能进行再启动的。价格制度（US East 基准）如图 5-13 至图 5-15 所示。分别为存储空间费用、API 请求费用、数据通信费用。

Storage Pricing

Region: US East (N. Virginia)

	Standard Storage	Standard - Infrequent Access Storage †	Glacier Storage
First 1 TB / month	$0.0300 per GB	$0.0125 per GB	$0.007 per GB
Next 49 TB / month	$0.0295 per GB	$0.0125 per GB	$0.007 per GB
Next 450 TB / month	$0.0290 per GB	$0.0125 per GB	$0.007 per GB
Next 500 TB / month	$0.0285 per GB	$0.0125 per GB	$0.007 per GB
Next 4000 TB / month	$0.0280 per GB	$0.0125 per GB	$0.007 per GB
Over 5000 TB / month	$0.0275 per GB	$0.0125 per GB	$0.007 per GB

图 5-13　S3 存储空间费用

Region: US East (N. Virginia)

	Pricing
For Requests Not Otherwise Specified Below	
PUT, COPY, POST, or LIST Requests	$0.005 per 1,000 requests
GET and all other Requests	$0.004 per 10,000 requests
Delete Requests	Free †
For Standard – Infrequent Access Requests	
PUT, COPY, or POST Requests	$0.01 per 1,000 requests
GET and all other Requests	$0.01 per 10,000 requests
Lifecycle Transition Requests into Standard – Infrequent Access	$0.01 per 1,000 requests
Data Retrievals	$0.01 per GB
For Glacier Requests	
Glacier Archive and Restore Requests	$0.05 per 1,000 requests
Glacier Data Restores	Free ‡

图 5-14　S3 的 API 请求费用

3. EBS（Elastic Block Store）

Amazon 不仅支持同 S3 类似的简单对象型存储，还支持 EBS Block 存储的形式。EBS 与 S3 不同，启动 EC2 时可以自由地终止或再启动。最近，发布的 EBS-Provisoned IOPS 服务保障了用户指定的性能指标（IOPS）。EBS-Provisoned IOPS 提供了高性能安全的 Block 存储。

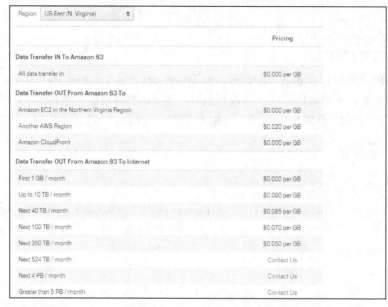

图 5-15　S3 数据通信费用

 小贴士

EBS-Provisioned IOPS

在此之前，EBS 的性能缺乏一致性。终于在 2012 年 8 月发布了能保障一定性能的 EBS 存储服务。最大可以保障 1000 IOPS，客户可以选择最适宜的 IOPS。当然，价格也因 IOPS 而异。由此，客户可以使用安全的 EBS 作为 AMI 启动存储，同时可以使用高性能的 Block 存储服务。

图 5-16 所示为生成 EBS 卷的页面。选择容量、地区、卷类型（普通或是 Provisioned IOPS）后单击 create 立即生成卷。

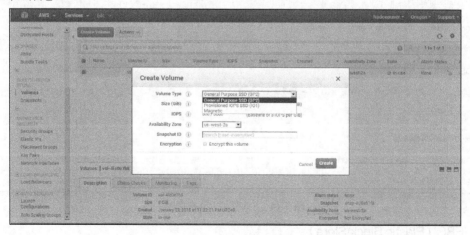

图 5-16　创建 EBS 卷

卷创建完成后，按照 5-17 的方式在 EBS 管理控制台中完成更新。EBS 管理包含在 EC2 Dashboard 的下拉菜单中。生成的卷含有 1GB 的基本空间，当前为可用状态（available）。

第 5 章 云计算和 Hadoop

图 5-17　确认 EBS 卷的生成

接下来将生成的卷与前面 EC2 虚拟机的卷相连接。参照图 5-18，选择相应的卷单击 More→Attach Volume 后，出现选择已连接的虚拟机的页面。此时并不能将所有的虚拟机进行连接，在目录中只会出现与 EBS 生成的卷同一区域（Availability Zone）的虚拟机。这里的区域为 us-east-1c。连接卷大约需要 1 分钟以上的时间。

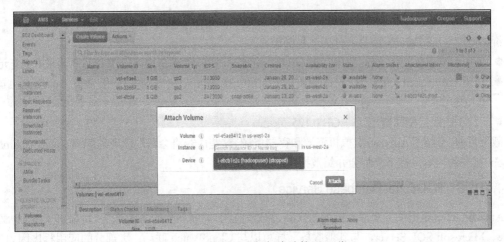

图 5-18　在 EC2 虚拟机中连接 EBS 卷

小贴士

Availability Zone

Amazon 从 2006 年以来运营了 11 个区域（Zone）并构建了地区/大陆间的安全网。如果客户将特定服务的 A 区域和 B 区域联动为 Availability Zone，即使 A 区域发生问题也可以通过 B 区域备份。
- US East： 4 个
- US West： 5 个
- AWS GovCloud： 2 个

如图 5-19 所示，在 us-east-1a 区域运行服务过程中发生问题时，更改 EIP 可以在 us-east-1b 区域使用备份服务。虽然会产生额外的费用，但对于重要的服务是必备的功能。

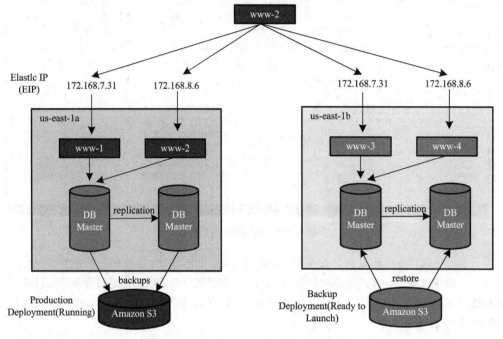

图 5-19　Amazon Availability Zone 备份服务

价格制度（US East 基准/月）分为 3 种类型。
- 使用标准 EBS 卷：空间费用（每 GB 0.1 美元），+I/O 请求费用（每 100 万个请求 0.1 美元）。
- 使用 Provisioned IOPS 卷：空间费用（每 GB 0.125 美元），+I/O 请求费用（每个 Provisioned IOPS 0.1 美元）。
- 用 S3 快照：空间费用（每 GB 0.125 美元）。

截至目前，介绍了 Amazon 虚拟机资源和存储资源。这些内容将会帮助读者理解第 6 章以后 Amazon Hadoop 服务的内容。接下来将会介绍数据库服务和备份。

4．RDS（Relational Database Service）

Amazon RDS 是提供关系型数据库的安装、管理、监测、扩展功能的 Web 服务。目前可支持 MySQL、Oracle、Microsoft SQL Server，与其他服务一样可以与 CloudWatch 联动。大部分的应用程序因为使用关系型数据库，所以很多的客户使用 RDS。在 Amazon Cloud 中运行的应用程序只需要几次单击就可以构建最优化的数据库。

以下是在 RDS 管理控制台（http://console.aws.amazon.com/rds/home）申请 RDS 服务的步骤。在这里选择 MySQL 服务，完成 MySQL 版本、端口、管理员账户等简单设置。

初次进入时单击 Get Started Now 创建 RDS 实例。

Step1：选择数据库的类型，这里选择 MySQL，如图 5-20 所示。单击 select 进入 Step2。

Step2：选择将要创建的实例用于生产还是测试。这里选择 Dev/Test。具体页面如图 5-21 所示。

Step3：设置数据库的详细配置，如图 5-22 所示为该步骤的页面。

Step4：Configure Advanced Settings，配置好后单击 Launch DB instance 启动数据库实例。图 5-23 所示为 Step4 页面。

第 5 章 云计算和 Hadoop

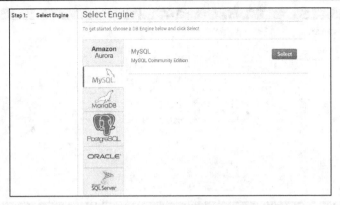

图 5-20　申请 RDS 服务 Step1

图 5-21　申请 RDS 服务 Step2

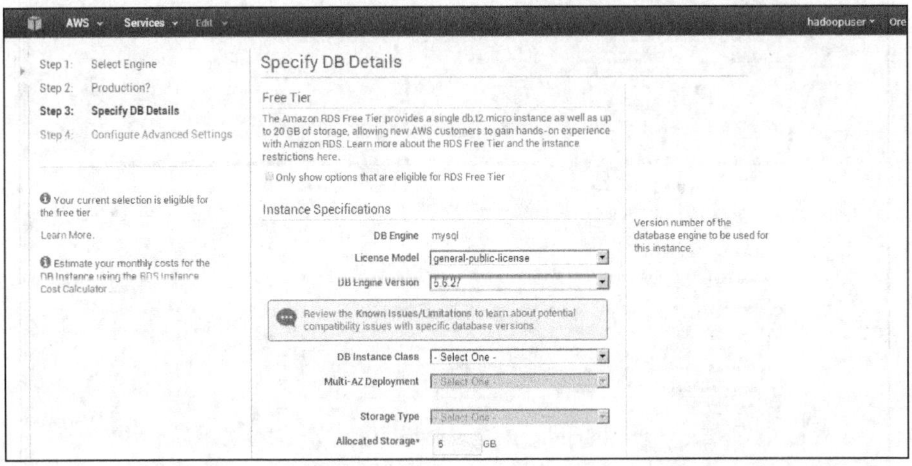

图 5-22　申请 RDS 服务 Step3

图 5-24 和图 5-25 展示了新创建的 MySQL 服务示例和监测画面。只需要单击按钮就可以执行在相关页面中编辑已生成服务实例的快照，或是创建可以提高性能的 Read Replica 等复杂设置。

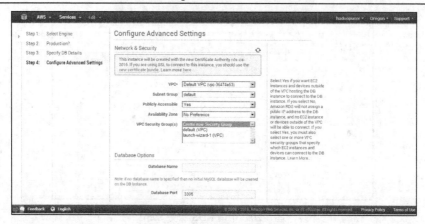

图 5-23　申请 RDS 服务 Step4

图 5-24　RDS 管理控制台页面（确认服务实例的生成）

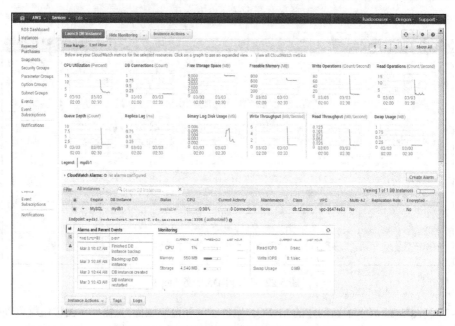

图 5-25　RDS 管理控制台检测生成的实例页面

与 EC2 的方式相同，单击 Create Alarm 如图 5-26 所示，与 CloudWatch 联动后，发生问题时会收到信息。同时指定 CIDR 可以设置安全组。

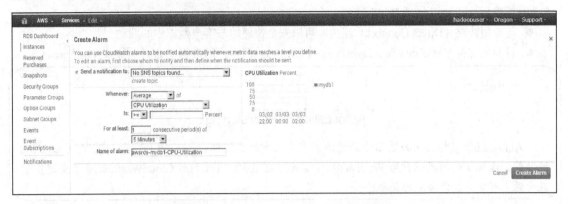

图 5-26　RDS 和 CloudWatch 联动设置页面

价格制度（US East 基准）的三种类型如下：
- 标准价格（如图 5-27 所示）；
- 包含灾难防备自动恢复服务的价格（如图 5-28 所示）；由于需要恢复实例，因而价格是标准价格的两倍；
- 使用预约时的价格，提供与 EC2 相同的预约价格政策，可以节省 50%以上的费用。

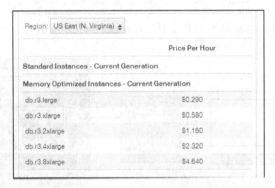

图 5-27　标准价格（US East 基准）　　图 5-28　包含灾难防备自动恢复服务的价格（US East 基准）

5. Storage Gateway

使用 Apple 的 Time Machine 软件可以定期将图片快照备份到 Time Capsule 中，这个功能得到了顾客的青睐，但需要购买高价的 Time Capsule 存储装置。而 Amazon 提供的类似的功能只需要云资源和软件就可以实现相关服务，这便是 Storage Gateway。将 Amazon 的 Storage Gateway 安装到客户的本地系统中就可以将相关信息的卷定期备份到 S3 中，如图 5-29 所示为设置 Storage Gateway 的卷登录页面。2012 年 1 月发布的服务目前只是测试阶段。产品特征如下：

- 传输备份时支持 iSCSI/SSL 标准协议，在不需要单独修改客户端的情况下可以安全地传输数据。
- 利用备份的快照把 EBS、EC2 与 CloudWatch 服务连接起来，在发生故障或通信量负载时，可以进行 Autoscaling 或 Provisioning。
- 与专用线路（Direct Connect）连接，可以安全快速地与客户数据中心联动。
- 目前只支持 VMWare ESXi Hypervisor v4.1,v5.0。即客户的数据中心必须安装 VMWare。

 小贴士

Autoscaling 和 Provisioning

Autoscaling 是根据用户通信量的资源占有率来增加虚拟机（scale out）或减少虚拟机（scale in）的功能。虚拟机的增减统称为 Provisioning。Amazon AWS 通过利用 CloudWatch 服务检查通信量或资源占有率来决定增减虚拟机。

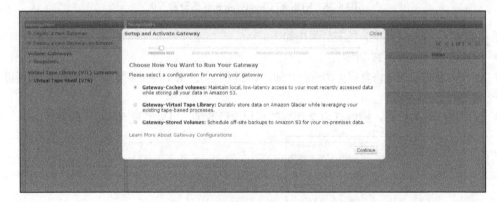

图 5-29　设置 Storage Gateway 的卷登录页面

简单的体系结构如图 5-30 所示。在基于 VMWare ESXi 的客户数据中心（Host）中安装 Storage Gateway 软件并指定 iSCSI 目标后（3260 端口），利用 AWS 管理控制台设置快照。

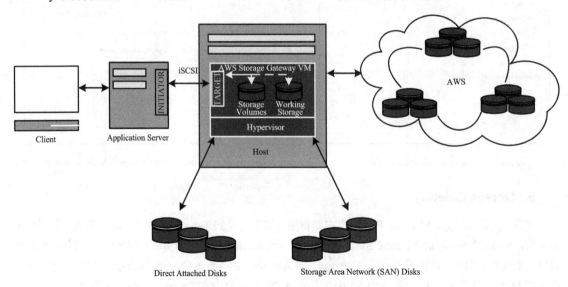

图 5-30　Storage Gateway 体系抽象图

价格制度（US East 基准/一个月）如下：
- 一个月固定费用（$125），存储空间费用（每 GB$0.125），数据通信费用合计。
- 数据通信费用如图 5-31 所示。

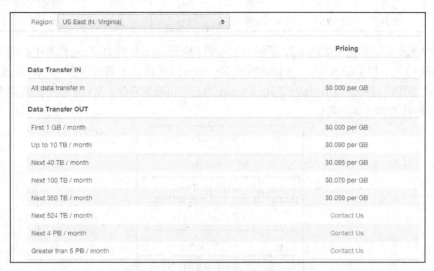

图 5-31　数据通信费用（US East 基准）

5.3　在 Amazon EC2 中构建 Hadoop 集群

近来很多企业都不再直接构建和运营数据中心，而是使用 Amazon EC2 构建 Hadoop 集群。Hadoop 集群主要运用于数据分析，灵活使用云计算资源可以在需要的时间按需租用节点，不仅可以大幅减少费用，还可以确保系统的无限扩展。本节中将介绍使用 Apache Whirr 云服务自动化工具在 Amazon EC2 中构建 Hadoop 集群的方法。

5.3.1　Apache Whirr

在 Amazon EC2 的单一节点上安装 Hadoop 包并不困难。然而如何在数千台节点上安装呢？假定需要长时间烦琐的安装过程，那么包一旦更新后又该如何处理呢？如果是需要更改配置文件时该如何处理呢？Apache Whirr 便是进行自动化总体管理的工具。除 Apache Whirr 之外，还有 Chef、Puppet 等多种管理服务工具。但由于 Apache Whirr 基于 Hadoop 脚本代码，它与 Hadoop 最为密切。
- 官方网站：http://whirr.apache.org
- 官方维基：http://cwiki.apache.org/confluence/display/WHIRR/Index

Apache Whirr 源自 2007 年开发的便于在 Amazon EC2 中安装 Hadoop 的 Hadoop bash 脚本。当时的话题内容可以在 HADOOP-884 中进行确认。随后，Apache Whirr 不仅支持 EBS，相关的脚本也包含在了 python 的 contrib（python-contrib）包中。这意味着 Apache Whirr 已经被有效使用。实际上，Apache 的孵化项目开始于 2010 年。将原有的脚本基于 jcloud Java 语言进行再编制，随着知名度的上升，终于在 2011 年升级为 Apache 正式项目。Apache 项目目前有 10 名左右的技术专家（commiter）。Apache Whirr 不仅支持 Hadoop，还支持 Zookeeper 等相关服务，目前已经可以支持 Amazon 及 Rackspace 等相关服务提供商。Apache Whirr 支持的服务及服务提供商如表 5-2 所示。

表 5-2 Apache Whirr 支持的服务及服务提供商

服务提供商	Cassandra	Hadoop	Zookeeper	HBase	Elastic Search	Voldemort	Hama
Amazon	支持	支持	支持	支持	支持	支持	支持
Rackspace	支持	支持	支持	支持	支持	支持	支持

Apache Whirr 的简单构成如图 5-32 所示，它的设计基于 jcloud，以 Hadoop 作为中心向 Zookeeper、HBase、Hama 等关联服务领域扩张。jcloud 提供多个服务供应商 API 的统合接口。使用 jcloud 的 API 可以用同样的方式访问和管理 Amazon、Rackspace 的虚拟机或是存储。Whirr 基于此提供多种命令行接口（CLI）维持与客户间的通信。

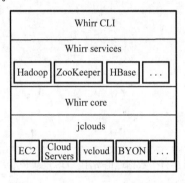

图 5-32 Apache Whirr 构造概念图

5.3.2 构建 Hadoop 集群

尝试利用 Apache Whirr 构建 Hadoop 集群。构建前的必须准备事项如下：
- Java 6
- Amazon EC2 账户
- SSH 客户端

安装 Whirr

Whirr 的安装方式有直接使用源代码构建或是使用已经配置好的包。这里介绍的方式是下载已配置好的包进行安装。

- 使用源代码构建：http://cwiki.apache.org/confluence/display/WHIRR/How+To+Contribute
- 下载地址：http://www.apache.org/dyn/closer.cgi/whirr/

下载 Whirr 后解压，按照下列方式确认是否正常工作。

- 确认 Whirr 的基本工作

```
hadoop@cluster-01$ bin/whirr version
Apache Whirr 0.8.0
jclouds 1.5.0-beta.10

hadoop@cluster-01$ bin/whirr
Usage:whirr COMMAND [ARGS]
where COMMAND maybe one of:

launch-cluster  Launch a new cluster running a service.
start-servers   Start the cluster services.
stop-services   Stop the cluster services.
```

第 5 章 云计算和 Hadoop

```
    restart-services    Restart the cluster services.
    destroy-cluster     Terminate and cleanup resources for a running cluster.
    destroy-instance    Terminate and cleanup resources for a single instance.
    list-cluster        List the nodes in a cluster.
    list-provides       Show a list of the supported providers.
    run-script          Run a script on a specific instance or a group of instance matching a role name.
    version             Print the version number and exit.
    help                Show help about an action

    Available roles for instance:
    cassandra
    elasticsearch
    ganglia-metad
    ganglia-moniyor
    hadoop-datanode
    hadoop-jobtracker
    hadoop-namenode
    hadoop-tasktracker
    hama-groomserver

    hama-master
    hbase-avroserver
    hbase-master
    hbase-regionserver
    hbase-restserver
    hbase-thriftserver
    mahout-client
    mapreduce-historyserver
    noop
    pig-client
    puppet-install
    solr
    yarn-nodemanager
    yarn-resourcemanager
    zookeeper
```

下面是设置 EC2 账户时生成基本配置文件的过程。输入 Amazon 账户信息后，Whirr 利用相关账户获得 Amazon Web 服务的权限。

- 生成账户配置文件

```
    hadoop@cluster-01$ mkdir -p ~/.whirr    #系统账户 root 中生成 whirr 目录
    hadoop@cluster-01$ cp conf/credentials.sample  ~/.whirr/credentials  #复制
        基本文件（样本）
```

在 credentials 文件中设置 Amazon 账户。文件内容如下：

```
    #Licensed to the Apache Software Foundation (ASF) under one or more
    #contributor license agreements. See the NOTICE file distributed with
    #this work for additional information regarding copyright ownership.
    #TheASF licenses this file to You under the Apache License,Version 2.0.
    #(the "License");you may not use this file except in compliance with
    #the License.You may obtain a copy of the License at
```

```
#
# http://www.apache.org/license/LICENSE-2.0
#
#Unless required by applicable law or agreed to in writing, software
#distributed under the License is distributed on an "AS IS" BASIS,
#WITHOUT WARRANTIES OR CONDITIONS OF ANY KIND,either express or implied.
#see the License for the specific language governing permissions and
#WITHOUT WARRANTIES OR CONDITIONS OF ANY KIND,either express or implied.
#see the License for the specific language governing permissions and
#limitations under the License.

#In this file users can store their cloud login credentials for convenience
#If this file exists it is sourced by Whirr scripts.
#
#Whirr will look for this file in the home directory first(~/.whirr/credentials)
#If not found it will look for it in the cnf directory.
#
#Present environment variables will take precedence over these files.
#
#VARIABLES:
#
#PROVIDER - The cloud provider to use in Whirr
#IDENTITY -  The identity to use in Whirr
#CREDENTIAL - The credential to use in Whirr
#
#BLOBSTORE_* - Overrides the base variables(e.g. PROVIDER)specifically for
#blobstore contexts.Base variables are still used for compute access
#If BLOBSTORE_* variables are not defined Whirr will use the base variables
#for blobstore access.

#Users can assign these variables the values they want to assign to
#their WHIRR_* variable counterparts.If a WHIRR_* variable is found inenv
#then it takes precedence (to be able to do one-off overrides on recipes)
#otherwise WHIRR_* variables take the value from this file.Finally.properties
#files override both this file and previous env variables
#set cloud provider connection details

PROVIDER=
IDENTITY=
CREDENTIAL=

#set blob store connection details.If not defined they are computed
#from the cloud provider connection details defined above

#BLOBSTORE_PROVIDER=
#BLOBSTORE_IDENTITY=
#BLOBSTORE_CREDENTIAL=
```

设置完账户后，接下来可以立即设置集群的构成。基本上在 recipes 目录中包含了各种服务的基本配置文件，Hadoop 可使用 hadoop.properties 文件设置集群环境。下面是在 EC2 上配置单一节点的示例。详细的方法可参照 http://whirr.apache.org/docs/0.8.0/configuration-guide.html。

- 配置集群

```
whirr.cluster-name=myhadoopcluster
whirr.instance-templates=1 hadoop-jobtracker+hadoop-namenode,1 hadoop-
    datanode+hadoop-tasktracker
whirr.provider=aws-ec2
whirr.provider-key-file=${sys:user.home}/.ssh/id_rsa
whirr.public-key-file=${sys:user.home}/.ssh/id_rsa.pub
```

目前完成了集群的配置。按照下列方式使用command进行分配或终止。

- 分配集群

```
hadoop@cluster-01$ bin/whirr launch-cluster --config hadoop.properties
```

- 终止集群

```
hadoop@cluster-01$ bin/whirr destroy-cluster --config hadoop.properties
```

利用命令行接口可以一次完成上面的配置和分配过程。

- 一次完成设置和分配

```
hadoop@cluster-01$ bin/whirr launch-cluster \
    --cluster-name=myhadoopcluster \
    --instance-templates='1 hadoop-jobtracker+hadoop-namenode,1 hadoop-datanode+
       hadoop-tasktracker' \
    --provider=aws-ec2 \
    --identity=$AWS_ACCESS_KEY_ID \
    --credential=$AWS_SECRET_ACCESS_KEY \
    --private-key-file=~/.ssh/id_rsa \
    --public-key-file=~/.ssh/id_rsa.pub
```

不使用CLI，可以通过编写Java代码完成配置和分配。

- 利用Java API编写Whirr代码

```
Configuration conf=new PropertiesConfiguration(
    "recipes/hadoop.properties");//1.配置Hadoop集群（与EC2账户联动）
    ClusterSpec spec=new ClusterSpec(conf);
ClusterController cc=new ClusterController();
    Cluster cluster=cc.luanchCluster(spec);// 2.分配（运行集群构建）
String hosts=HadoopCluster.getHosts(cluster);
Hadoop hadoop=new Hadoop(hosts,...);

cc.destroyCluster(spec);// 3.终止
```

截止目前介绍了利用Apache Whirr在EC2中配置Hadoop集群的过程。读者可以参考以上步骤构建自己的集群。第6章中会介绍一种更加有效的方法：使用Amazon的EMR服务构建Hadoop集群的方法。

5.4 小　　结

本章介绍了Yahoo、Facebook等大型互联网企业直接构建Hadoop集群的案例，并介绍了最具代表性的Amazon云计算服务，最后的部分介绍了使用Apache Whirr构建Hadoop集群的示例。利用云计算资源构建大型集群大大减少了预算开支，因此有很多的企业已经考虑并运用了此方法。考虑Hadoop集群的特性，比起24小时的不间断运行在短时间内需要大量节点的情况往往更多，因此使用云计算方案会更加有效率。第6章中会介绍使用Amazon的EMR服务构建Hadoop集群的方法。

第 6 章 Amazon Elastic MapReduce 的倍增利用

6.1 Amazon EMR 的活用
6.2 小结

※ 摘要

本章将会介绍云和大数据的结合模型 Amazon 的 EMR（Elastic MapReduce）。依次介绍 EMR 的诞生背景；现有的 Amazon 云服务 EC2（Elastic Compute Cloud）和 S3（Simple Storage Service）；以及 EMR 与 EC2 之间的关系。观察 2010 年以后 EMR 的构造，并介绍将云服务和大数据服务结合时需要考虑的事项。同时通过了解引导程序动作（Bootstrap-action）、Hadoop 分布式文件系统设置、Hadoop 设置、用于调试的登录信息设置，以及对于 Hive 的支持等 Amazon EMR 的多种特征，来对基于云的大数据服务进行说明。接下来会阐述作为 Amazon EMR 的最小工作单位的 Job Flow 和 Step 的概念，并了解使用 Amazon EMR 之前实例组、Hadoop 的支持版本、支持的文件系统、支持 Amazon EMR AMI 的版本及 Amazon EMR 中任务的设置等。最后，通过 Amazon EMR 的 Web 控制台和 CLI 进行控制来熟悉 Amazon EMR。

第 5 章介绍了多种直接构建 Hadoop 集群的方法。本章将介绍使用 Amazon 服务快速构建大规模 Hadoop 集群的方法，即使用类似于 EMR（Elastic MapReduce）等云服务进行构建的方式。

6.1 Amazon EMR 的活用

Amazon EMR（Elastic MapReduce）是带有"云"和"大数据"两个关键词的服务。EMR 是将云的按需付费的优点与用于分析大数据的 Hadoop 系统结合为一体的服务。本节将介绍 EMR 的整体特征，并通过实际的案例来熟悉 Amazon EMR。

6.1.1 Amazon EMR 的概念

Amazon 提供的 EMR 服务是将 Hadoop 平台与 Amazon 云服务相结合的形式，从而以简单的方法构建 Hadoop。EMR 使用现有的云计算服务 EC2 和基础设施 S3，服务费用标准根据 EC2 和 S3 的收费制度制定。使用 EMR 的用户需要编写 MapReduce 实现分析大数据，向 EMR 提交 Job 后生成 Job Flow 并执行任务，使用 EMR 基于现有的云基础设施可以迅速生成所需规模的硬件资源并即刻使用 Hadoop，最终以低成本构建大规模系统。

小贴士

Amazon EC2 和 Amazon S3，以及 Amazon EMR 之间的关系

Amazon EMR 的数据存储在 S3 中，运算在 EC2 中进行。使用 EMR 服务时，费用根据 S3 的数据使用量、数据请求次数、数据传送量，EC2 的使用期限来计算，因此使用前最好提前考虑这些因素。

6.1.2 Amazon EMR 的构造

EMR 的 Hadoop 构造自 2010 年 10 月之后发生了很大的改变。如图 6-1 所示为现已使用的 Amazon EMR 构造，具体介绍如下：

① 用户利用 Hadoop 处理的所有数据和 MapReduce 的实现上传到 Amazon S3 中。用户执行 Job Flow。

② Amazon EMR 接收用户请求后启动 Hadoop 集群，并在 Amazon 各自的 EC2 节点中执行有配置需求的引导程序动作（Bootstrap Action）。

③ 完成以上过程后，安装在云端的 Hadoop，将 Amazon S3 中需要的数据复制到 Core Instance Group 和 Task Instance Group 所属的节点上并运行 Job Flow。

④ 运行过程中生成的数据或结果重新存储在 Amazon S3 中。

⑤ 最后终止 Job Flow，用户可以通过 S3 确认数据处理结果。

小贴士

引导程序动作（Bootstrap Action）是用户使用 Amazon Elastic MapReduce 构建 Hadoop 集群在运行之前需要设置的基本动作。例如，引导程序动作在 Hadoop 运行的每个节点安装软件或进行 Hadoop 的基本设置。

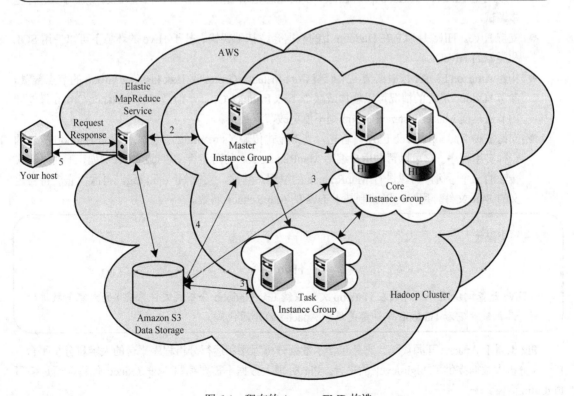

图 6-1 现在的 Amazon EMR 构造

小贴士

Master Instance Group，Core Instance Group

正如前文所述，2010 年 10 月以后 Amazon EMR 维持了三个实例组，用户根据运行的 Hadoop 环境管理各实例组中的节点配置。

- Master Instance Group：作为管理 Master Node 的组，运行基本的 Hadoop 至少需要一个固定的 Master Node。
- Core Instance Group：节点上的文件系统为 HDFS，也是执行 Hadoop MapReduce Task 的节点。它与 Master Instance Group 的 Master Node 情况相同，运行 Hadoop 至少需要一个属于 Core Instance Group 的节点。Task Instance Group 和 Core Instance Group 的角色虽然比较类似，但 Task Instance Group 没有配置 HDFS，它是管理只执行运算节点的实例组。根据用户的需求可设置一个到多个节点。

6.1.3　Amazon EMR 的特征

Amazon EMR 的特征如下：
- 具有引导程序动作功能。
- 可以进行 HDFS 的配置。
- 可以浏览 Hadoop 和 Hadoop 进程每一步的日志记录信息，用户利用日志记录信息可以进行基本调试。
- 支持 Hive。Hive 是建立在 Hadoop 上的数据仓库基础架构。基于 Hive 的环境下可以使用 SQL 和类似的 HiveQL。
- 构建 Amazon EMR 时，根据情况来调整 Core Instance Group 或 Task Instance Group 的节点数量。参考 Hadoop 进程的情况可以增加或减少 Task Instance Group，但是 Core Instance Group 只能增加节点，而 Master Instance Group 则不能更改节点数量。
- 支持多种 Hadoop 的 Job Flow。首先，支持流式传输（streaming）。流式传输是 Hadoop 提供的一种实用程序。它可以帮助用户编写 MapReduce Job 的可运行文件或脚本。例如，下面是流式传输的一个示例，可以进行 MapReduce 的编程。其次，支持 Hive 和 Pig。再次，它支持自定义的 JAR 文件。用户可以编制基于 Java 的 MapReduce 函数。

小贴士

Hive

Hive 是查询以及分析存储在 Hadoop 文件系统（如 Hadoop 分布式文件系统）的大容量数据的数据仓库系统。它和 Hadoop 一样都是属于 Apache 的开源代码。

Pig 也属于 Apache 开源代码。它是包含了数据分析程序和运行分析程序平台的大容量分析平台。Pig 为分析大数据提供了 high-level 的平台。Pig 处理大数据不需要编写 MapReduce 代码，而是编写 PigLatin 语言。

- Hadoop Streaming 示例

第 6 章　Amazon Elastic MapReduce 的倍增利用

```
$HADOOP_HOME/bin/hadoop jar $HADOOP_HOME/hadoop-streaming.jar \
    -input myInputDirs \
    -output myOutputDir \
    -mapper /bin/cat \
    -reducer /bin/wc
```

6.1.4　Amazon EMR 的 Job Flow 和 Step

在 EMR 中处理的 Job 大体由 Job Flow 和 Step 构成。Job Flow 由 EMR 中处理数据的一系列命令构成。同时，一个 Job Flow 可由用户定义的多个 Step 构成。即一个 Step 可以是用户编写的 mapper 函数，也可以是 reducer 函数，也可能是 mapper 和 reduce 函数的组合。

Step 是分析或处理数据的一连贯过程中的最小单位。由于 Step 按照用户编写的顺序执行任务，因此 EMR 中的各种功能可以通过 Step 进行添加和删除。如图 6-2 所示的内容为用户开始和终止 Job Flow 的一系列过程。

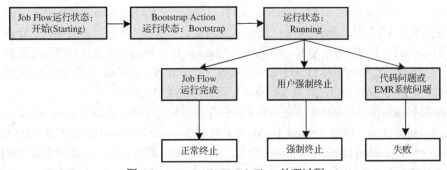

图 6-2　Amazon EMR Job Flow 处理过程

一起来看看 Job Flow 开始到结束的过程。用户在 Amazon EMR 中运行包含 Step 的 Job。Amazon EMR 运行 Job 时需要同时运行用户配置的虚拟机实例，Job Flow 的状态更改为开始（Starting）。接下来 Job Flow 转换为 Bootstrap 状态，运行 Bootstrap 过程。以上所有过程完成后，运行用户提交的 Job Flow，并转换为 Running 状态。运行（Running）状态的 Job Flow 大致可以通过三种程序进行终止。第一种，没有更多需要执行的 Job Flow 所有的过程正常终止的完成（Complete）状态。第二种，在 Job Flow 执行中用户进行强制终止的终止（Terminated）状态。第三种，Job Flow 执行过程中由于用户编写的代码或 Amazon EMR 系统的问题导致 Job Flow 失败而终止的失败（Failed）状态。

6.1.5　使用 Amazon EMR 前需要了解的事项

本节整理了使用 Amazon EMR 前需要了解的内容。

1．实例组、支持的 Hadoop 版本、支持的文件系统

前文中已经提及 Amazon EMR 有三个实例组（Master Instance Group、Core Instance Group、Task Instance Group）。Master Instance Group 管理全部的 Job Flow。例如，通过 ssh 访问 Master Node 确认日志后执行任务。在 Core Instance Group 中实际上是 Map、Reduce Task 在运行，数据存储在 HDFS 中。Task Instance Group 中不存储数据，它的作用是在 Reduce Task 扩充时帮助其运行。

Amazon EMR 支持的 Hadoop 版本有用户指定的补丁版本 0.18.3、0.20.2、0.20.205 等。Amazon EMR 支持的文件系统大体有三种：HDFS、Naive File System 和 S3 Block File System。这三种都可以使用，但包含 Core Instance Group 的情况下一般使用的文件系统是 HDFS。例如，使用 S3 Block File System 时，由于众多的 Map、ReduceTask 导致 S3 的通信量增加降低整体的性能。

2. Amazon EMR AMI 支持版本

Amazon EMR 执行 Job Flow 前需要初始化 Amazon EC2 实例。此时，Amazon ECR 使用 AMI （Amazon Machine Image）。AMI 包含了运行 Linux 操作系统、Hadoop 和 Job Flow 的各种软件。Amazon EMR 定期更新 EMI 的 Hadoop 版本或软件版本。同时，用户可以使用 AMI 更新后的各种功能。

> 小贴士
>
> ### Amazon Machine Image
>
> Amazon Machine Image 中包含了 Amazon EC2 启动的有用信息。AMI 和计算机的 Root Volume 的 Template 类似。例如，AMI 可能包含与 Web 服务器相关的（如 Linux、Apache Web Server）软件或与 Hadoop 相关的（如 Linux、Hadoop）软件。用户通过 AMI 可以运行各种实例。实例可以是 Web 服务器集群中的 Web Server，也可以是 Hadoop 节点。

一般情况下，Public Amazon Machine Image 可以在所有的 AWS（Amazon Web Service）账户中运行。这些镜像通过 AWS Amazon Machine Image Catalog 进行共享和公开。Amazon 和 Amazon 论坛中提供了大量的、各种类型的公用 AMI。即用户在 Amazon EC2 环境中可以找到自己需要的 AMI 并运行。例如，AMI 可以是 Windows、Red Hat、CentOS、Ubuntu 等。同时用户可以通过公用的 AMI 定制自己的 AMI。定制的 AMI 可以进行共享，也可以设置为仅限个人所用。

所有的 EMI 按照使用的存储方式分为两类。EMI 可以使用 EBS（Elastic Block Service）也可以使用 Amazon Instance Store。使用 Amazon EBS，是指使用 Instance 的 Root Device 依据 EBS 的快照所生成的 EBS 卷；使用 Amazon Instance Store，是指使用 Root Device 通过 Amazon S3 的模板生成的 Instance Store 卷。表 6-1 所示为 EMI 分别使用 Amazon EBS 和 Amazon Instance Store 的比较。

表 6-1 EMI 分别使用 Amazon EBS 和 Amazon Instance Store 的比较

特征	使用 Amazon EBS	使用 Amazon Instance Store
启动时间	1 分钟之内启动	5 分钟之内启动
大小限制	1TB	10GB
Root Device 卷	Amazon EBS 卷	Instance Store 卷
数据维持	存储在 EBS 卷中的数据，即使实例终止后仍可以继续维持	存储在 EBS 卷中的数据，实例终止后清除
升级实例	在运行实例过程中进行终止，可以更改实例的类别、内核、RAM disk、用户数据等	实例运行过程中不能停止，也不能更改属性
费用支付	支付使用实例的费用；支付使用 Amazon EBS 的费用；支付使用 Amazon EBS snapshot 的费用	支付使用实例的费用；支付使用 Amazon S3 的费用
停止状态	在运行实例过程中可以停止，停止状态的所有数据存储在 Amazon EBS 中	运行实例过程中不能停止，只存在实例的运行和终止两种状态

如果用户编写的 MapReduce 应用程序依赖于特定的 Hadoop 版本或配置，则需要选择适用于该应用程序的 Amazon Machine Image。如果用户在无任何选项的情况下使用 Amazon EMR 运行 MapReduce 等应用程序，可以使用到最新的 AMI，但需要先确认该版本是否支持最新的 AMI。Amazon EMR 中使用的 AMI 的版本依次为 Major-version、Minor-version、patch-version。版本编号由 Major-version Numbering、Minor-version Numbering、patch-version Numbering 构成，在 Amazon EMR CLI 中用两种方法标示 AMI。

第一种，对三种要素进行全部标示的方法。例如，用 --ami-version 2.0.1 进行标示。完成上述 AMI 的标示后，执行与该版本相符合的 Job Flow。如果用户只在 Amazon 中执行 Job Flow，使用这种标准化的方法是最有效的，但是运用到新版中时比较麻烦。第二种是标示 Major-version 和 Minor-version Numbering 的方法。如--ami-version 2.0，用户的 Job Flow 在与标示的 Major-version 和 Minor-version Numbering 一致的最新的 Amazon 补丁 Machine Image 中执行。通过前面的例子可以知道用户的 Job Flow 在 AMI 2.0.5 版本中执行。由于版本 2.0 是 AMI 中最新的版本，所以在版本 2.0.5 中执行。第二种方法下载的是相同版本的 AMI 中的最新补丁版本，因此可以使用新的补丁。最后，可以标识最新版本的 AMI，输入--ami-version latest 可以标示最新的 AMI（目前的最新版本中已经没有这种标识方法了）。在编写这本书时最新的版本是 2016 年 1 月 4 日发布的 3.11.0 版本。因为处理的是最新的 AMI，可以在 Prototyping 中进行实际的服务测试。

 小贴士

Amazon EMR CLI（Command Line Interface）和 Amazon EMR 管理方法

在 Amazon EMR 中进行 Job Flow 的创建、管理、诊断各种问题时大体使用三种方法。分别为利用 Amazon EMR 控制台（Console）、Amazon EMR CLI 和 API/SDK。Amazon EMR 提供了多种界面、控制台、CLI、查询 API、AWS SDK、库等。不同种类的界面提供了不同的功能，如表 6-2 所示为三种界面提供的不同功能。用户可根据自己的需要选择相应的界面。

第一种，用户在 Amazon EMR 控制台中创建 Amazon EMR Job Flow，在图形界面（Graphic Interface）中提供了监控该 Job Flow 经过的功能。第二种，Amazon EMR CLI 没有特定的编程环境，大部分情况下可以使用 Amazon EMR API 的所有功能，目前的 Amazon EMR CLI 是 AWS CLI 支持的一个服务，基于 Python 语言编写，安装 AWS CLI 之前必须安装 Python，可去官方网站下载并安装最新的 Python 2.7.11，后面将介绍如何安装 AWS CLI。最后，虽然 Amazon EMR API、SDK、库提供了最具弹性的功能，但还需要编程环境和用户的软件开发能力。对编程不熟悉的用户可能会在使用上遇到困难。对管理 Amazon EMR 的查询 API 有兴趣的读者可以参考 http://docs.aws.amazon.com/ElasticMapReduce/latest/DeveloperGuide/making_api_requests.html，获取有用的信息。同时，AWS SDK 支持 Java、C#、NET，详细信息可以参考 http://aws.amazon.com/search?searchPath=all&searchQuery=AWS+SDK&x=0&y=0，获取有用的信息。基于 Perl、PHP 库的信息可以参考 http://aws.amazon.com/code/Elastic-MapReduce。

表 6-2 三种界面支持的功能

功能	Amazon EMR 控制台	Amazon EMR CLI	API/SDK/Libraries
生成多个 Job Flow	支持	支持	支持
在 Job Flow 上指定 Bootstrap Action	支持	支持	支持
通过图形界面提供 Hadoop Job、Task 或 Task 工作的日志	支持	—	—
提供 Hadoop 数据处理的实现功能	—	支持	—
支持 Job Flow 的实时监控	支持	—	—
提供 Job Flow 详细的进行状态报告功能	—	支持	支持
调整运行的 Job Flow 的大小	—	支持	支持
选择 Hadoop、Hive、Pig 版本	—	支持	支持
设置 MapReduce 二进制语言	—	支持	支持
指定处理数据的 Amazon EC2 的实例类型	支持	支持	支持
支持 Amazon S3 中的数据传输及存储自动化	支持	支持	支持
运行中的 Job Flow 实时中断功能	支持	支持	—

目前 Amazon EMR 支持的多种 Amazon Machine Image 的版本的功能如表 6-3 所示。

表 6-3 多种 Amazon Machine Image 的版本的功能

Amazon Machine Image 版本	说　明	发布时间
1.0.0	● 操作系统：Debian5.0（Lenny） ● 应用程序：Hadoop 0.20、0.18；Hive 0.5、0.7、0.7.1；Pig（on Hadoop0.18）、0.6（on Hadoop 0.20） ● 语言：Perl 5.10.0；PHP 5.2.6；Python 2.5.2；R 2.7.1；Ruby 1.8.7 ● 文件系统：EXT3 文件系统 ● 内核：Red Hat ● 参考：此版本的 AMI 是 CLI 发布前的最新版本	2011 年 4 月 26 日
1.0.1	与 AMI1.0 一致，唯一的差别在于 sources。list 的 Lenny 发行版的位置更新到 archive.debian.org 中	2012 年 4 月 3 日
2.0.0	● 操作系统：Debian 6.0.2（Squeeze） ● 应用程序：Hadoop 0.20.205；Hive 0.7.1；Pig 0.9.1 ● 语言：Perl 5.10.1；PHP 5.3.3；Python 2.6.6；R 2.11.1；Ruby 1.8.7 ● 文件系统：EXT3、XFS 文件系统 ● 内核：Amazon Linux ● 参考：使用压缩/解压库 Snappy	2011 年 12 月 11 日
2.0.1	● 基本的部分与 2.0.0 一致，改善了部分 bug ● 增加事项 — 关于 Task 的日志存储在 Amazon S3 中	2011 年 12 月 19 日
2.0.2	● 基本的部分与 2.0.1 一致，改善了部分 bug ● 增加事项 — 增加了支持 Python API 的 Dumbode 的功能 — 基本上使用网络时间协议守护进程（NTPD），通过使用 NTPD 改善与服务器间的系统时间同步 — AWS SDK 的版本更新到 1.2.16 — 支持 S3 存储块的大小调整，当前的基本值为 8EB（1 EB=2*60byte=1 024PB）	2012 年 1 月 17 日
2.0.3	● 基本的部分与 2.0.2 一致 ● 增加事项 — 通过 Amazon CloudWatch 提供 Amazon EMR Metric 功能 — 提高 Amazon S3 的搜索运算性能	2012 年 1 月 24 日
2.0.4	● 基本的部分与 2.0.3 一致 ● 增加事项 — 将 Amazon S3 的基本块的大小修改为 32MiB — 修正了 Amazon 中读取大小为 0 的文件时发生的 bug	2012 年 1 月 30 日
2.0.5	● 基本的部分与 2.0.4 一致 ● 增加事项 — 改善了压缩相关的性能 — 将 Amazon EMR 实例控制器使用的数据库更改为内置数据库 — 改善了实例控制器 Race Condition 的相关 bug — 将基本的 Shell 环境从 Dash 更改为 Bash	2012 年 4 月 19 日
2.1.0	● 基本的部分与 2.0.4 一致 ● 增加事项 — 支持 HBase 集群 — 提供 MapR Edition M3 和 Edition M3 — 将 HDFS append 功能添加到基本值中 — 提供了可以将 Hadoop 的 Java Class 进行 Override 的选择功能	2012 年 6 月 12 日
2.1.1	● 基本的部分与 2.1.0 一致 ● 增加事项 — 提高了日志存储的稳定性 — HBase 在 AmazonVPC 中的运作 — 提高了 DNS 的再次尝试功能	2012 年 7 月 3 日

小贴士

Debian Lenny 发行版

Debian Lenny 发行版的 5.0.0 版本于 2009 年 2 月 14 日发布,此后又在 2012 年 10 月发布了 5.0.10 版本。2011 年 2 月 6 日发布的 Debian 6.0.0 版本,直到 2012 年 5 月 12 日才新发布了 6.0.5 版本。代码名称为 Sqeeze。

(1) EXT3、XFS 文件系统

EXT3 文件系统是第三代 Extended filesystem,也是在 Linux 内核中使用最多的日志文件系统。EXT3 作为很多 Linux 发行的默认文件系统,尤其在 Debian 系列中广泛使用。

XFS 是由 Silicon Graphics 公司开发的日志文件系统。在一般的环境配置下 EXT3 的性能更优良,但是在文件容量增大,需要维持具有一定扩张性的构造时更适合使用 XFS。

(2) Python API Dumbo

Dumbo 是帮助用户能够更加容易地使用 Python 编写 Hadoop 程序的项目。Dumbo 是迪士尼公司"小飞象"的名字。Hadoop 原来的标志为大象,Python 名字来源于 BBC 电视台的节目"Monty Python's Flying Circus",因此取名为 Dumbo。Dumbo 可以让使用 Python API 编写 MapReduce 程序的过程变得更加容易。

小贴士

Amazon CloudWatch

Amazon CloudWatch 是一项针对 AWS 云资源和在 AWS 上运行的应用程序进行监控的服务。开发者或系统管理员通过 CloudWatch 监控的信息,或通过指标可以很容易地管理用户的应用程序。Amazon CloudWatch 监控 Amazon EC2 和 Amazon RDS(Relational Database Service)的 DB 实例资源等,也可以监视用户的应用程序资源。

(3) 在 Amazon EMR 中使用 HBase

Amazon EMR AMI 从 2.1.0 版本(2012 年 6 月 12 日公开)开始,增加了在 HBase 中存储数据的部分。HBase 是以 Google 的 Bigtable 作为模型的非关系型分布式数据库。它基于 Apache 软件公司的 Hadoop 项目开发,基于 HDFS 运行并提供 Bigtable 功能。Amazon EMR 中提供了将 HBase 的数据备份到 Amazon S3 中的功能,构建 HBase 集群时,可以基于 Amazon S3 中备份的内容进行恢复。

(4) MapR

MapR 是开发和销售基于 Apache Hadoop 企业级软件的公司。MapR 对 Apache 的 Hadoop,对 HBase、Pig Hive、ZooKeeper 等项目的贡献很大。MapR 的产品提供了与开源的 Apache Hadoop 不同的功能,如支持 NFS、No-Single points-Of-Failure(即使某个组件发生故障也不会对整个系统产生影响)、综合管理界面、Snapshot 等。MapR 有 M3 和 M5 两种版本,M3 为付费版本,M5 是免费版本,但只提供部分限制的功能。

(5) Amazon VPC(Virtual Private Cloud)

Amazon VPC 允许用户在 AWS 中自定义网络并与外部隔离。使用 Amazon VPC,用户可以在迁移到云环境之前构建与在数据中心的网络环境类似的虚拟网络。用户可以在自己创建的虚拟网络中进行多项管理。例如,可以管理用户的 IP 范围,可以构建内部的子网,也可以管理路由选择表(Routing Table)或网络网关。

3. 在 Amazon EMR 中配置 Hadoop 文件系统

Amazon EMR 配置文件系统的方法大致有三种。第一种,在 Amazon 实例内部使用 HDFS;第二种,将 Amazon S3 作为 HDFS 使用;第三种利用 Amazon EBS 构建 HDFS。平常的很多环境是在 Amazon

实例内部使用 HDFS，理由是：在 Amazon 实例内部构建 HDFS 可以更快地进行访问，整体性也能得到提高。然而，如果将 S3 或 Amazon EBS 代替 HDFS 使用，计算（Map 或 Reduce Task）访问数据时时间会大幅延长，整体性能也会降低。虽然 Amazon 实例内部的数据在 Job Flow 完成后实例终止时会被清除，但因为可以备份到 S3 中，所以不存在很大的问题。

4. 在 Amazon EMR 中设置 Task

Amazon EMR 在 Amazon EC2 中使用 EC2 提供的基本类型的实例。Amazon EC2 中提供的基本的实例类型如表 6-4 所示。

表 6-4　Amazon EC2 中提供的基本的实例类型

实例类型	内存（GB）	计算单元个数（虚拟 core 个数）	硬盘空间（GB）	平台（bits）	I/O 性能	名　称
Small（default）	1.7	1	160	32	普通	m1.small
Large	7.5	4	850	64	高	m1.large
Extra Large	15	8	1690	64	高	m1.xlarge
High-CPU Medium	1.7	5	350	32	普通	c1.medium
High-CPU Extra Large	7	20	1690	64	高	c1.xlarge
High-Memory Extra Large	17.1	6.5	420	64	普通	m2.xlarge
High-Memory Double Extra Large	34.2	13	850	64	普通	m2.2xlarge
High-Memory Quadruple Extra Large	68.4	26	1690	64	高	m2.4xlarge
Cluster Compute Quadruple Extra Large Instance	23	33.5	1690	64	极高（10 Gigabit Ethernet）	cc1.4xlarge
Cluster GPU Instance	23	33.5	1690	64	极高（10 Gigabit Ethernet）	cg1.4xlarge

如上所述，根据内存、CPU、磁盘存储空间、平台、输入/输出（I/O）性能的不同，存在多种类型的实例。Amazon EMR 中建议的 Map Task 的数量和 Reduce Task 数量的比例如表 6-5 所示。根据各个实例的结构可以调整 Task 的数量。

表 6-5　Amazon EMR 中建议的 Map Task 的数量和 Reduce Task 数量的比例

Amazon EC2 实例名称	Map Task 数量	Reduce Task 数量
m1.small	2	1
m1.large	4	2
m1.xlarge	8	4
c1.mediun	4	2
c1.xlarge	8	4
m2.xlarge	4	2
m2.2xlarge	8	4
m2.4xlarge	16	8
cc1.4xlarge	12	3
cg1.4xlarge	12	3

可以参考上表在 Amazon EMR 中运行 Job Flow 之前进行设置。

 小贴士

Virtual Core

通常 Amazon 云基于虚拟化提供实例服务。此时的虚拟 Core 不是一般机器的物理 Core 而是基于虚拟化的 Core。即使是拥有两个物理 Core 的机器，通过虚拟化技术可以使用 4 个虚拟的 Core。

6.1.6 Amazon EMR 的实战运用

上一节介绍了 EMR 系统的构成图以及 EMR 的使用须知。本节中将介绍 EMR 的实际使用方法。使用 Amazon EMR 的方法前文中已经提及，有使用 Amazon EMR Console、使用 Amazon 中提供的 CLI 的方法和使用 Amazon 中提供的 SDK 的方法等三种。本节中将利用用户经常接触的使用 Amazon Console 以及 CLI 的方法直接使用 Amazon EMR。

1. 使用 Amazon EMR Console

用户访问网站时浏览广告、单击的所有行为构成了大容量的日志文件。分析日志文件中的 Impression 和 Click 可以让内容关联广告更加有效地宣传，下面介绍在 Amazon EMR 中分析 Impression 和 Click 过程的相关示例。

在示例中为了分析 Impression 和 Click 的信息，将利用 Hive 构成的 Table 和签订的脚本存储在 Amazon S3 中，并在 Amazon EMR 中利用 Hadoop 将其分别执行后，将最终的结果存储在 S3 中，这构成了一个完整的连贯过程。

 小贴士

内容相关广告（Contextual Advertising）

内容相关广告是指通过分析网站的内容和字句，自动呈现出与其高相关性的一种网络广告技术。比起一般的关键词广告，内容相关广告以更自然的形式提供相关性广告，并向广告客户提供了多种渠道。它反映了广告客户对正确进行目标客户判断的需求；网民不希望看到无关广告的需求，以及互联网业界对提高广告效果和广告费用的需求。最具代表性的例子是 Google 的 AdSense。

 小贴士

内容相关广告中的 Impression 是指用户进入相应网页后浏览广告的行为。也可以称为 View。

① 首先打开 Amazon EMR 服务的管理控制台窗口（https://console.aws.amazon.com/elasticmapreduce/），如图 6-3 所示。选择 Create cluster 如图 6-4 所示。

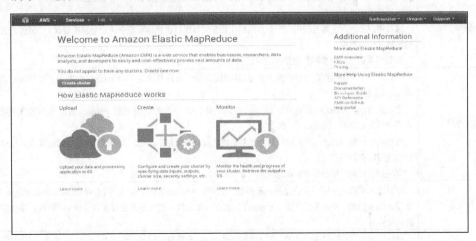

图 6-3　使用 Amazon EMR Console（Step 1）

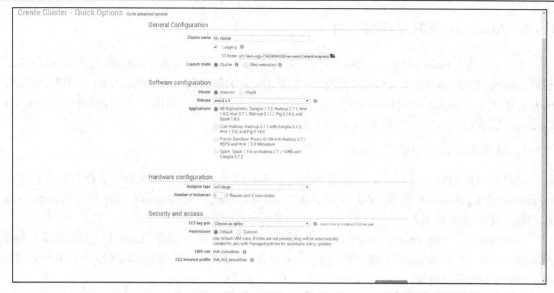

图 6-4 创建 cluster（Step 2）

② 在 Create cluster（创建集群）页面上的 Cluster Configuration（集群配置）部分中，如图 6-5 所示接受默认选项。表 6-6 定义了这些选项。

图 6-5 常规配置（Step 3）

表 6-6 Create cluster 页面上的集群配置

字　段	操　作
集群名称	创建集群时，默认的集群名称为 My cluster。你也可以为你的集群输入描述性名称。该名称是可选的，并且不必是唯一的
终止保护	默认情况下，使用控制台创建的集群已启用终止保护（设置为 Yes）。启用终止保护可确保集群不会因事故或错误而关闭 通常情况下，应在开发应用程序时启用终止保护（以便调试原本可能会终止集群的错误），以保护长期运行的集群或保留数据 有关更多信息，请参阅管理集群的终止
日志系统	默认情况下，使用控制台创建的集群已启用日志记录。此选项确定了 Amazon EMR 是否将详细日志数据写入 Amazon S3 设定此值后，Amazon EMR 会将日志文件从集群中的 EC2 实例复制到 Amazon S3。你只能在创建集群时启用将日志记录到 Amazon S3 的功能 将日志记录到 Amazon S3 可以防止在集群终止及托管集群的 EC2 实例终止时丢失日志文件。这些日志在排除故障时非常有用 有关更多信息，请参阅查看日志文件
日志文件夹 S3 位置	可以键入或浏览至用于存储 Amazon EMR 日志的 Amazon S3 存储桶，例如 s3://myemrbucket/logs，也可以让 Amazon EMR 为你生成一个 Amazon S3 路径。如果键入的文件夹名称在存储桶中不存在，系统将为你创建该文件夹
调试	默认情况下，启用日志记录时，调试也将同时启用。此选项可创建一个 Amazon SQS 交换来处理调试消息。有关 SQS 的更多信息，请参阅 Amazon SQS 产品描述页。有关调试的更多信息，请参阅调试选项信息

第 6 章　Amazon Elastic MapReduce 的倍增利用

在 Tags（标签）部分，将选项留空。在本教程中，不需要使用任何标签。日志记录可允许使用键-值对为资源分类。Amazon EMR 集群上的标签已传播到底层 Amazon EC2 实例。

在 Software Configuration（软件配置）部分，如图 6-6 所示接受默认选项。表 6-7 定义了这些选项。

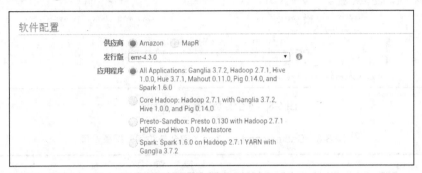

图 6-6　软件配置（Step 4）

表 6-7　软件配置选项

字　段	操　作
Hadoop 分配	此选项确定了在你的集群上运行哪个 Hadoop 分发版本。默认情况下，Amazon 的 Hadoop 分发版本已选定，但你可以选择运行若干 MapR 分发版本之一 有关 MapR 的更多信息，请参阅使用 Hadoop 的 MapR 分配
AMI 版本	Amazon Elastic MapReduce (Amazon EMR) 使用 Amazon 系统映像 (AMI) 对它为运行集群而启动的 EC2 实例进行初始化。AMI 包含 Linux 操作系统、Hadoop 和用于运行集群的其他软件。这些 AMI 是特定于 Amazon EMR 的，只能在运行集群的环境中使用。默认情况下，已选定最新的 Hadoop 2.x AMI。你也可以从列表中选择特定的 Hadoop 2.x AMI 或特定的 Hadoop 1.x AMI 选择的 AMI 将决定在你的集群上运行的特定版本的 Hadoop 和其他应用程序（如 Hive 或 Pig）。使用控制台选择 AMI 时，已淘汰的 AMI 不会显示在列表中 有关选择 AMI 的更多信息，请参阅选择一个 Amazon 系统映像(AMI)
要安装的应用程序	当选择最新的 Hadoop 2.x AMI 时，系统将默认安装 Hive、Pig 和 Hue。安装的应用程序和应用程序版本将因你选择的 AMI 而有所不同。你可以通过选择 Remove 图标删除预先选择的应用程序
其他应用程序	此选项使你可以安装其他应用程序（如 Ganglia、Impala、HBase 和 Hunk）。当你选择 AMI 时，AMI 上未提供的应用程序不会显示在列表中

在 Hardware Configuration（硬件配置）部分，选择 m3.xlarge 作为核心 EC2 实例类型，并接受其余默认选项。如图 6-7 所示。

 小贴士

每个 AWS 账户的默认最大节点数为 20 个。例如，如果有两个集群，则这两个集群的总运行节点数必须为 20 或更少。超过此限制会导致集群故障。如果需要的节点数超过 20，则必须提交增加 Amazon EC2 实例限制的请求。确保这一请求增加的限制足以满足该计划外临时增长需求。有关详细信息，请转到 Request to Increase Amazon EC2 Instance Limit Form。

图 6-7　硬件配置（Step 5）

在 Security and Access（安全与访问）部分，从列表中选择你的 EC2 key pair（EC2 密钥对）并接受其余默认选项。如图 6-8 所示。表 6-8 定义了这些选项。

图 6-8　安全与访问配置（Step 5）

表 6-8　Security and Access（安全与访问）配置选项

字　　段	操　　作
EC2 密钥对	默认情况下，该密匙对选项设置为 Proceed without an EC2 key pair（在没有 EC2 密钥对的情况下继续）。此选项可防止使用 SSH 连接到主节点、核心节点和任务节点。应从列表中选择你的 Amazon EC2 密钥对 有关使用 SSH 连接到主节点的更多信息，请参阅 Amazon EMR 管理指南中的使用 SSH 连接主节点
IAM 用户权限	All other IAM users（所有其他 IAM 用户）默认处于选中状态。选中此选项后，AWS 账户上的所有 IAM 用户均可查看并访问该集群 如果选择 No other IAM users（无其他 IAM 用户），则只有当前 IAM 用户能够访问该集群 有关配置集群访问权限的更多信息，请参阅 配置 IAM 用户权限
IAM 角色	系统将自动选择 Default（默认）。此选项将生成默认 EMR 角色和默认 EC2 实例配置文件。使用控制台创建集群时，需要 EMR 角色和 EC2 实例配置文件 如果选择 Custom（自定义），可以指定自己的 EMR 角色和 EC2 实例配置文件 有关结合使用 IAM 角色和 Amazon EMR 的更多信息，请参阅为 Amazon EMR 配置 IAM 角色

③ 使用集群进行工作。在 EMR 管理界面可以查看创建后的集群如图 6-9(a)为 EMR 管理界面，图 6-9(b)为集群状态信息，当前集群的状态处于终止状态，在使用时将集群克隆后将处于运行。

(a) EMR 管理界面

(b) EMR 集群状态信息

图 6-9　EMR 集群管理

按照以下步骤形式运行 Hive 脚本：
① 对于 Cluster List，选择你的集群的名称。
② 滚动到 Steps 部分并展开它，然后选择 Add step。图 6-10 所示为 Add step 对话框。

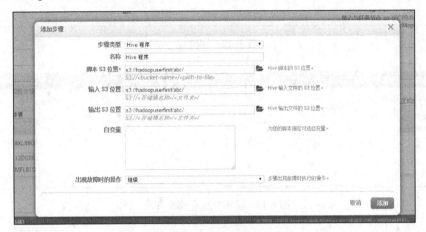

图 6-10 Add Step 对话框

③ 在 Add Step 对话框中：
- 对于 Step type，选择 Hive program；
- 对于 Name，接受默认名称（Hive program）或键入新名称；
- 对于 Input S3 location，键入 s3://hadoopuserfirst/abc/；
- 对于 Output S3 location，键入或浏览到 s3://myemrbucket/output（即之前创建的存储桶的名称）；
- 对于 Arguments，将该字段保留为空白；
- 对于 Action on failure，接受默认选项（Continue）。

④ 选择 Add。步骤会出现在控制台中，其状态为"Pending"。

⑤ 步骤的状态会随着步骤的运行从"Pending"变为"Running"，再变为"Completed"。要更新状态，请选择 Actions 列上方的 Refresh。步骤会运行大约 1 分钟。图 6-11 所示为 Hive 程序正在运行。

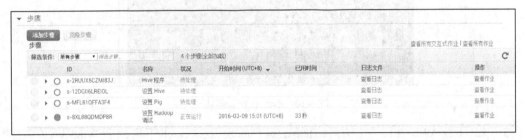

图 6-11 Hive 程序正在运行

步骤成功完成之后，Hive 脚本生成的查询输出会存储在当提交步骤时指定的 Amazon S3 输出文件夹中。
① 通过以下网址打开 Amazon S3 控制台：https://console.aws.amazon.com/s3/。
② 选择你用于存储输出数据的存储桶，例如 s3://hadoopuserfirst/abc/。如图 6-12 所示。
③ 选择 node 文件夹。如图 6-13 所示。

图 6-12　存储桶

图 6-13　输出数据存储文件夹

2. 使用 Amazon CLI

前面介绍了使用 Amazon EMR 控制台运行 Job Flow 的示例。下面将对使用 AWS CLI 运行 Job Flow 的示例进行介绍。在使用 CLI 之前需要做一些准备工作。首先应该创建 Amazon AWS 账户。之前已经在 Amazon EMR 控制台示例中创建了账户，因此在本处省略了该步骤。接下来在执行 AWS CLI 之前需要安装 Python 与 AWS CLI。本节将在 Windows 环境下安装 Python 与 AWS CLI。在 Python 官方网站 https://www.python.org/ 上下载和安装 Python2.7.11 版本。安装后在 Windows 运行窗口中运行 "cmd"，然后在控制台窗口输入命令 python 即可查询 Python 是否安装成功。

● Python 的安装确认（如图 6-14 所示）

图 6-14　Python 安装确认

接下来，下载 AWS CLI。在官方网站 https://aws.amazon.com/cn/cli/ 下载 64 位 Windows 安装程序。安装成功后在 CMD 中输入命令 aws --version，如图 6-15 所示，即可查询是否安装成功（第一次因为环境变量的原因可能需要重启计算机）。

● 配置 AWS CLI

在使用 AWS CLI 之前，需要对 AWS CLI 进行配置。

```
$ aws configure
AWS Access Key ID [None]: AKIAIOSFODNN7EXAMPLE
AWS Secret Access Key [None]: wJalrXUtnFEMI/K7MDENG/bPxRfiCYEXAMPLEKEY
```

```
Default region name [None]: us-west-2
Default output format [None]: ENTER
```

图 6-15 AWS 安装确认

要使用此示例，在命令行处键入 aws configure 并按 Enter 键。aws configure 是交互式的命令，因此 AWS CLI 将输出文本行，用来提示你输入其他信息。依次输入每个访问密钥并按 Enter 键。然后，以显示的格式输入区域名称，按 Enter 键，然后最后一次按 Enter 键以跳过输出格式设置。最终 Enter 命令将显示为可替换文本，因为这一行没有用户输入。否则，此命令将是隐含的。

如果想要自由地使用 AWS EMR，用户需要输入上面的所有配置信息。首先需要在 Amazon 中输入用户的访问密钥信息。访问密钥包含访问密钥 ID 和私有访问密钥，用于签署对 AWS 发出的编程请求。如果没有访问密钥，你可以使用 AWS 管理控制台进行创建。建议使用 IAM 访问密钥而不是 AWS 根账户访问密钥。IAM 让你可以安全地控制对 AWS 服务和 AWS 账户中的资源的访问。可通过下列过程获取 IAM 访问密钥。

① 打开 IAM 控制台（https://console.aws.amazon.com/iam/home）。图 6-16 所示为 IAM 控制台。

② 单击"用户"。

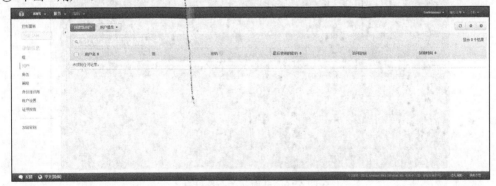

图 6-16 IAM 控制台

③ 在"用户"中单击"创建用户"，输入需要创建的用户名。如图 6-17 所示。

图 6-17 创建 IAM 用户

④ 如图 6-18 所示，可以得到用户的安全凭证，并可以下载。在截图时没有包含作者的安全信息。

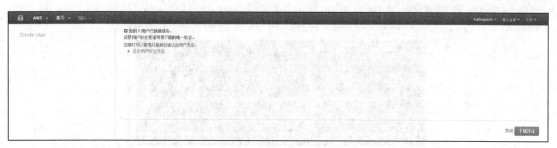

图 6-18　用户安全凭证

⑤ 重新使用 aws configure 进行配置，用前面的 Access Key ID 作为 access_key 输入，Secret Access Key 作为 private_key 输入。重新设置好 AWS CLI 后，即可使用 CLI 进行命令行管理。

⑥ 管理 AWS 服务需要了解多种指令的意义。按照下列方式在——aws help 选项中输入命令后出现所有的命令及说明。进行参考后使用 Amazon EMR。

- AWS CLI 相关的所有指令

AWS CLI 获取的相关命令位相如图 6-19 所示。

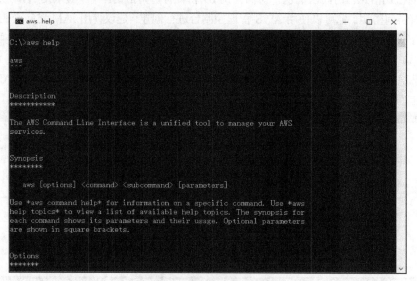

图 6-19　获取相关命令信息

6.2　小　　结

本章中介绍了使用 EMR 的 MapReduce 的示例。Amazon 提供了类似于 EC2 的各种云服务，Amazon EMR 作为基于 Hadoop、Hive、HBase 等分布式编程框架的云环境中服务正式亮相。使用 Hadoop 等平台需要用户直接构建由多个机器构成的集群环境并输入各种配置信息。Amazon EMR 减轻了用户的负担，并利用了云计算"按使用量付费"的原理，帮助用户能够更加流畅地使用类似于 MapReduce 等基于 Hadoop 的分布式应用程序。这期间可能会发生用户数据安全问题，Amazon EMR 通过利用基本的安全证书保证用户数据的安全、存储用户数据的 Amazon S3 的安全，并且利用 Amazon VPC 来应对各种网络安全问题。

第 7 章　Hadoop 应用下的大数据分析

7.1　Hadoop 应用下的机器学习（Mahout）
7.2　基于 Hadoop 的统计分析 RHive(R and Hive)
7.3　利用 Hadoop 的图形数据处理 Giraph
7.4　小结

※ 摘要

前面的章节中介绍的多种工具能够帮助不熟悉 Hadoop 和 MapReduce 的用户处理大容量数据。首先，通过案例介绍构建多种机器学习的算法，通过利用将使用过程简单化的工具 Mahout 运行 K-means 聚类算法，利用向量相似度进行协同过滤等方法。接下来，在关于统计分析道具 R 与 Hadoop 大容量存储功能结合成的 RHive 的介绍中，会介绍到 R 和 RHive 的安装和基本使用方法以及使用的案例。最后，在关于 Hadoop 的图形数据处理工具 Giraph 框架的介绍中，将通过 Google 的 PageRank 计算案例，介绍如何将 MapReduce 无法轻易处理的重复工作转换为图形方式进行处理。

本章中将介绍与 Hadoop 相关的数据分析工具。其中，将着重介绍基于 MapReduce 的助于分析大容量数据的分析工具。虽然 MapReduce 是一种可以帮助不熟悉分布式环境的用户更加容易地进行大容量分析的一种优良框架，但由于必须对 Map 和 Reduce 函数进行设计，因此给用户带来很多负担。尤其对于开发不熟练的用户，这个因素会成为用户使用 Hadoop 的一种障碍。然而，即使不直接使用 MapReduce，也可以通过各种工具进行数据分析。

例如，熟悉关系型数据库的用户可以不用编写新的 Hadoop MapReduce 函数，通过利用 Hive 等类似的工具处理各种问题，执行分析任务。虽然目前还有很多工具没有进入稳定性阶段，但是这些工具降低了 Hadoop 的入门门槛，在处理大数据的层面上，这些工具具有充分的意义。本章中将介绍下列分析工具的简单安装过程和示例。

- Mahout：作为 Apache 软件公司支持的项目，它支持基于 Hadoop 的扩展性机器学习和数据挖掘任务的执行。
- RHive：统计分析道具 R 与 Hadoop 中工作的数据仓库 Hive 集合成的工具。R 作为基于存储器的分析工具，在处理大容量数据时存在多种难点，为确保扩展性，容许 Hive 的功能在 R 环境中使用。
- Giraph：运行于 Hadoop 上的分布式图形数据处理框架。它受到 Google Pregel 的影响，是由开源形式体现的 BSP（Bulk Synchronous Parallel）库。

通讨这类工具得到的分析结果作为向用户提供更优质服务的基础资料使用。例如，利用 Mahout 计算用户间的相似度信息，将其存储在关系型数据库或是 NoSQL 数据库中，并可以运用到实时推荐中。本章中讨论的内容，并不是在实际情况下的服务运行时间内发生的，因此在非常重视速度的分析业务中，使用此类工具会比较困难。

7.1　Hadoop 应用下的机器学习（Mahout）

Mahout 提供大容量数据分析可扩展性的机器学习库。此框架为利用 MapReduce 执行聚类（Clustering）、分类（Classification）、协同过滤（Collaborative Filtering）等任务构建了代表性的算法。

即使用户不了解 MapReduce，也可以通过 Mahout 提供的脚本，在 Hadoop 上执行传统的机器学习任务。目前的最新版本为 2012 年 6 月发表的 0.7 版本。Mahout 提供的算法主要用于解决下列问题。

① 分类（Classification）：关于预测某个特定的项目属于哪个类目的问题。例如，假定收到了某一个新闻，需要决定此新闻属于政治/娱乐/体育等大量分类中的哪个范畴的问题。Mahout 为解决此问题提供了 Logistic 回归、bayesian 方法等类似的算法。

② 聚类（Clustering）：在存在大量项目的情况下，将相似的项目进行编组的问题。例如，输入大量的新闻时将类似的新闻进行编组的问题。聚类过程结束后，管理员可以通过浏览分组内的几个文件，就可以判断是属于政治新闻的分组，还是属于娱乐的分组。K-means 是解决这类问题的代表性算法，K-means 的各种变形也体现在了 Mahout 中。

③ 模式挖掘（Pattern Mining）：查找频繁发生的特定模式的问题。在实际生活中会使用到大量的关于查找发生频度高的项目集合的问题。例如，卖场中的销售人员将关联度高的商品放到接近的区域来刺激消费者的购买欲望。FP-Growth 算法是解决此问题的代表性方法。

④ 回归分析（Regression）：判断两个变量间的关系，通过一个变量的值预测其他变量数值的问题，是统计学和机器学习中讨论的重要问题。例如，根据使用的年限来预测二手车的价格如何变化。以几个标本观测值作为基准预测整体模型。

⑤ 维数缩减（Dimension Reduction）：使用队列进行数据分析时，行或列的数目过大会导致分析过程遇到困难。通过维数缩减可以保持队列原有的特征，并提供鸟瞰整体数据的视图（view）功能。SVD（Singular Value Decomposition）是代表性的维数缩减方法，在 Mahout 中为实现维数缩减提供了 Lanczos 的算法。

⑥ 进化算法（Evolutionary Algorithms）：也称作遗传算法，它是估算出计算复杂程度高的问题的最佳答案的方法。将任意得出的答案进行变形后再组合后可以得到更理想的结果。可以应用到旅行商问题（Traveling Salesman Problem）等类似的优化问题中。

⑦ 协同过滤（Collaborative Filtering）：推荐系统常用的方法，查找相似的用户，将他们喜好的项目进行推荐的概念性方法。为解决此类问题提供了计算项目间相似度的算法。

⑧ 向量相似度（Vector Similarity）：将特定的文书或用户以向量的形式呈现，会发生求出与其他文书或用户间相似度的问题。例如，进行聚类任务时，为了查找类似用户的群集需要求出特定用户与其他用户间的相似度。

由于 Mahout 涉及的范围非常广，无法对所有的部分进行说明。本节中主要通过安装过程及简单的几个示例集中来了解应用领域。

7.1.1 设置及编译

Mahout 可以通过官方网站下载或是通过源代码进行使用。首先，下载最新的版本后进行安装。参考下面的内容，通过 wget 命令获取压缩文件进行安装。在官方网站上除了最新版本也可以下载以前的版本。解压文件后通过 bin/mahout 脚本可以立即运行。此时需要注意的是，需要在 HADOOP_CONF_DIR 环境参数中指定 Hadoop 的位置。在下列的示例中，Hadoop 配置文件存储在/opt/hadoop/hadoop-1.0.0/conf 中。运行 bin/mahout 脚本会出现可以以 Mahout 方式运行的程序目录。

- Mahout 的下载及安装

```
hadoop@cluster-01:~/mahout$ wget http://archive.apache.org/dist/mahout/
    0.7/mahout-distribution-0.7.tar.gz
hadoop@cluster-01:~/mahout$ tar -xzf mahout-distribution-0.7.tar.gz
hadoop@cluster-01:~/mahout$ cd mahout-distribution-0.7
hadoop@cluster-01:~/mahout/mahout-distribution-0.7$ bin/mahout
MAHOUT_LOCAL is not set,using /opt/hadoop/hadoop-1.0.0/bin/hadoop andHADOOP_
```

第 7 章 Hadoop 应用下的大数据分析

```
        CONF_DIR=/opt/hadoop/hadoop-1.0.0/conf
MAHOUT-JOB:/home/hadoop/mahout/mahout-distribution-0.7/mahout-examples-0.
    7-job.jar
An example program must be given as the first argument.
Valid program names are:
arff.vector::Generate Vectors from an ARFF file or directory

baumwelch::Canopy clustering
cat::Print a file or resource as the logistic regression models would see it
//…其他程序目录
```

除了使用发布的压缩文件以外，也可以下载 Mahout 的源代码进行 build。此方法的优势在于可以使用最新的成果。首先需要确认是否安装了 Java 和 Maven，Mahout 的编译需要 Java 1.6.x 以上的版本和 Maven 2.x 以上的版本。做好这两项准备后，通过 svn co（checkout）命令从库中下载代码。下载的源代码通过 Maven 的 mvn install 命令进行 build。之后通过 svn update 命令下载最新的源代码重新进行 build。一般情况下，svn 命令作为运行源代码管理道具 Subversion 的命令大多预先安装在系统中，没有安装时需要直接安装。Ubuntu 版本则需要用 sudo apt-ger install subversion 命令进行安装。

小贴士

Maven

Maven 作为 Apache 软件公司支持的项目，是一种管理软件项目的工具。通过利用 POM（Project Object Model 项目对象模型）可以更容易地编译和发布项目，并管理存在依赖性的库。同时它为提供项目元数据及设置执行单位测试的环境起到了很大帮助。在官方网站中可以获取更加详细的信息。

● Mahout 源代码的 build 过程

```
hadoop@cluster-01:~/mahout$ svn co http://svn.apache.org//repos/asf/mahout/trunk
hadoop@cluster-01:~/mahout$ cd trunk
hadoop@cluster-01:~/mahout/trunk$ mvn install
//…编译日志
hadoop@cluster-01:~/mahout/trunk$ bin/mahout
```

利用 bin/mahout 脚本可以测试各种程序。各种程序以脚本参数的形式进行传达，在表 7-1 中可以确认主要的程序目录。

表 7-1　bin/mahout 脚本参数

程　序	说　明
arff.vector	与 Weka 类似的机器学习程序中使用的 text 文件的 arff 格式文件以 Mahout 的参数（vector）形式进行变形
baumwelch	HMM 学习的 Baum-Welch 算法
canopy	Canopy 聚类（clustering）算法
clusterdump	以 text 格式输出聚类结果
cvb	利用 Collapsed Variation Bayes 方法的 LDA 算法
dirichlet	Dirichlet 聚类算法
eigencuts	Eigencuts 聚类算法
fkmeans	Fuzzy Kmeans 聚类算法
fpg	Frequen Pattern Growth Pattern Mining 算法
hmmpredict	通过指定的 HMM 创建任意的 sequence
itemsimilarity	基于 item 的协同过滤相似度计算
kmeans	K-means 聚类计算

续表

程 序	说 明
lucene.vector	将 Lucene 索引转化为向量
matrixmult	两个矩阵相乘
meanshift	Mean Shift 聚类算法
minhash	Minhash 聚类算法
parallelALS	矩阵的 ALS 分解算法
recommendfactorized	利用矩阵分解的推荐算法
recommenditembased	基于 item 的协同过滤算法
rowsimilarity	计算矩阵的行间的相似度
seq2sparse	将 SequenceFlie 转换为 Mahout 中使用的向量
seqdirectory	将保有 text 文件的目录转换为 Sequence
ssvd	Stocastic SVD 算法
svd	Lanczos SVD 算法
trainnb	基于向量的 Bayesian 分类机学习
transpose	矩阵的转置计算算法
viterbi	指定输出 sequence 的隐藏状态计算算法

除此之外，还有其他各种各样的算法和工具。关于每个程序的使用方法和要求的参数信息可以通过 bin/mahout "程序名" 的方式获得。例如，下面的指令是 K-means 程序要求的参数的目录。

- 利用 bin/mahout 脚本观察程序运行信息

```
hadoop@cluster-01:~/mahout/mahout-distribution-0.7$ bin/mahout kmeans
Missing required option -clusters
Usage:
[--input<input> --output<output> --distanceMeasure<distanceMeasure> --clusters
    <clusters>
--numClusters<k> --convergenceDelta<convergenceDelta> --maxIter<maxIter>
    --overwrite
--clustering --method<method> --outlierThreshold<outlierThreshold> --help
    --tempDir<tempDir>
--startPhase<startPhase> --endPhase<endPhase>]
--clusters (-c) clusters  The input centroids, as Vectors. Must be a SequenceFile
    of Writable, Cluster/ canopy. If k is also specified, then a random set of
    vectors will be selected and written out to this path first
```

7.1.2 K-means 聚类算法

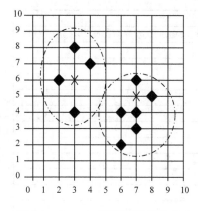

图 7-1 K-means 聚类算法工作方式

K-means 是利用 Mahout 运行聚类分析的最基本的聚类算法。首先通过图 7-1 简单了解 K-means 聚类算法的工作方式。此算法将指定的数据分类成 K 个簇。下面的例子中各数据以 (x,y) 的形式表示。图 7-1 中的 10 个数据从左侧的上端开始以 $(3,8)$、$(4,7)$、$(2,6)$、…、$(6,2)$ 等 10 个坐标值依次表示。

将这些数据分为两个簇。开始时，任意指定代表各簇的两个坐标。例如，指定 $(3,6)$ 和 $(3,8)$（图中用×表示）。之后，坐标间的距离为与 x 轴的距离和与 y 轴间距离的和。如果将各数据分配到临近的代表坐标所属的簇，通过相应簇所属数据的平均 (mean) 可以计算出新的代表坐标。如果 $(3,8)$ 和 $(4,7)$ 属于同一个簇，则平均坐标为 $(3.5,7.5)$。利用这个值将数据再次

第 7 章　Hadoop 应用下的大数据分析

分配到各簇中。此过程需要反复进行，一直持续到簇间不存在移动时，之后就可以求出 K 个簇。

接下来为了在 Mahout 中测试 K-means 聚类算法，需准备测试中需要使用的数据。Mahout 的 K-means 聚类算法以输入的方式接收 VectorWritable 形式的存储数据。因此，在使用此程序时需要将原来的数据转化为 Mahout 的 VectorWritable 形式。下面一起来了解这个过程。

 小贴士

VectorWritable Class

Hadoop 的基本输出/输入形态以 Writable 接口体现，它是 Mahout 中定义的 Class，被定义在 org.apache.hadoop.math 包中。它具有 Sequence 文件的形态，并与一般的 Sequence 文件一样将 Key 和 Value 以一对的形式进行存储，Key 值代表矢量名称，相应的 Value 代表矢量的内容。Mahout 中使用 Dense Vector、RandomAccessAparseVector 等矢量 Class 进行运算，将最终结果转换为 VectorWritable 形式后存储在磁盘中。

本节以数据挖掘中经常使用的路透社新闻数据集作为示例。我们需要做的是将指定的新闻分为 K 个簇。

- K-means 簇算法测试的数据集准备

```
//下载数据
hadoop@cluster-01:~/mahout/mahout-distribution-0.7$ mkdir kmeans
hadoop@cluster-01:~/mahout/mahout-distribution-0.7$ cd kmeans
hadoop@cluster-01:~/mahout/mahout-distribution-0.7/kmeans$ wget http://www.
    daviddlewis.com/resources/testcollections/reuters21578/reuters21578.tar.gz
hadoop@cluster-01:~/mahout/mahout-distribution-0.7/kmeans$ mkdir reuters-sgm
hadoop@cluster-01:~/mahout/mahout-distribution-0.7/kmeans$ cd reuters-sgm
hadoop@cluster-01:~/mahout/mahout-distribution-0.7/kmeans/reuters-sgm$ tar
    xzf ../reuters21578.tar.gz
hadoop@cluster-01:~/mahout/mahout-distribution-0.7/kmeans/reuters-sgm$ cd ..
hadoop@cluster-01:~/mahout/mahout-distribution-0.7/kmeans$ cd ..
//将 SGML 格式的数据转换为 Text 文件
hadoop@cluster-01:~/mahout/mahout-distribution-0.7$ bin/mahout org.apache.
    lucene.benchmark.utils.ExtractReuters kmeans/reuters-sgm kmeans/reuters-txt
Deleting all files in /home/hadoop/mahout/mahout-distribution-0.7/kmeans/
    reuters-txt-tmp
INFO driver.MahoutDriver:Program took 2060 ms (Minutes:0.34333333333333334)

//确认 Text 文件的内容
hadoop@cluster-01:~/mahout/mahout-distribution-0.7$ head kmeans/reuters-
    text/reut2-001.sgm-1.txt
3-MAR-1987 09:19:31.96
TAIWAN REJECTS TEXTILE MAKERS EXCHANGE RATE PLEA
...
//用 HDFS 上传数据
hadoop@cluster-01:~/mahout/mahout-distribution-0.7$ hadoop fs -copyFromLocal
    kmeans/reuters-txt kmeans/reuters-txt
```

执行以上命令后，kmeans/reuters-xtx 目录中会生成大量文件。每个文件以一个新闻文件的形式代表聚类的对象。如果想要执行其他文件的聚类分析，需要将数据集以文件单位进行划分，在一个目录中完成多个文件的准备后，接下来的过程按照同样的方式进行。

上述过程中需要注意的是将 SGML 格式的数据转换为一般的 Text。下载完路透社数据集后，每个新闻以 SGML 语言形式进行存储。SGML（Standard Generalized Markup Language）是一种可以在文书中添加元数据的语言，本示例中可以将它看作与 XML 类似的语言。重要的是，所有的数据不是一般的 Text 文件，而是可以以多种多样的格式进行存储。因此，利用 Mahout 程序的聚类分析需要经过将此类文件转换为 Text 的过程。上面的示例中，Mahout 提供了 ExtractReuters 工具并支持删除 SGML 的过程，如果存在其他格式的数据需要直接执行此过程。

运行将 Text 文件转化为 Mahout 的矢量形式的程序之前，需要将 Text 文件上传到 HDFS 中。在 Mahout 中通过 seqdirectory 程序和 seq2sparse 程序将 Text 文件转换为向量。之后，seq2sparse 程序以输入形式接收 Hadoop 的 Sequence 文件，并创建 VectorWritable 形式的输出。

首先，利用 bin/mahout 脚本运行 seqdirectory 程序。此时的-i 选项是指输入 Text 文件所在的目录。-o 选项代表数据的 Sequence 文件的位置。进行结果确认后可以看到 chunk-0 存储在一个文件中。

● seqdirectory 程序（Text 文件→Sequence 文件）

```
hadoop@cluster-01:~/mahout/mahout-distribution-0.7$ bin/mahout seqdirectory -i
    kmeans/reuters-txt -o kmeans/reuters-seq
hadoop@cluster-01:~/mahout/mahout-distribution-0.7$ hadoop fs -ls kmeans/
    reuters-seq
Found 1items
-rw-r--r--   /user/hadoop/kmeans/reuters-seq/chunk-0
```

为确认转换后的内容，需要读取 chunk-0 文件的内容。Mahout 的 seqdumper 程序读取 Hadoop 文件系统内的 Sequence 文件后进行输出。-i 选项是指输入文件，-o 选项可以将结果输出到文件中。如果没有-o 选项的话，只能将结果输出到画面中。如果 Sequence 文件中存在过多内容，通过-n 选项可以指定输出结果的个数。

● 读取 Sequence 文件的内容

```
hadoop@cluster-01:~/mahout/mahout-distribution-0.7$ bin/mahout seqdumper -i
    kmeans/reuters-seq -n 2
Input Path:hdfs://cluster-01:9000/user/hadoop/kmeans/reuters-seq/chunk-0
Key class:class org.apache.hadoop.io/Text Value Class:class org.apache.
    hadoop.io.Text
Max Items to dump:2
Key:/reut2-000.sgm-0.txt:Value:26-FEB-1987 15:01:01.79
//第一个文件（reut2-000.sgm-0.txt 文件）内容
Key:/reut2-000.sgm-1.txt:Value:26-FEB-1987 15:02:20.00
//第二个文件（reut2-200.sgm-1.txt 文件）内容
```

参照上面的内容可以确认 Text 文件已经成功转换为 Sequence 文件。为了将 Sequence 文件转换为 Mahout 的 VectorWritable 形态需要运行 seq2sparse 程序。

● seq2sparse 程序（Sequence 文件→向量文件）

```
//转换为 Mahout 中使用的向量形式
hadoop@cluster-01:~/mahout/mahout-distribution-0.7$ bin/mahout seq2sparse
    -i kmeans/reuters-seq -o kmeans/reuters-vec
hadoop@cluster-01:~/mahout/mahout-distribution-0.7$ hadoop fs -ls kmeans/
    reuters-vec
Found 7 items
drwxr-xr-x   /user/hadoop/kmeans/reuters-vec/df-count
-rw-r--r--   /user/hadoop/kmeans/reuters-vec/dictionary.file-0
```

```
-rw-r--r--    /user/hadoop/kmeans/reuters-vec/frequency.file-0
drwxr-xr-x    /user/hadoop/kmeans/reuters-vec/tf-vectors
drwxr-xr-x    /user/hadoop/kmeans/reuters-vec/tfidf-vectors
drwxr-xr-x    /user/hadoop/kmeans/reuters-vec/tokenized-documents
drwxr-xr-x    /user/hadoop/kmeans/reuters-vec/wordcount
```

作为 seq2sparse 程序的运行结果，生成了 7 个目录及文件。其中的 tf-vectors 和 tfidf-vectors 目录中包含了生成的矢量文件。

 小贴士

TF-IDF

TF-IDF 是用于评估文件中的单词的重要程度的一种统计方法。关于某个单词 t 的文件 d，文件 d 中的 TF（Term Frequency）定义了单词 t 在文件 d 中出现的次数。直观上看，这个值越大，代表单词 t 在文件 d 中越重要。如果单词 t 在其他文件中也是经常出现的单词，单词的重要程度会相对的减半。关于单词 t 的整体文件集合 D 中 IDF（Inverse Document Frequency）定义为集合中包含 t 文件的数量的倒数。因此，IDF 的值越大则相应出现相应单词文件的数量越少，那么这个单词 t 在文件中成为重要单词的可能性就越大。TF-IDF 以两个值相乘的形式体现。

一起来详细了解 Mahout 中定义的 Vector Class 的构成。org.apache.mahout.math 包的 Vector 接口定义了 Mahout 中使用的 Vector 的形态。实现此接口的 Class 中通过 set/get Method 在索引中存储或获取 double 值。在新闻示例中，包含在文件中的各个单词 Mapping 为一个整数后作为 Vector 的索引使用。例如，假定有两个包含 "i love you" 和 "you love me" 的文件。将 "i" 编为 1 号，"love" 编为 2 号，"you" 编为 3 号，"me" 编为 4 号分配到索引中。所有的文件中出现的全体单词数量为 4 个，其中第一个文件中包含了 1，2，3 号单词。因而，第一个文件的 Vector 的表现形式为（1，1，1，0）。seq2sparse 程序执行完上述过程后，结果存储在 dictionary.file-0 文件中，其他的文件都参照此结果。确认下面的运行结果可以知道文件中出现了类似 "0，0.003" 的单词，我们可以知道这些单词分别都被赋予了 0、1 整数值。

- 单词—Vector 索引 Mapping 确认 Vector 以何种形态进行的存储

```
hadoop@cluster-01:~/mahout/mahout-distribution-0.7$ bin/mahout seqdumper -i
    kmeans/reuters-vec/dictionary.file-0 -n 5
Key:0 : Value:0
Key:0.003: Value:1
Key:0.006913: Value:2
Key:0.006913: Value:3
Key:0.01: Value:4
Count:5
```

tfidf-vectors 目录中存储了 seq2sparse 程序生成的 TF-IDF 值。确认下面的结果可以发现，/reut2-000.sgm-0.txt 文件包含了 9467，1512，36757 固有编号的单词，每个单词的 TF-IDF 值为 9.3，7.5，13.7。

- 文件的 Vector 转换确认

```
hadoop@cluster-01:~/mahout/mahout-distribution-0.7$ bin/mahout seqdumper -i
    kmeans/reuters-vec/tfidf-vectors/part-r-00000  -n 1
Key:/reut2-000.sgm-0.txt:Value:{9467:9.369991302490234,1512:7.545442581176758,36757:13.754313468933105,…}
```

可以在 bin/mahout 中运行的 seq2sparse 程序执行这些复杂的任务后，以 Sequence 文件的方式将存储的文件转换为 Vector。读者需要了解在数据集中如何直接创建 Vector。下面的例子中将介绍利用

Mahout 提供的 RandomAccessSparseVector Class 直接生成 Vector。此 Class 通过 HashMap 进行内部实现，每个 Vector 的索引为 int，值为 double。当值为 0 时，由于不占内存又可以称为 SparseVector。

- 直接创建 Vector 使用 RandomAccessSparseVector Class

```
public static void main(String[] args)throws Exception{
    Configuration conf=new Configuration();
    FileSystem fs=FileSystem.get(conf);

    SequenceFile.Writer writer=new SequenceFile.Writer(
        fs,conf,
    new Path("kmeans/new-vector"),
        Text.class,VectorWritable.class
    );

    RandomAccessSparseVector v=new RandomAccessSparseVector(5);
    v.set(1,0.1);v.set(2,0.2);v.set(3,0.3);

    writer.append(new Texy("d_name"),new VectorWritable(v));
    writer.close();
}
```

上面的例子中创建了长度为 5 的 Vector，1～3 的索引值分别为 0.1～0.3。将其以 Sequence 文件格式进行存储时，Key 值设置为 d_name，Vector 形态为 VectorWritable。将上面的代码用名称为 ch7.jar 的文件进行打包并运行后结果如下：

- 直接创建 Vector—运行

```
hadoop@cluster-01:~/mahout/mahout-distribution-0.7$ hadoop jar ch7.jar
    ch7.CreateVectors
hadoop@cluster-01:~/mahout/mahout-distribution-0.7$ bin/mahout seqdumper -i
    kmeans/new-vector -n 1
Key:d_name :Value:{3:0.3,2:0.2,1:0.1}
```

最后，利用 bin/mahout kmeans 脚本运行算法。利用前文中创建的 tf-idf Vector 将文件进行分类。

- 利用 bin/mahout kmeans 脚本进行聚类分析

```
//利用 bin/mahout kmeans 脚本进行聚类分析
hadoop@cluster-01:~/mahout/mahout-distribution-0.7$ bin/mahout kmeans -i
    kmeans/reuters-vec/tfidf-vectors -o kmeans/reuters-kmeans -c kmeans/
    reuters-cluster -dm org.apache.mahout.common.distance.CosineDistanceMeasure
    -cd 0.1 -x 10 -k 20 -ow -cl
```

上述示例中使用了多种参数，下面是各种参数的介绍。

- -i 选项/-o 选项：代表 K-means 算法的输入和输出。
- -c 选项：代表 K 个聚类的平均矢量的存储路径。-k 选项按照指定数量生成聚类矢量。
- -dm 选项：代表测定矢量间相似度的方式。这里将 cosine 的距离作为基准使用。
- -x 选项：用于设置聚类算法的最大次数的反复数量，即使没有按照这个值进行反复，也可以通过-cd 选项在指定的误差范围内减少误差，并中断聚类算法的执行。
- -ow 选项：用新的结果覆盖之前的结果。
- -cl 选项：运行算法后，将实际输入的向量的所属聚类的位置信息存储在输出文件中。

执行完命令后一起来看看输出目录。

- 执行完聚类分析后的结果目录构造

```
hadoop@cluster-01:~/mahout/mahout-distribution-0.7$ hadoop fs -ls kmeans/
   reuters-kmeans
Found 6 items
-rw-r--r--   /user/hadoop/kmeans/ reuters-kmeans / _policy
drwxr-xr-x   /user/hadoop/kmeans/ reuters-kmeans/clusteredPoints
drwxr-xr-x   /user/hadoop/kmeans/ reuters-kmeans/cluster-0
drwxr-xr-x   /user/hadoop/kmeans/ reuters-kmeans/cluster-1
drwxr-xr-x   /user/hadoop/kmeans/ reuters-kmeans/cluster-2
drwxr-xr-x   /user/hadoop/kmeans/ reuters-kmeans/cluster-3-final
```

从上述结果中可以看出，clusters-*形式的输出目录中存储了每个重复阶段中的中间结果值，clusters-*-final 目录中保存了最终的结果。关于输入矢量所属聚类的位置信息存储在 clusteredPoints 目录中。通过 clusterdump 程序可以更加便利地确认聚类结果。

- K-means 聚类算法结果确认

```
hadoop@cluster-01:~/mahout/mahout-distribution-0.7$bin/mahout clusterdump
   -i kmeans/reuters-kmeans/clusters-3-final -p kmeans/reuters-kmeans/
   clusteredPoints -o kmeans/reuters-out -d kmeans/reuters-vec/dictionary.
   file-0 -dt sequencefile -b 100 -n 20

hadoop@cluster-01:~/mahout/mahout-distribution-0.7$ head kmeans/reuters-out
:VL-21504{n=336 c=[0.003:0.059,0.1:0.020,0.2:0.019,0.3:0.019,0.4:0.020,0.040:
       0.025,0.5:0. TopTerms:
          yen                             =>4.13791194274312
          billion                         =>2.3572333455085754
          bond                            =>1.7009522574288505
          eurobond                        =>1.6273187327952612
          pct                             =>1.6183137730473565
          1                               =>1.5701598113491422
          ltd                             =>1.5413324137528737
          issuing                         =>1.4079929207052504
```

上述命令中使用的选项如下：
- i-选项/-o 选项：代表输出和输入，输入在 HDFS 中执行，输出在本地文件系统中执行。
- -p 选项：是指通过聚类分析获得的 clusteredPoints 目录结果。使用此选项可以在输出结果文件中，输出该集群中所包含的各个矢量的数量。
- -d 选项：输出关于字典文件的信息。在创建矢量时是将每个单词 Mapping 成一个整数后进行使用，d 选项则是将它进行复原。
- -dt 选项：指定字典文件的格式。可选择 text 或是 sequencefile。
- -b 选项：限制长的字符串的长度。
- -n 选项：对于集群内经常出现的单词，可以选择显示的数量。

执行命令后，确认结果文件的内容，可以获得集群的平均向量和经常出现的单词的信息。

目前，已经介绍了如何使用 Mahout 中提供的 K-means 聚类工具的方法。上文中提到过 Mahout 中提供了大量的聚类分析算法。各种算法和距离的测定指标可以按照数据的特性来进行活用。读者们可以将大量的数据应用到实际中，并将相应的结果进行比较。

7.1.3 基于矢量相似度的协同过滤

推荐系统中的协同过滤方法的实用性已被大家所熟知。协同过滤方法的概念为：向我推荐与我类似的用户所喜好的项目中未被我使用的项目。图 7-2 中呈现了基于用户的协同过滤方法。假定为向用户 3 执行推荐命令。

用户 3 有关于商品 1 和商品 3 的购买记录。推荐系统需要决定向用户 3 推荐怎样的商品。用户 3 和用户 2 的购买记录有重叠，而与用户 1 的购买记录无重叠。那么可以认为用户 2 与用户 3 拥有类似的爱好。用户 2 有购买商品 2 和商品 4 的记录。推荐系统会假定用户 3 与用户 2 的购买方式类似，将这两种商品推荐给用户 3。

协同过滤方法的执行基于矢量间的相似度的计算。图 7-2 中各用户如果有购买记录用 1 表示，无购买记录用 0 表示，可以用矢量进行体现。例如，用户 1（0,1,0,1）、用户 2（0,1,1,1）。与此相应的也可以用基于商品的方式体现矢量。例如，商品 1（0,0,1）、商品 2（1,1,0）。

矢量的相似度可以用多种方法计算。最常使用的是 cosine 相似度（consine similarity）方法。假定有两个向量 A 和 B，两个矢量间的 consine 相似度如图 7-3 所示。

	Item 1	Item 2	Item 3	Item 4
User 1		○		○
User 2		○	○	○
User 3 ➡	○	?	○	?

$$similarity = \cos(\theta) = \frac{A \cdot B}{\|A\| \|B\|} = \frac{\sum_{i=1}^{n} A_i \times B_i}{\sqrt{\sum_{i=1}^{n}(A_i)^2 \times \sum_{i=1}^{n}(B_i)^2}}$$

图 7-2　利用协同过滤进行推荐　　　　图 7-3　consine 相似度测定指标的定义

求图 7-2 中的用户 1 和用户 2 的 consine 相似度。用户 1 的矢量为 (0,1,0,1)、用户 2 的矢量为 (0,1,1,1)。下面的代码为将两个矢量以 double 的形式排列，通过输入后将 consine 相似度值进行 return 的方法。

- consine 相似度计算

```java
//示例文件: hadoopbook/ch7_2/CosSimilarity.java
private double computeCosSim(int len,double [] v_a,double [] v_b){
    double up=0d;
    double bottom=0d;
    double bottom_a=0d;
    double bottom_b=0d;
    for(int i=0;i<len;i++){
        double aValue=v_a[i];
        double bValue=v_b[i];

        if(aValue!=0 && bValue!=0){
            up+=(aValue*bValue);
        }
        if(aValue!=0){
            bottom_a+=Math.pow(aValue,2);
        }
        if(bValue!=0){
            bottom_b+=Math.pow(bValue,2);
        }
    }
    bottom=Math.sqrt(bottom_a)*Math.sqrt(bottom_b);

    return up/bottom;
}
```

用上面的代码求用户 1 和用户 2 的 cosine 相似度可求得近似 0.82 的值。用类似的方法求用户 1 和用户 3 的相似度的值为 0，用户 2 和用户 3 的相似度的值近似 0.41。通过这类计算，可以求出包含用户购买记录的行列 A，包含用户间相似度的行列 C。需要牢记获得行列 C 需使用矢量的相似度。

一旦求出用户间的相似度，可以通过多种方法将其应用到推荐中。代表性的方法是，选择与我类似的 K 名邻居，确认这些用户对相应商品的评价。在图 7-4 中确认用户相似度行列 C。用户 1 与用户 2 的相似度为 0.82，用户 1 与用户 3 完全不相似。那么，向用户 1 推荐用户 2 喜欢的其他商品是正确的。在此基础上进行延伸，可以使用将所有用户的相似度用加权值进行表示的方法。图 7-4 中，用户相似度行列 C 是基于 consine 的相似度求得的值。将此行列与包含了购买记录的行列 A 相乘。行列 C 第一行表示用户 1 与其他的用户的相似度。如果完全相同则为 1，完全不同用 0 表示。用户 1 与自身完全相同，与用户 2 的相似度为 0.82，与用户 3 完全不同。行列 C 的第一行与购买记录行列 A 的第一列相乘。通过此过程可以决定用户 1 给商品 1 所打的分数。用户相似度行列 C 提供的是加权值，如果有更多的用户购买相应的商品则推荐分数行列 R 的值也会增加。

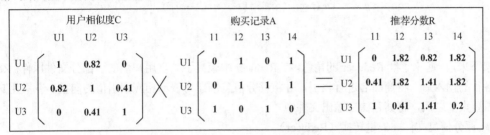

图 7-4　利用用户相似度计算推荐分数

1. Mahout 的矢量创建及运用

上一节中已经提到使用协同过滤方法的推荐系统的核心为求用户间的相似度。使用 Mahout 的 MapReduce 可以运行大量的程序。我们在构建推荐系统时使用的数据集为 MovieLens，由此来观察整个过程。

- 测试矢量相似度计算的数据集准备

```
hadoop@cluster-01:~/mahout/mahout-distribution-0.7$ mkdir vsim
hadoop@cluster-01:~/mahout/mahout-distribution-0.7$ cd vsim
hadoop@cluster-01:~/mahout/mahout-distribution-0.7/vsim$ wget http://www.
    grouplens.org/system/files/ml-100k.zip
hadoop@cluster-01:~/mahout/mahout-distribution-0.7/vsim$ unzip ml-100k.zip
hadoop@cluster-01:~/mahout/mahout-distribution-0.7/vsim$ head ml-100k/u.data
196     242     3       881250949
186     302     3       891717742
22      377     1       070007116
244     51      2       880606923
166     346     1       886397596
298     474     4       884182806
hadoop@cluster-01:~/mahout/mahout-distribution-0.7/vsim$ hadoop fs -copyFromLocal
    ml-100k/u.data    vsim/ml-original/u.data
```

下载数据后进行解压，用户及商品的评分信息保存在 u.data 文件中。参照上列的示例，u.data 文件的各行的内容按照顺序依次为用户编号、商品编号、评分、timestamp。如 196 号用户对 242 号商品的评分为 3 分。timestamp 信息因为没有在此示例中使用可以忽略。最后，为了后续的分析将此文件上传到 HDFS 中。

接下来运用 Mahout 的 rowsimilarity 程序求用户间的相似度。rowsimilarity 程序通过输入的方式获取 Sequence 文件,key 用 IntWritable 获取,key 的值用 VectorWritable 获取。为了将原来的文件进行匹配需要经过一个转换过程,本示例中通过下列的 MapReduce 程序可以执行转换。当然使用一般的程序也可以进行转换。

首先来观察 Map 过程。原来的文件各行的用户名、商品名、评分、timestamp 信息用 tap 进行区分。Map 函数中输入各行的内容将用户名创建为 key,原来的值被直接发送到 Reducer 中。

● 评分信息文件→矢量转换(Mapper)

```
public static class Map extend Mapper<Object,Text,IntWritable,Text>{
    public void map(Object key,Text value,Context context) throws IOException,
    InterruptedException{
        String[] values=value.toString().split("\t");
        int userid=Integer.parseInt(values[0]);
        context.write(new IntWritable(userid),value);
    }
}
```

接下来,一起来了解 Reducer 的角色。在 Reducer 中聚集了共享用户名的一部分文件原件。Reducer 获取各行的输入后,将商品名进行索引,并将评分信息创建为表示相应索引值的向量。获取用户的各个矢量要素值之后,将其存储在输出文件中。

● 评分信息文件→矢量转换(Reducer)

```
public static class Reduce extend Reducer<IntWritable,Text,IntWritable,
VectorWitable>{
    public static int NUM_ITEMS=1682
    public void reduce(IntWritable key,Iterable<Text> values,Context context)
        throws IOException,InterruptedException{
        RandomAccessSparseVector v=new RandomAccessSparseVector(NUM_ITEMS+1);
        for(Text value:values){
            String line=value.toString();
            String[] elements=line.split("\t");
            int itemid=Integer.parseInt(elements[1]);
            double rating=Double.parseDouble(elements[2]);

            v.set(itemid,rating);
        }
        context.write(key,new VectorWritable(v));
    }
}
```

下面是驱动上列 MapReduce 函数的 Main Method。将 Map 和 Reduce 的输出方式进行合适的设置,并将输出文件设置为 Sequence 文件。此示例中将结果存储在 HDFS 上的 vsim/ml-vector 目录中。

● 评分信息文件→矢量转换(Main)

```
public static void main(String [] args) throws Exception{
    Configuration conf=new Configuration();

    Job job=new Job(conf,"MovieLens Convert");
```

```
        job.setJarByClass(MovieLens.class);

        job.setMapperClass(Map.class);
        job.setReducerClass(Reduce.class);
        job.setMapOutputKeyClass(IntWritable.class);
        job.setMapOutputValueClass(Text.class);
        job.setOutputKeyClass(IntWritable.class);
        job.setOutputValueClass(VectorWritable.class);

        job.setMapperClass(Map.class);
        job.setReducerClass(Reduce.class);
        job.setMapOutputKeyClass(IntWritable.class);
        job.setMapOutputValueClass(Text.class);
        job.setOutputKeyClass(IntWritable.class);
        job.setOutputValueClass(VectorWritable.class);

        job.setOutputFormatClass(SequenceFileOutputFormat.class);
        FileInputFormat.addInputPath(job,new Path("vsim/ml-original"));
        FileOutputFormat.setOutputPath(job,new Path("vsim/ml-vector"));
        System.exit(job.waitForCompletion(true)-0:1);
    }
```

执行文件的转换并确认结果。将上面的文件打包成文件名为 ch7.jar 的文件并运行。对通过下面命令转换的结果进行确认，1 号用户对 272 号商品的评分为 3.0，对 271 号商品的评分为 2.0，对 270 号商品的评分为 5.0。

● 评分信息文件→矢量转换（运行）

```
hadoop@cluster-01:~/mahout/mahout-distribution-0.7$ hadoop jar ch7.jar
    ch7.MovieLens
hadoop@cluster-01:~/mahout/mahout-distribution-0.7$ bin/mahout -i vsim/
    ml-vector/part-r-00000  -n 1
Key:1 :Value:{272:3.0,271:2.0,270:5.0,269:5.0,268:5.0,267:4.0,266:1.0,265
    :4.0,264:2.0,263:1.0,…}
```

2. 利用 Mahout 计算矢量相似度

运行 bin/mahout rosimilarity 程序并确认结果。观察下面的命令可以加入多种参数。-i 选项和-o 选项表示 HDFS 上的输入和输出目录。输入目录中加入上面转化的矢量，输出目录设置为 vsim/ml-usersim 目录。-s 选项是指测定向量相似度时的测定方式。上文中介绍过的 consine 相似度也会在此示例中使用。-r 选项代表比较相似度时矢量的长度。原来的文件包含了 1682 个商品，因此矢量的长度为 1682。然而，计算量多的情况下，可以选择前部分的几列进行计算。这里我们使用了示例中前面的 100 个列进行相似度计算。-m 选项将相似度最高的几名用户进行输出结果的设置。此示例中设置的值为 5，表示选定了与各矢量最相似的 5 个其他向量。-tr 选项是对相似矢量的临界值（threshold）进行设置。如果这个值为 0.5 代表只考虑相似度在 0.5 以上的矢量。-ess 选项决定是否与自身进行比较。在与自身进行比较时通常没有意义，因此将-ess 选项设置为 true。-ow 选项决定是否将运行结果进行覆盖。如果选择此选项需要将包含中间结果值的目录清除后再运行程序。

● 运行 bin/mahout rowsimilarity 程序

```
hadoop@cluster-01:~/mahout/mahout-distribution-0.7$ bin/mahout rowsimilarity -
    i vsim/ml-vector/part-r-00000 -o vsim/ml-usersim -s SIMILARITY_COSINE -r
    100 -m 5 -ess true -tr 0.5 -ow
hadoop@cluster-01:~/mahout/mahout-distribution-0.7$ bin/mahout seqdumper -i
    vsim/ml-usersim/part-r-00000 -n 1
Key:1 :Value:{916:0.5690657315279876,864:0.5475482621940826,268:0.5420770
    475201059,435:0.5386645318853754,92:0.5405335611842336}
```

观察以上示例中的运行结果可以发现，与 1 号用户最类似的 5 名用户为 916，864，268，435，92 号用户。与 916 号用户的相似度为 0.57，与 864 号用户的相似度为 0.55。正如 -tr 选项中设置的一样，只将相似度在 0.5 以上的用户作为比较对象考虑。通过此结果来选定用户 1 的推荐商品其实并不难。与 916 号用户的相似度为 0.57，因此对于 916 号用户消费的商品的评分赋予 0.57 的加权值。如果 864 号用户也消费了同样的商品，那么将 864 用户的评分反映为 0.55 的加权值，将结果进行合并后反映为此商品的分数。之后的过程为按照商品分数的高低将 1 号用户未消费的商品反馈到推荐结果中。

3. 使用 Mahout 的矩阵乘法计算

上面的示例中选择了 5 名用户并将他们的分数反映到推荐中。如果将此过程进行普及化，可以创建反映更多用户经验的推荐结果。如果整体用户为 n 名，除去自己外，求 n–1 名用户的相似度，将相似度的加权值与评分信息相加后，可以获得反映更多用户经验的推荐结果。一旦求出所有用户间的相似度，此过程可以用矩阵的相乘运算进行体现。那么如图 7-4 中的示例所示，将用户相似度与评分信息相乘可以获得预估的评分分数。

如果两个矩阵的大小过大，那么乘法运算需要通过 Mahout 中的 MapReduce 执行。bin/mahout 脚本提供 matrixmult 程序。在下列示例中求出所有用户间的相似度后将行列相乘。

- 计算出所有用户间的相似度后，将矩阵相乘创建推荐结果。

```
//求所有用户间的相似度
hadoop@cluster-01:~/mahout/mahout-distribution-0.7$ bin/mahout rowsimilarity -
    ivsim/ml-vector/part-r-00000 -o vsim/ml-usersim -s SIMILARITY_COSINE -r
    100 -m 943 -ow

//将矩阵相乘
hadoop@cluster-01:~/mahout/mahout-distribution-0.7$ bin/mahout matrixmult
    -ia vsim/ml-usersim -nra 943 -nca 943 -ib vsim/ml-vector -nrb 943 -ncb 1682

//确认结果
hadoop@cluster-01:~/mahout/mahout-distribution-0.7$ hadoop fs -ls
drwxr-xr-x        /user/hadoop/productWith-69
hadoop@cluster-01:~/mahout/mahout-distribution-0.7$ bin/mahout -i productWith-
    69/part-00000   -n 1
Key:1: Value:{1:562.3852256586363,2:175.85060282442262,3:103.07248173620866,
    4:301.3318242456355,5:106.41960955524685,6:32.41835612909591,7:498.
    02646907571835,8:32…
```

上述示例中，为了计算所有用户的相似度，重新运行了 similarity 程序。矩阵的乘积基于第二种命令生成，通过 matrixmult 参数运行 bin/mahout 脚本。-ia 和 -ib 选项表示输入的矩阵 *A* 和矩阵 *B* 的存储路径。矩阵的每行将 IntWritable 作为 key，将 VectorWritable 作为 value。-nra 和 -nca 选项表示矩阵 *A* 的行和列的数量。同样，-nrb 选项和 -ncb 选项表示矩阵 *B* 的行和列的数量。此命名的执行结果与 HDFS

上用户目录中 productWith-*的输出结果相同。确认文件的内容可知,在各用户的立场上商品得到了多高的评分。上述示例中可以预测 1 号用户对 1 号商品的评分为 562 分,对 2 号商品的评分为 175 分,对 3 号商品的评分为 103 分。比商品原来的分数高了 5 分,为了测定正确的评分,需要将消费了 1 号商品的其他用户的分数进行评分的正规化过程。然而,即使在不执行正规化过程的情况下,多数的用户对于消费的商品给予了很高的评分,也同样可以获得有价值的结果。

4. 利用 Mahout 创建单词索引

目前为止,利用 Mahout 计算了矢量的相似度,具体通过在协同过滤构建过程中使用的推荐方式的案例进行了介绍。示例中使用的用户评分信息可以轻易地转换为矢量,因为评分信息是由数字所构成的。但是在其他应用中,直接包含数字的情况几乎没有。尤其是在求文本间的相似度的应用中,将文本中的单词作为标准创建矢量,此时,通常向量的每个元素代表了一个单词。然而,某些情况下需要在单词中附加各单词原来的整数值 ID 并转换为矢量形式,Mahout 中的程序可以帮助这类任务的实现。rowid 程序获取<Text,VectorWritable>格式的 Sequence 文件输入后,转化成<IntWritable,VectorWritable>格式和<IntWritable,Text>格式的两个 Sequence 文件。即以输入方式输入的 Text 可以作为文档名使用,输入的 VectorWritale 可以作为文本中单词的向量。输出的两个文件在各文档的名称中加入整数形式的 ID,用 IntWritable 执行签署后可以复原为原来的文档。通过 K-means 聚类分析中使用过的示例文档来确认此过程。

- 计算文本相似度的矢量转换过程(rowid)

```
//确认输入矢量的式样。(Text,VectorWritable)
hadoop@cluster-01:~/mahout/mahout-distribution-0.7$ bin/mahout seqdumper -i
    kmeans/reuters-vec/tfidf-vectors/part-r-00000 -n 1
Key:/reut2-000.sgm-0.txt:Value:{9467:9.369991302490234,1512:7.545442581176758,36757:13.754313468933105,5564:3.7932853669873047,5405:3.594198703765869,
    5703:3.9078562259674072,…}

//生成 rowsimilarity 程序的恰当的整数值矢量
hadoop@cluster-01:~/mahout/mahout-distribution-0.7$ bin/mahout rowid -i
    kmeans/reuters-vec/tfidf-vectors -o sim/test
hadoop@cluster-01:~/mahout/mahout-distribution-0.7$ hadoop fs -ls sim/test
-rw-r--r--      /user/hadoop/sim/test/docIndex
-rw-r--r--      /user/hadoop/sim/test/matrix

//确认结果
hadoop@cluster-01:~/mahout/mahout-distribution-0.7$ bin/mahout seqdumper -i
    sim/test/docIndex -n 1
Key:0: Value:/reut2-000.sgm-0.txt
hadoop@cluster-01:~/mahout/mahout-distribution-0.7$ bin/mahout -i seqdumper
    -i sim/test/matrix  -n 1
Key:0: Value:{ 9467:9.369991302490234,1512:7.545442581176758,36757:
    13.754313468933105,5564:3.7932853669873047,5405:3.594198703765869,
    7777:9.880817413330078,…
```

7.1.4 小结

Mahout 中还有本书未介绍到的多种功能。这些算法基于 MapReduce 工作,成为分析大数据时最大的优势。本节中介绍了利用 Mahout 进行的 K-means 聚类分析和协同过滤方法的实现。这类工作比起在线上的应用服务更接近于布展工作。为了实现更加智能的服务，需要观测大量的数据来构建预测模型，Mahout 为此提供了很好的体现方法。即使不了解 MapReduce，也可以处理大数据，这个方面对于熟悉机器学习的用户来说是一个很大的优势。希望读者们可以将 Mahout 应用到更多的领域。

7.2 基于 Hadoop 的统计分析 Rhive（R and Hive）

R 是统计分析编程语言及其运行环境。因为可以免费使用以及其所具有的多种功能，因而被用户广泛保有，最近又因为其尝试与 Hadoop 连接更加受到了瞩目。本节中将要说明的内容也是这类众多尝试中的一种。Hive 是运行在 Hadoop 上的数据库项目，R 的数据存储在 Hive 中，RHive 的目的是帮助 Hive 查询语言执行。

RHive 由韩国企业 NexR 开发。最新的版本为 2015 年 12 月发布的 3.2.36 版本。相比之下，虽然它属于最近才开始开发的项目，但它担任了帮助 R 用户们处理大数据的重要角色，在考虑 R 和 Hive 的重要性方面，可以预见它将发展为非常普及的项目。

7.2.1 R 的设置及灵活运用

R 可以在官方网站（http://www.r-project.org）上下载，国内的用户可以在中科院开源软件协会开源镜像站（http://mirrors.opencas.cn/cran/）上下载。目前最新的版本为 2015 年 12 月发表的 3.2.3 版本。它不仅支持 Windows、Linux、还支持 Mac OS，同时支持 32byte/64byte。选择适合的版本后安装即可。安装完 Windows 版本后，使用下列 GUI 工具可以确认安装与否。

小贴士

RGui 是为了向 R 用户提供便利的集成开发环境（IDE）的一种免费软件。尤其是在 Rstudio（http://rstudio.org）使用控制台、数据及图形、打包状态时，GUI 提供了必需的内容。如图 7-5 所示为 RGui 运行画面。

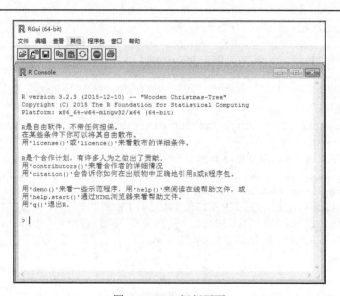

图 7-5　RGui 运行画面

1. 运行 R 命令

R 是将用户的命令一个个读取后立即运行的编译（interpreter）方式。一起来观察创建一个分配矢量的变量，计算完最小、最大、总和、平均、中间值、分布、标准偏差后，删除变量的示例。下面的示例中 c() 函数担任创建矢量的角色。

- 执行 R 命令的示例

```
>v=c(1,2,2,3,3,3)#变量v所对应的矢量值为(1,2,2,3,3,3)
>ls()#确认目前被分配的变量
 [1] "v"
>length(v)#矢量的长度
 [1]6
>min(v)#最小值
 [1] 1
>max(v)#最大值
 [1] 3
>sum(v)#总和
 [1] 14
>mean(v)#平均
 [1]2.333333
>median(v)#中间值
 [1]2.5
>var(v)#分布
 [1]0.6666667
>sd(v)#标准偏差
 [1]0.8164966
>rm(v)#删除变量
```

R 中还包含了用图表方式查看数据的多种功能。根据上文中创建的 v 矢量的频率可以轻易地画出如图 7-6 所示的图形。其中图（a）饼状图可以根据 pie 命令画出，图（b）的条形图可以根据 barplot 命令画出。

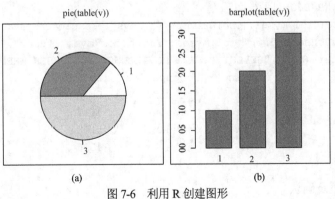

图 7-6 利用 R 创建图形

2. 在 R 中读取数据

在 R 中可以使用多种方式读取用户的数据。通常情况在类似于 CSV 格式的具有兼容性的文件中读取文件后执行输出作业。然而，由于 R 中提供了多种包，也可以在数据库中直接获取数据。这里介绍的是使用 CSV 文件的下载方法和 RJDBC 包从数据库中读取数据的例子。CSV 文件将每行用逗号(,)

分隔多个要素。例如，如果 1 号用户对 1 号商品的评分为 5 分，2 号商品的评分为 4 分，3 号商品的评分为 5 分，那么 CSV 文件第一行可以用 5，4，5 的格式进行记录。CSV 文件可以用简单的文本编辑器编辑，利用 spreadsheet 程序存储。图 7-7 所示的示例是在 R 中读取用表格存储的 CSV 文件。

```
     A      B       C       D            > ratings=read.table(file="d:/ratings.csv",sep=",",header=T,ro$
1   User   Item1   Item2   Item3         > ratings
2   U1       5       4       5              Item1 Item2 Item3
3   U2       3       2       3           U1    5     4     5
4   U3       1       5       1           U2    3     2     3
                                         U3    1     5     1
```

图 7-7 读取 CSV 文件

● 执行 R 命令的示例（read.table）

>ratings=read.table(file="d:/ratings.csv",sep=",",header=T,row.names="User")

read.table 命令是读取以表格形式存储的文件中的数据。通过 file 选项选择需要的文件，通过 sep 选项指定 separator。CSV 格式的文件因为用逗号进行分割，因此输入"，"。根据输入文件的格式可以选择空白字符或编制字符。header 选项显示文件的第一行中是否有 column 名称。row.names 选项在指定各行的识别名称时使用。在此选项中添加 column 名称，相应的 column 的值作为识别各行的名称使用。

下面是通过 JDBC 访问数据库的示例。这个命令的优点在于可以利用 SQL 查询选择性地下载所需的内容。首先，用 install.packages 命令安装 RJDBC 文件后，用 library 命令下载包。用 JDBC 命令和 dbConnect 命令输入将要访问的数据库的信息。最后，通过 dbGetQuery 命令读取需要的图表和 column 数据。

小贴士

使用 RJDBC 必需与数据库匹配的驱动文件。下面的示例中，使用 MySQL 数据库使用了 mysql-connector-java-5.*-cin.jar 文件。与数据库匹配的驱动文件可以在数据库供应商的主页中下载。

● 执行 R 命令的示例（RJDBC）

```
>install.packages("RJDBC",dependencies=TRUE)  #安装包
>library(RJDBC) #装载包
>drv=JDBC("com.mysql.jdbc.Driver","d:/mysql-connector-java-5.*.**-bin.jar")
>conn=dbConnect(drv,"jdbc:mysql://mydb.com/mydb","user","pass")
>dbGetQuery(conn,"SELECT * FROM MOVIELENS_100K_UUSER WHERE age<20")
    userid   age      gender   occupation   zipcode
1    30       7        M        student      55436
2    36      19        F        student      93117
3    52      18        F        student      55105
4    57      16        M        none         84010
...
```

3．R 包的设置及确认

R 中有多种包。它们的安装方便，运用也相对简单。即便将 R 的所有便捷功能看作由包构成的也毫不为过。可在 R 主页（http://cran.r-project.org）中搜索包进行安装。从上面的 RJDBC 示例中可知，通过 install.packages 命令可以在控制台中直接安装。包进行安装时会复制到 R 的按章目录的 library 目录中，通过 library()函数可以进行加载。可按照下列方法确认有多少个包完成了安装和加载。

- 确认已加载的 R 包

```
>getOption("defaultPackages")
[1] "database" "utils" "grDevices" "graphics" "stats" "methods"
```

7.2.2 Hive 的设置及灵活运用

Hive 是 Hadoop 上工作的数据库系统。Hive 上提供了大容量结构化数据存储，利用与 SQL 类似的 HiveQL 查询需要的数据。HiveQL 的处理通过利用 MapReduce 体现。Hive 大体的系统由下列方式构成。

Hive 通过类似于 SQL 的 HiveQL 执行 CREAT/DROP/INSERT/SELECT 命令。HiveQL 输入的客户端有命令行界面和 Web 界面，可以通过 JDBC 在程序中直接传达命令。Hive 的列表目录和其他情况在 MetaStore 中进行管理，使用的是本地系统的关系型数据库。Hive 对命令进行解析后，在不需要进行类似于加载等复杂运算的情况下，直接访问 HDFS 执行相关命令。获取数据集或对特定值进行统计等复杂的运算需要用 MapReduce Job 进行转化后，在 Hadoop 中发送运行相应 MapReduce 的请求。结果将再次发送给用户。Hive 系统构成概要如图 7-8 所示。

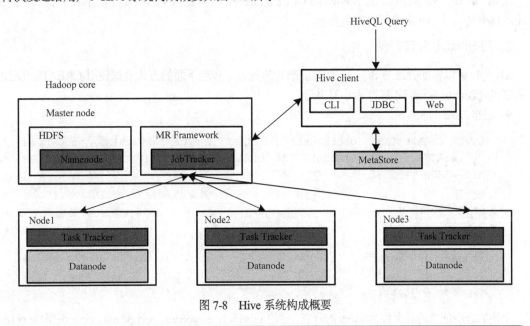

图 7-8 Hive 系统构成概要

 小贴士

SQL（Structured Query Language）

SQL 是为实现关系型数据库的模式创建和修改、资料搜索和管理而研发的语言，其作为大多数的数据库关联程序的使用标准。

1. 安装 Hive

首先了解下载及安装的过程。Hive 目前最新版本是 2012 年发表的 0.90 版本。正确地设置 Hadoop 后，仅通过下面的几个命令就可以安装并运行 Hive。

- 安装 Hive

```
hadoop@cluster-01:~$ wget http://apache.opencas.org/hive/hive-2.0.0/apache-
    hive-2.0.0-bin.tar.gz
hadoop@cluster-01:~$ tar -xzvf apache-hive-2.0.0-bin.tar.gz
hadoop@cluster-01:~$ cd apache-hive-2.0.0-bin.tar.gz
hadoop@cluster-01:~/apache-hive-2.0.0-bin$ hadoop fs -mkdir /tmp
hadoop@cluster-01:~/apache-hive-2.0.0-bin$ hadoop fs -mkdir /user/hive/
    warehouse
hadoop@cluster-01:~/apache-hive-2.0.0-bin$ hadoop fs -chmod g+w /tmp
hadoop@cluster-01:~/apache-hive-2.0.0-bin$ hadoop fs -chmod g+w /user/hive/
    warehouse
hadoop@cluster-01:~/apache-hive-2.0.0-bin$ export HIVE_HOME=~/hive-0.9.0-bin
hadoop@cluster-01:~/apache-hive-2.0.0-bin$ bin/hive
hive>
hive>exit;
hadoop@cluster-01:~/apache-hive-2.0.0-bin$
```

出现"hive>"提示符后,表示 Hive 的 CLI 已经运行。可以在这里输入命令,并用分号(;)区分。上述示例中使用了 exit 命令退出控制台。

2. 用 HiveQL 创建列表

HiveQL 可以协助管理与 SQL 具有类似形式的列表。按照下面的方式尝试使用 CREATE TABLE 命名创建列表。命令语言不区分大小写字母。

- 创建 Hive 列表

```
hive> CREATE TABLE users(userid INT,age INT,gender STRING,occupation
    STRING,zipcode STRING)  ROW FORMAT DELIMITED FIELDS TERMINATED BY '|';
hive>SHOW TABLES;
users
hive>DESC users
userid        int
age           int
gender        string
occupation    string
zipcode       string
```

上述的命令创建的是名称为 users 的列表,并用 userid、age、gender、occupation、zipcode 作为 column 的说明。ROW FORMAT 是对将要保存的数据的形式进行说明,此示例中将存储文件的各 column 用"|"区分的方法进行了说明。基本值、column 的区分用 ctrl-A("\000"),记录的区分使用换行符("\n")。SHOW TABLES 命令可以查看当前已生成的列表目录,DESC 命令可以查看列表中 column 的名称和类型。

3. 在列表中输入数据

在创建的列表中尝试输入数据。将会再次使用到前一节中使用过的电影评分数据。通过下列的命令可以在 users 列表中输入数据。LOAD 命令通过使用 LOCAL 选项上传本地文件系统的文件,不使用 LOAD 命令的情况下需要输入 HDFS 上文件的路径。OVERWRITE 选项则是决定是否在列表中覆盖数据。

- 加载数据

```
hadoop@cluster-01:~/apache-hive-2.0.0-bin$ wget http://www.grouplens.org/
    system/files/ml-100k.zip
```

```
hadoop@cluster-01:~/apache-hive-2.0.0-bin$ unzip ml-100k.zip
hadoop@cluster-01:~/apache-hive-2.0.0-bin$ bin/hive
hive>LOAD DATA LOCAL INPATH './ml-100k/u.user' OVERWRITE INTO TABLE users;
Copying data from file:/home/hadoop/hive-0.9.0-bin/ml-100k/u.user
Copying file:file:/home/hadoop/hive-0.9.0-bin/ml-100k/u.user
Loading data to table default.users
Deleted hdfs://cluster-01:9000/user/hive/warehouse/users
OK
Time taken:0.291 seconds
hive>
```

4. Hive、HDFS 文件和 Mapping

Hive 将列表转换为 HDFS 文件系统的/user/hive/warehouse/目录下新创建的目录并进行管理。查看下面的目录可以看到刚才创建的 user 列表已创建为目录。这样的 Mapping 关系可以进行更加详细的更改，通过 CREAT TABLE 多种参数可以进行调整。

- Hive 和 HDFS 文件系统间的 Mapping（列表-目录）

```
hadoop@cluster-01:~/apache-hive-2.0.0-bin$ hadoop fs -ls /user/hive/warehouse
drwxr-xr-x   /user/hive/warehouse/users
hadoop@cluster-01:~/apache-hive-2.0.0-bin$ hadoop fs -ls /user/hive/warehouse/users
-rw-r--r--   /user/hive/warehouse/users/u.user
```

5. 确认数据内容

现在，对上传的数据内容进行确认。HiveQL 的 SELECT 语法中提供了通过在 WHERE 节中输入各种条件获取所需结果的功能。通过 GROUP BY 命令将结果进行编组，也可以利用 count( )、min( )、max( )、sum( )、avg( )等统计函数实现统计功能。下面的命令为：确认 15 岁以下的用户有多少名，并获取相应的用户目录。15 岁以下的用户有 11 名，其中 30 号用户为 7 岁的男性，职业为学生。

- SELECT 语法

```
hive>SELECT count(*) FROM users WHERE age<15
11
hive>SELECT * FROM users WHERE age<15
30      7    M    student     55436
142     13   M    other       48118
206     14   F    student     53115
289     11   M    none        94619
471     10   M    student     77459
609     13   F    student     55106
628     13   M    none        94306
674     13   F    student     55337

813     14   F    student     02136
880     13   M    student     83702
887     14   F    student     27249
hive>
```

6. JOIN 的操作

为了分析多种数据间的关系，需要使用一个 Key 将两个列表进行合并的 JOIN 运算。在 Hive 中支持同等条件下的将 Key 值进行比较的 JOIN 运算。下面的命令内容为：在 Hive 中加载完用户的评分信息后，运行加载的用户列表和 JOIN 运算，确认 30 号用户对电影的评分。

- JOIN 语法

```
hive>CREATE TABLE ratings (userid INT, itemid INT, rating INT, time INT) ROW FORMAT
    DELIMITED FIELDS TERMINATED BY '\t';

hive>LOAD DATA LOCAL INPATH './ml-100k/u.data' OVERWRITE INTO TABLE ratings;

hive>SELECT users.userid, ratings.itemid, ratings.rating FROM users JOIN
    ratings ON (users.userid=ratings.userid) WHERE users.userid=30;
OK
30      539     3
30      435     5
30      82      4
30      181     4
30      289     2
…

hive>
```

Hive 虽然不适合用于快速查询在线进程，但对于大数据的多角度分析它是非常有用的工具。关于更多的功能，建议你直接尝试使用。

7.2.3 RHive 的设置及灵活运用

RHive 是可以在 R 中使用的一种包。这个包通过 R 的命令协助 HiveQL 的运行，它可以将大数据的处理变得更加容易。下面将正式介绍 RHive 的设置过程和运行过程。

RHive 的最新版本是 2015 年 12 月发布的 3.2.36 版本。安装此版本需要 Hadoop 0.20.203、Hive0.8、R2.13.0、rJava 包 0.9-0、Reserve 包 0.6-0 以上的版本。目前已经介绍了 Hadoop、Hive、R 所有标准版本以上的安装示例。在这里介绍设置过程中需要注意的事项。首先，在 Hadoop 中需要设置运行 R 所在节点 HADOOP_HOME 的环境变量，RHive 通过此变量运行 Hadoop 的相关脚本。按照本人的 Hadoop 安装目录设置为与 HADOOP_HOME=/opt/hadoop-1.0.0 一样的形式。Hive 中也需要设置 HIVE_HOME 变量。

Hive 通过服务器工作时可以与 JDBC、Python、PHP 等外部客户端通信。RHive 也可以利用这类功能通过 rJava 包访问 Hive 服务器。因此需要运行 Hive 服务器，可以通过下列简单命令运行。

- 运行 Hive 服务器

```
hadoop@cluster-01:~/apache-hive-2.0.0-bin$ /bin/hive --service hiveserver
```

为确认 Hive 服务器是否顺利运行需要编写客户端代码。下面的内容为利用 Java 代码访问 Hive，通过查询过程将结果进行输出的过程。

- 确认 Hive 客户端的访问

```java
public class HiveClient{
    private static String driverName="org.apache.hadoop.hive.jdbc.HiveDriver";
    public static void main(String[] args) throws Exception{
        try{
            Class.forName(driverName);
        }catch(ClassNot FoundException e){
```

第 7 章 Hadoop 应用下的大数据分析

```java
            e.printStackTrace();
            System.exit(1);
        }

        String host=args[0];
        String port=args[1];

        Connection con=DriverManager.getConnection("jdbc:hive://"+host+
            ":"+port+"/default","","" ");
        Statement stmt=con.createStatement();

        String sql="show tables";
        ResultSet res=stmt.executeQuery(sql);
        while(res.next()){
            System.out.println(res.getString(1));
        }
    }
}
```

运行以上代码，正如下面的确认内容，可以在执行 Hive 时，获取创建的列表目录。

- 确认 Hive 客户端的访问——运行

```
hadoop@cluster-01:~/apache-hive-2.0.0-bin$ hadoop jar ch7.jar ch7.HiveClient
    [hive-server-ip] [hive-server-port]
OK
ratings
users
hadoop@cluster-01:~/apache-hive-2.0.0-bin$
```

使用 RHive 的前提条件是，构成 Hadoop 的所有节点上需要安装 R。因为 Hadoop 需要在 Linux 系统上运用，所以这里将介绍在 Linux 中安装 R 的步骤。事实上，根据 Linux 版本的不同安装的步骤也有所不同。在主页（http://cran.nexr.com/bin/linux）中可以下载各版本的安装文件。

可以参考相应的网页中有关于安装步骤的详细说明，这里安装的是 ubuntu10.04 版本。在 ubuntu 中使用 apt-get install 进行安装，需要将 R 的发布网站添加到存储库中。用 sudo vi/etc/apt/sources.list 打开相应的文件，按照下列方式添加存储库。

- 在 ubuntu 中添加安装 R 的存储库（/etc/apt/sources.list 添加）

```
deb http://cran.nexr.com/bin/linux/ubuntu lucid/
```

在上述地址中 http://cran.nexr.com 的部分可以设置所需地区的下载网站。目前韩国地区使用的是原来的网址。接下来需要将存储库的内容进行升级，在 ubuntu 中通过特定 key 的登录可以在不使用 apt-get updata 命令的情况下执行。下面示例中使用 apt-key 命令登录 key，并进行安装。完成安装后可以通过 R 命令运行。

- ubuntu 中 R 的安装过程

```
hadoop@cluster-01:~$ sudo apt-key adv --keyserver keyserver.ubuntu.com
    -recv-keys E084DAB9
hadoop@cluster-01:~$ sudo apt-get update
```

```
hadoop@cluster-01:~$ sudo apt-get upgrade
hadoop@cluster-01:~$ sudo apt-get install r-base
hadoop@cluster-01:~$ sudo R
Type 'demo()' for some demos,'help()' for on-line help,or 'help.start()' for
    an HTML browser interface to help.
Type 'q()' to quit R.
>
```

上述过程必须要在运行 RHive 的所有节点上执行。之后，在各节点上安装 RHive 使用的包。包的安装通过 install.packages()函数执行。R 的基本包已设置在/usr/lib/R/library 目录中。用 install.packages()命令安装的包被安装在/etc/r/Renviron 文件 R_LIB_SITE 环境变量的指定路径中，因此需要相关路径的使用权限。在没有使用权限的情况下，尝试在用户的 Home 目录中尝试安装，安装在 R_LIBS_USER 变量的指定位置中。对此位置进行变更需要在 Home 目录中创建 Renviron 文件重新指定 R_LIBS_USER 变量。

RHive 使用的包有 rJava 包和 Rserve 包。安装包时需要注意区分字母大小写。rJava 包安装在运行 R 的本地机器中，Rserve 必须安装在所有运行 Task Tracker 的节点上。rJava 包和 Rserve 包的安装可以通过下列的 install.packages( )命令执行。运行 rJava 包以前需要注意一点是，JAVA_HOME 环境变量需要设置在指定的/usr/lib/jvm/java-6-sun/jre 中，而不是/usr/lib/jvm/java-6-sun 目录中。即不能在开发环境下设置，而需要在 JRE Runtime 环境中设置。

● 安装 RHive 使用的包

```
hadoop@cluster-01:~$ export JAVA_HOME=/usr/lib/jvm/java-6-sun/jre
hadoop@cluster-01:~$ R
>install.packages("rJava")
>install.packages("Rserve")
```

安装 Rserve 包后在各节点上运行 Rserve 服务会以守护进程的形式工作。在 Rserve 运行时有需要注意的事项为：因为 RHive 在远程的节点上利用 Rserve 传达命令，因此需要将 Rserve 的 remote enable 选项激活。创建/etc/Rserv.conf 文件并通过此选项对此选项的激活进行声明。

需要牢记此文件需要在 Task Tracker 运行的所有节点上运行。

● /etc/Rserv.conf 文件的内容

```
remote enable
```

现在尝试运行 Rserve。运行 Rserve 时，通过-RC-conf/etc/Resrv.conf 选项运用已声明的文件内容。在各节点中通过 netstat-nltp 命令可以确认 Rserve 守护进程已在 Rserve 端口运行。

● 运行 Rserve

```
hadoop@cluster-01:~$ R CMD Rserve -RC-conf /ect/Rserv.conf   //在所有节点上运行
hadoop@cluster-01:~$ netstat -nltp

Proto Recv-Q Send-Q Local Address    Foreign Address    State     PID/Program name
tcp    0      0     0.0.0.0:6311     0.0.0.0:*          LISTEN    26541/Rserve
```

接下来，安装 RHive。RHive 的安装也是通过 install.packages( )命令执行。RHive 的安装值需要在作为客户端使用的节点上进行。在安装 RHive 之前，需要确认 HIVE_HOME 环境变量和 HADOOP_HOME 的环境是否已经设置，如果还未设置则需要设置。虽然之后也可以在 R 内部通过 Sys.setEnv 函数进行设置，但由于每次运行 R 时都需要设置因此十分不便。

第 7 章　Hadoop 应用下的大数据分析

- 安装 RHive

```
hadoop@cluster-01:~$ export HIVE_HOME=/home/hadoop/hive-0.9.0-bin
hadoop@cluster-01:~$ export HADOOP_HOME=/opt/hadoop/hadoop-1.0.0
hadoop@cluster-01:~$ R
>install.packages("RHive")
>library(RHive)
Loading required package:rJava
Loading required package:Rserve
HIVE_HOME=/hpme/hadoop/hive-0.9.0-bin
call rhive.init() because HIVE_HOME is set.
```

目前已基本具备了 RHive 的执行条件。接下来对目前已安装的包的角色和 RHive 的构成来进行了解。参见图 7-9，用户与担任客户端角色的 Master Node 相互作用。R-base 可以单独向用户提供基本的 R 的功能。这里安装了 RHive，rJava 包充当了 R-base 和 RHive 之间界面的角色。因此，RHive 可以看作 R 上工作的一种 Java 模块。RHive 通过三种方式与 Hadoop/Hive 中的节点一起工作。第一种，充当一般的 HDFS 客户端的角色。可以在 HDFS 文件系统中进行新建和删除文件，创建目录等任务。第二种，执行 Hive 的客户端角色时，意味着用户可以在 R 上使用 HiveQL。第三种，在 Hive 上运行 R 的函数，因此需要将 R 的函数发送到 Hadoop 集群中。这些函数通过 Rserve 包让 MapReduce 工作并将结果反馈给 Master。

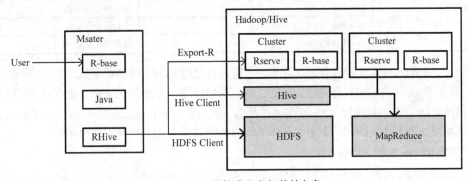

图 7-9　RHive 的构成和各组件的角色

RHive 的功能可按照表 7-2 列的几种分类进行说明。

表 7-2　RHive 功能分类

分　　类	分类说明	
	主要函数	函数说明
rhive-api	获取 Hive 列表信息的 R 函数	
	rhive.list.tables	获取全部列表目录
	rhive.desc.table	获取特定类表的 column 信息
	rhive.drop.tale	删除特定列表
rhive-apply	将 R 函数转换为 HQL 形式进行分散	
	rhive.mrapply	用 MapReduce 的形式运行 R 函数
rhive-connect	在 RHive 包中用 Hive 连接	
	rhive.init	设置连接环境
	rhive.connect	进行连接
	rhive.close	终止连接

续表

分类	分类说明	
	主要函数	函数说明
rhive-export	在 R 中用 Hive 传达定义的函数	
	rhive.assign	在 R 中给定义的函数取名
	rhive.export	在 R 中传达定义的函数
	rhive.rm	对已向 Hive 传达的函数进行清除
rhive-hdfs	定义与 HDFS 通信的函数	
	rhive.hdfs.connect	与 HDFS 连接
	rhive.hdfs.ls	与 hadoop fs-ls 的对应
	rhive.hdfs.get	与 hadoop fs-get 的对应
	rhive.hdfs.put	与 hadoop fs-put 的对应
	rhive.hdfs.close	终止和 HDFS 的连接
rhive-query	运行 HQL	
	rhive.query	运行 HQL query
rhive.aggregate	在 R 中把统计函数转换为 HQL 并进行分散	
	rhive.aggregate	
rhive.basic	运行基本统计函数的分散	
	rhive.basic.mode	对值的频率进行输出
	rhive.basic.range	输出最大/最小值
	rhive.basic.t.test	分析两个数据集
	rhive.block.sample	随机抽取 block 样本

对表 7-2 中的几种示例进行介绍。首先，了解几种使用 HDFS 的简单函数。下面的示例为：访问 HDFS，确认 Root 目录的内容有完成访问的过程。当然，除此之外在 HDFS 上还有很多可以运行的命令是通过函数体现的。rhive.hdfs.*形式的函数是由 put、get、rm、rename、exists、mkdirs、cat、tail、chmod 等类似的函数体现的。关于更多具体函数的说明请参考 RHive 包的说明文件。

- 利用 RHive 连接 HDFS

```
>library(RHive)
>rhive.connect()
>rhive.hdfs.connect()
[[1]]
[1] "Java-Object{DFS[DFSCLient[clientName=DFSClient_1852295250,ugi=hadoop]]}"
[[2]]
[1] "Java-Object{org.apache.hadoop.fs.FsShell@3b5e234c}"
[[3]]
[1] "Java-Object{com.nexr.rhive.util.DFUtils@215f7107}"
>rhive.hdfs.ls()
    permission  owner   group       length  file
1   rwxr-xr-x   hadoop  supergroup  0       /rhive
2   rwxrwxrwx   hadoop  supergroup  0       /tmp
3   rwxr-xr-x   hadoop  supergroup  0       /user
>rhive.hdfs.info('/rhive')
    size    dirs    files   blocks
1   114332  2       1       1
>rhive.hdfs.close()
```

```
[1] TRUE
>
```

接下来,访问前一节中设置的 Hive 并获取列表的目录,通过运行 HiveQL 对未满 15 岁的用户数量进行统计。下述的示例中介绍了与 Hive 连接相关的几种重要函数。第一种 rhive.init( )函数的作用为运用环境变量。输入 hadoop='/opt/hadoop/hadoop-1.0.0,作为此函数的参数,由此可代替 HADOOP_HOME 环境变量的设置。rhive.connect( )函数的任务是实现与 Hive 的实际连接工作。通过 host 和 port 等参数可以输入与 Hiveserver 的连接信息。终止连接时使用 rhive.close( )函数。

- 利用 RHive

```
>rhive.init()
>rhive.connect()
SLF4J:Class path contains multiple SLF4J bindings.
SLF4J:Found binding in [jar:file:/home/hadoop/hive-0.9.0-bin/lib/slf4j-
    log4j12-1.6.1.jar!/org/slf4j/impl/StaticLoggerBinder.class]
SLF4J:see http://www.slf4j.org/codes.html #multiple_bindings for an explanation.
converting to local hdfs://rhive/lib/rhive_udf.jar
Added /tmp/hadoop/hive_resources/rhive_udf.jar to class path
Added resources: /tmp/hadoop/hive_resources/rhive_udf.jar
>rhive.list.tables()
Ok
    tab_name
1   ratings
2   users
>rhive.query("SELECT count(*) FROM users WHERE age<15");
OK
    X_c0
1   11
>rhive.close()
[1] TRUE
```

上面的示例中需要注意的是:通过 rhive.query( )函数传达了 Hive QL。因此,通过此示例可以知道,任何的 Hive 命令都可以在 R 上执行。即使是 Hive 中存在大量的数据,也可以通过 SELECT 和 WHERE 语句对需要的信息进行过滤,可以加载到 R 的变量中。

下面为将 15 岁以下的用户分配为实际的 R 的变量的示例。

- 使用 rhive.query 的例子

```
>u15=rhive.query("SELECT * FROM users WHERE age<15")
>u15
    userid  age gender  occupation  zipcode
1   30      7   M       student     55436
2   142     13  M       student     48118
3   206     14  F       student     53115
4   289     11  M       none        94619
5   471     10  M       student     77459
6   609     13  F       student     55106
7   628     13  M       none        94306
```

8	674	13	F	student	55337	
9	813	14	F	student	02136	
10	880	13	M	student	83702	
11	887	14	F	student	27249	
>						

即使在 SELECT 语句中添加条件，对数据进行加载后，根据相关条件的选择度超出本地机器的存储容量的结果也可以被分配到变量中。rhive.big.query( )函数通过在 rhive.query( )函数中添加 memlimit 参数，通过这个值可以设置本地机器内存的使用量限制，由此可以调整为不接受超过限度以上的结果。如果是针对于大数据的分析，RHive 提供了在 HDFS 上从大数据中抽取样本的功能。此函数有 rhive、block、sample(tablename、percent=0.01、seed=0、subset)等形式。从特定的列表中按照 percent 比例抽取样本，随机数基于 seed 创建，获取满足 subset 条件的样本。此时需要注意的是，percent 参数代表的不是整体数据的 Record 数量的 0.01%，而是抽取 block 个数的 0.01%。因此，在小的数据集中，如果运行此命令可以加载所有的数据集。

7.2.4 小结

本节简单介绍了 RHive 包的使用，通过 R 中与 Hive 的连接 RHive 包可以支持大数据的分析。R 作为一个免费的统计分析软件，它提供的各种工具和性能毫不逊色于其他商用包。Hive 作为 Hadoop 上运行的数据仓库系统，将数据以结构化形式存储到 HDFS 中，通过与 SQL 类似的 HiveQL 帮助用户进行数据抽取和分析。RHive 是两种工具的连接点。它将两个包结合起来，解决了 R 处理大数据存在界限的缺点，以及 Hive 无法提供多种统计道具的缺点。虽然目前还处于开发阶段，但是从开源代码总是在不断发展的角度来看，我认为这样的尝试本身是十分具有意义的。考虑到 R 和 Hive 存在许多潜在用户，可以知道 RHive 未来存在无限的潜能。

7.3 利用 Hadoop 的图形数据处理 Giraph

图形数据的分析近期受到了许多人的关注。Twitter、Facebook 等 SNS 服务的用户在不断骤增的同时，关于用户间关系的分析需求也在增加，智能手机的普及化增加了对用户产生的各种形态的数据进行整合的需求。图形数据分析的重要性可以在网页搜索中体现，Google 将各网页看作一个顶点（vertex），网页间的 hyperlink 通过边（edge）形成图形数据，再运行 PageRank 算法。PageRank 算法将图形中被看作重要的顶点进行评分。用户输入特定的查询语言后，引擎系统将提供包含查询结果的 PageRank 值较高的文本，这是 Google 搜索引擎早期的模型。这类算法也可以用于分析用户间的重要性。将个别用户看作顶点，用户间的朋友关系作为边进行建模创建图形，通过 PageRank 算法将全部图形中的所有用户分别进行重要程度的排序。将通过这样的方式求得的重要用户作为好友推荐给其他人的方法，在 SNS 服务中也经常用到。

MapReduce 作为与 PageRank 同样的图像算法，也被用到很多的求图形分析算法的环境中。通过图 7-10 了解 PageRank 的基本概念。假定从 A 到 E 总共有 5 个文本，每个文本的 hyperlink 都用边来构成图形。为求出 PageRank，需要在各节点上设置 PageRank 的初始值。这里，假定 5 个节点每个的初始 PageRank 值为 0.2。此数值通过反复运行某种特定的程序结合为其他的值，此结果为最终的 PageRank 值。通过迭代的过程，各节点的 PageRank 值被更新。下列示例中呈现了 D 节点的 PageRank 值变化的一个迭代程序。D 文本的 PageRank 值由通过线连接的 A、B、C 的 PageRank 值决定。更具体的方法为，A 的 PageRank 值 PR(A)除以由 A 出发的线的个数 + B 的 PageRank 值 PR(B)除以由 B 出发的线的个数+C 的 PageRank 值 PR(C)除以由 C 出发的线的个数，在此基础上与 d 值相乘，它代表延续这个程序的概率的参数。一般情况下，0.85 左右的概率会延续这个程序，如果不是这个概率则返回任意的节点。下列算式的前部分的概率为 0.15，意味着可以移动到其他所有的页面中。为了便于理解，可以将这个过程看作我们在进行一般的网上浏览时，在地址栏中输入 URL，移动到其他页面的过程。

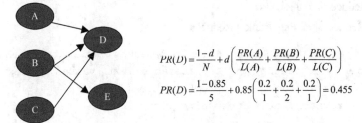

$$PR(D) = \frac{1-d}{N} + d\left(\frac{PR(A)}{L(A)} + \frac{PR(B)}{L(B)} + \frac{PR(C)}{L(C)}\right)$$

$$PR(D) = \frac{1-0.85}{5} + 0.85\left(\frac{0.2}{1} + \frac{0.2}{2} + \frac{0.2}{1}\right) = 0.455$$

图 7-10　计算 PageRank

用 MapReduce 实现这样的程序，结果会是怎样呢？假定 MapReduce 的输入为各行（节点编号、初始值、外部连接的目的节点目录）中由 Tap ("\t") 区分的输入文件。下面说明的 Map 和 Reduce 的过程为执行一次上述的迭代程序，用原来的输入文件形式再次对数据进行存储。

● 利用 MapReduce 计算 PageRank（Map）

```java
public static class Map extends Mapper<LongWritable,Text,Text,Text>{
    //假定输入的形式为 '节点编号|当前的 PR 值(|外部链接的目的节点)*,
    public void map(LongWritable key,Text value,Context contxt)throws
        IOException,InterruptedException{
        String line=value.toString();
        String [] values=line.split("\t");

        //如果不存在外部链接，则表示无意义
        if(values==null || values.length<3){return ;}

        String cur_node=values[0];
        double cur_pr=Double.parseDouble(values[1]);
        int cnt_out_edge=values.length-2;//节点编号和 PR 值除外

        String buf=""" ";

        for(int i=2;i<values.length;i++){
            //在外部节点中传送值（当前的 PR 值/向外的节点个数）
            context.write(new Text(values[i]),new Text(""+(cur_pr/(double)
                cnt_out_edge)));

            if(buf.length()!=0){buf+="\t";}
            buf+=values[i];
        }

        //在当前节点中传送输入值，通过下一次的迭代维持向下节点的信息
        context.write(new Text(cur_node),new Text("*"+buf));
    }
}
```

上面的 Map 中通过输入一个 Line，将节点编号和当前的 PR 值分离，剩余的外部节点用 Key 和本人的 PageRank 值进行区分。因此 Reduce 的输入会成为本人的节点编号和向本人传送的 PageRank 值的目录。需要注意的一点是，需要在输入数据中进行特别的标示后再传送到 Reducer 中。这样可以防止外部链接信息的丢失。

下面将介绍 Reduce 部分的代码。

● 利用 MapReduce 计算 PageRank（Reduce）

```java
public static class Reduce extends Reducer<Text,Text,Text,NullWritable>{
    public void reduce(Text key,Iterable<Text> values,Context contxt)throws
        IOException,InterruptedException{
        Iterator<Text> iter=values.iterator();

        //设置统一的节点初始值
        double init_value=1d/NUM_OF_NODES;

        String out_edges=" ";
        double cur_pr=0.0d;

        while(iter.hasNext()){
            String value=iter.next().toString;
            if(value==null | value.length==0){return;}
            //对存在的外部链接信息进行处理
            if(value.startsWith("*")){
                out_edges=value;
                continue;
            }
            //将已传送的所有 PageRank 值相加
            cur_pr+=Double.parseDouble(value);
        }

        //运用进入下个程序或是进入任意节点的相关值
        cur_pr *=0.85d;
        cur_pr+=0.15d*init_value;

        if(out_edges.length()<2){return;}
        context.write(
            new Text(key.toString()+"\t"+cur_pr+"\t"+out_edges.substring(1)),
            NullWritable.get()
        );
    }
}
```

Reducer 的输入内容为各节点编号和传送到该节点的 PageRank 的值。将所有值相加后若概率为 0.85，则此程序继续进行，假定以 0.15 的值向任意的节点移动。将此数值作为当前节点新的 PageRank 值。此节点的值既不受之前值的影响，也不受提供链接节点值的影响。重复此过程，接受链接多的节点 PageRank 值增加的可能性加大，可以识别为重要的节点。

- 利用 MapReduce 计算 PageRank（Main）

```
public static void main(String [] args) throws Exception{
    Configuration conf=new Configuration();
    String inputDir=args[0];

    for(int i=1;i<=30;i++){
        Job job=new Job(conf,"PageRank-i"+i+"("+inputDir+")");

        job.setJarByClass(PageRank.class);
        job.setMapperClass(PageRank.Map.class);
        job.setReducerClass(PageRank.Reduce.class);

        job.setMapOutputKeyClass(Text.class);
        job.setMapOutputValueClass(Text.class);
        job.setOutputKeyClass(Text.class);
        job.setOutputValueClass(NullWritable.class);
        job.setNumReduceTasks(NUM_OF_REDUCERS);

        FileInputFormat.addInputPath(job,new Path(inputDir+"-pr"+(i-1)));
        FileOutputFormat.setOutputPath(job,new Path(inputDir+"-pr"+i));
        job.waitForCompletion(true);
    }
}
```

　　上述阶段经过迭代整合为 PageRank 值。但这个迭代过程不是无限反复的，在某个瞬间需要停止整合过程。上述示例中进行了 30 次的迭代阶段。正如一般网页的图形，大的图形一般通过 100 次左右的迭代获得最终值。

　　至此，为了介绍基于图形的数据程序框架 Giraph 进行了一段很长的说明。事实上，用 MapReduce 实现上述的 PageRank 示例是一种没有效率的方法。MapReduce 的各迭代阶段在分布式文件系统中通过读取文件→Map→shuffle→Reduce→编写文件的流程，需要进行 30 次的反复。为了不丢失节点间的连接关系，在每个迭代阶段都需要重复后进行传达。如果存在一种数据程序框架，在各节点维持信息的同时，可以较少迭代阶段中发生的负荷，而且可以处理大容量的图形，那么它的作用是巨大的。Google 的 Pregel 通过 BSP（Bulk Synchoonous Parallel）模型实现了这些功能。Giraph 是 Pregel 的开源版本。

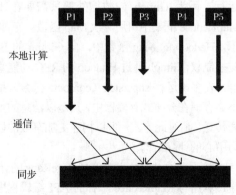

图 7-11　BSP 模型的 superstep 构成

　　下面对 BSP 模型进行简单介绍。如图 7-11 所示为 BSP 模型的 superstep 构成。BSP 的计算需要多个连接网络的处理器，每个处理器都有快速的本地内存。BSP 的计算通过 superstep 的连续进行，各 superstep 具有下列的阶段，回想上述的 PageRank 计算实例的同时进行思考。

- 本地计算（Local Computation）：各处理器利用自身数据进行计算。这个过程为从其他节点接收到 PageRank 值后，计算下一阶段的 PageRank 值。

- 通信（Communication）：结束计算后，向特定的节点传送计算值。这个过程为计算完自身的 PageRank 值后，将此值传达给外部的节点。
- 同步（Barrier Synchronization）：在完成与所有节点的计算通信之前，不进行下一阶段工作，并将计算过程同步。PageRank 的值需要保持各迭代阶段的相对独立性。

Google 的 Pregel 实现了此模型，并解决了 MapReduce 难以解决的节点中心的迭代计算问题。图 7-12 所示是 Pregel 中提供的 API 的简略明细和 PageRank 算法的虚拟码。Pregel 各节点上的 VertexValue 代表相关节点的特定值。对于 PageRank，则存储的是各节点的 PageRank 值。每个节点有相应的边，通过边向其他节点传送值。如果边自身具有加权值，则存储在 EdgeValue 中，传送到其他节点的消息的值以 MessageValue 的形式传送。举一个体现 PageRank 的例子，Vertex<double，void，double>是体现以上 3 种数据的类型。每一个 superstep 中通过引入 Compute 函数进行计算。PageRank 的 compute 函数中需要执行 30 次 superstep。各 superstep 中得出的计算值通过 SendMessageToAllNeighbours Method 向下一个 superstep 的邻居节点传送。所有的 superstep 终止后通过 VoteToHalt()函数终止 BSP 的计算。

```
template <typename VertexValue,
          typename EdgeValue,
          typename MessageValue>
class Vertex {
public:
  virtual void Compute(MessageIterator* msgs) = 0;

  const string& vertex_id() const;
  int64 superstep() const;

  const VertexValue& GetValue();
  VertexValue* MutableValue();
  OutEdgeIterator GetOutEdgeIterator();

  void SendMessageTo(const string& dest_vertex,
                     const MessageValue& message);
  void VoteToHalt();
};
```

```
class PageRankVertex
  : public Vertex<double, void, double> {
public:
  virtual void Compute(MessageIterator* msgs) {
    if (superstep() >= 1) {
      double sum = 0;
      for (; !msgs->Done(); msgs->Next())
        sum += msgs->Value();
      *MutableValue() =
          0.15 / NumVertices() + 0.85 * sum;
    }

    if (superstep() < 30) {
      const int64 n = GetOutEdgeIterator().size();
      SendMessageToAllNeighbors(GetValue() / n);
    } else {
      VoteToHalt();
    }
  }
};
```

图 7-12　Pregel 的 API 及 PageRank 示例

BSP 模型的 Giraph 中不会发生 MapReduce 的反复运行，因为 Giraph 的数据处理只需要在 Hadoop 的 MapReduce 框架中引用一次 Map 函数。正如图 7-13 所示，Hadoop 的 Map 函数中，向 Giraph 的 BSP 框架移交控制权，Giraph 通过 Hadoop 的 RPC 功能直接管理集群。在多次运行 superstep（compute 函数）期间，数据不会存储在分布式存储器中，只是以消息的形式在节点间传送。通过此方式，可以构建更加有效的以图形顶点为中心的计算结构。

接下来通过 Giraph 来实现 PageRank 的计算。Giraph 通过利用与 MapReduce 一样的 API 编辑程序，而不是使用 Mahout 或 RHive 向用户提供一系列命令。编辑的程序以 Hadoop Job 的方式在 Hadoop 集群中运行，它与 Hadoop Job 的区别在于，它只运行 Map，没有 Reduce Job。因此可以减少 shuffle 过程中发生的排序相关负担。

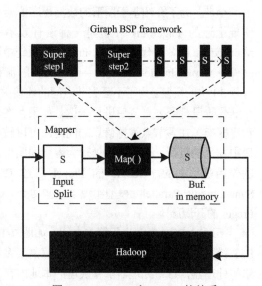

图 7-13　Hadoop 和 Giraph 的关系

在运行 Map 时，直接与需要的节点进行通信。首先，构建 Giraph 的代码来创建库。运行此作业需要 Maven3.0 以上版本。

- Giraph 源代码下载及编译

```
hadoop@cluster-01:~$ svn checkout http://svn.apache.org/repos/asf/giraph giraph
hadoop@cluster-01:~$ cd girpha/trunck/
hadoop@cluster-01:~/girpha/trunk$ mvn -Dhadoop=non_secure compile
```

运行完以上过程后，target 目录中生成 giraph-0.2-SNAPSHOT-jar-with-dependencies.jar 文件。将此文件添加到自己的 Classpath 中，为相关库的使用进行设置。这里将利用 Maven 创建 Giraph 库合并后的 JAR 文件。压缩为一个 JAR 文件后，在分配 Job 时将更加方便。首先将上面的 JAR 文件复制到新项目的 lib 目录中，同时将此 JAR 文件在 Maven 存储库中进行安装。

将利用 Giraph 项目的 Maven 配置文件 pom.xml，按照下列方式添加。

- Giraph 库的设置（pom.xml 文件的一部分）

```xml
<plugin>
    <groupId>org.apache.maven.plugins</groupId>
    <artifactId>maven-install-plugin</artifactId>
    <executions>
        <execution>
            <id>install-giraph</id>
            <phase>package</phase>
            <goals>
                <goal>install-file</goal>
            </goals>
            <configuration>
                <file>${project.basedir}/lib/giraph-0.2-SNAPSHOT-jar-with-
                    dependencies.jar</file>
                <groupId>org.apache.giraph</groupId>
                <artifactId>giraph</artifactId>
                <version>0.2</version>
                <packaging>jar</packaging>
                <createChecksum>true</createChecksum>
                <generatePom>true</generatePom>
            </configuration>
        </execution>
    </executions>
<plugin>
```

通过以上设置方式在执行 mvn package 命令时，可以安装 lib 目录中的 JAR 文件。

为了创建包含 Classpath 上所有文件的 JAR 文件，需要进行下列设置。

- Giraph 库的设置（pom.xml 文件的一部分）

```xml
<plugin>
    <artifactId>maven-assembly-plugin</artifactId>
    <version>2.2.2</version>
    <configuration>
        <descriptorRefs>
            <descriptorRef>jar-with-dependencies</descriptorRef>
        </descriptorRefs>
    </configuration>
```

```xml
    <executions>
        <execution>
            <id>make-assembly</id><!--this is used for inheritance merges -->
            <phase>package</phase>
            <goals>
                <goal>single</goal>
            </goals>
        </execution>
    </executions>
<plugin>
```

在实际的项目中,访问库需要进行下列的依赖性设置。
- Giraph 库的设置(pom.xml 文件的一部分)

```xml
<dependency>
    <groupId>org.apache.giraph</groupId>
    <artifactId>giraph</artifactId>
    <version>0.2</version>
    <scope>compile</scope>
</dependency>
```

完成上面的设置后,使用 Giraph 的库完成编写程序前的准备。Giraph 的 Job 一般通过 Hadoop Job 的继承进行创建。

下面的内容为 PageRank 计算 Giraph 时准备和运行的代码。
- Giraph PageRank 示例(Main)

```java
public static void main(String [] args) throws Exception{
    GiraphJob job=new GiraphJob("Giraph BSP");
    
    job.setVertexClass(BSPPageRank.class);
    job.setVertexInputFormatClass(BSPPageRankVertexInputFormat.class);
    job.setVertexOutputFormatClass(BSPPageRankVertexOutputFormat.class);
    job.setWorkerConfiguration(8,8,100.0f);
    
    String inputDir=args[0];
    FileInputFormat.addInputPath(job.getInternalJob(),new Path(inputDir+"-pr0"));
    FileOutputFormat.setOutputPath(job.getInternalJob,new Path(inputDir+
        "-pr-result"));
    job.run(true);
}
```

Giraph 中所有的运算都是以节点作为基准进行工作的。setVertexClass Method 声明节点的形态。此 Class 需要具备 compute( ) Method。setVertexInput/OutputFormatClass( ) Method 可以决定向 comput( ) Method 输入怎样的值,以及以何种方式进行输出。与此相关的代码将在之后进行补充说明。Giraph 的 Job 按照上述方式用 GiraphJob Class 进行声明,用 job.run( )运行。
- Giraph PageRank 示例(输入)

```java
//通过 BSP 的输入对读取导入数据的 InputFormat Class 进行声明
public static class BSPPageRankVertexInputFormat extends TextVertexInputFormat
```

```java
    <LongWritable,DoubleWritable,FloatWritable,DoubleWritable>{
    publicVertexReader<LongWritable,DoubleWritable,FloatWritable,DoubleWritable>
        createVertexReader(InputSplit split,TaskAttemptContext context)
        throws IOException{
        return new BSPPageRankVertexReader(textInputFormat.createRecordReader
            (split,context));
    }
}

//读取从 text 文件获得的信息,并用其构成一个节点的信息
public static class BSPPageRankVertexReader extends TextVertexInputFormat.
    TextVertexReader<LongWritable,DoubleWritable,FloatWritable,DoubleWritable>{
    publicBSPPageRankVertexReader(RecordReader<LongWritable,Text> lineRecordReader){
        super(lineRecordReader);
    }

    public BasicVertex<LongWritable,DoubleWritable,FloatWritable,DoubleWritable>
        getCurrentVertex() throws IOException,InterruptedException{
        Configuration conf=getContext().getConfiguration();
        String line=getRecordReader().getCurrentValue().toString();

        //创建一个 BSP 顶点
        BasicVertex<LongWritable,DoubleWritable,FloatWritable,DoubleWritable>
                vertex=BspUtils.createVertex(conf);

        //设置顶点的 ID 和值
        String[] values=line.split("\t");
        LongWritable vertexId=new LongWritable(Long.parseLong(values[0]));
        DoubleWritable vertexValue=new DoubleWritable(Double.parseDouble
                            (values[1]));

        //在顶点上创建连接线
        Map<LongWritable,FloatWritable> edges=Maps.newHashMap();
        for(int i=2;i<values.length;i++){
            edges.put(new LongWritable(Long.parseLong(values[i])),new
                FloatWritable(1f));
        }
        vretex.initialize(vertexId,vertexValue,edges,null);
        return vertex;
    }

    public boolean nextVertex() throws IOException,InterruptedException{
        return getRecordReader().nextKeyValue();
    }
}
```

在 VertexInputFormat 指定的 Class 中,通过 createVertexReader() Method 声明 VertexReader。在此

Class 中通过 getCurrentVertex 创建节点。输入文件的形式与 MapReduce 示例中一样，包括节点编号、当前的 PageRank 值，以及外部链接。此值用标志字符进行区分后生成新的节点。

下面介绍的是在 compute( ) Method 中处理此过程的方法。

- Giraph PageRank 示例（计算）

```
public void compute(Iterator<DoubleWritable>msgIterator) throws IOException{
    if(getSuperstep()>=1){
        double sum=0;
        while(msgIterator.hasNext()){
            sum+=msgIterator.next().get();
        }
        DoubleWritable vertexValue=new DoubleWritable( (0.15f/getNumVertices())+
                            0.85f*sum);
        setVertexValue(vertexValue);
    }

    if(getSuperstep()<MAX_SUPERSTEPS){
        long edges=getNumOutEdges();
        sendMsgToAllEdges(new DoubleWritable(getVertexValue().get()/edges));
    }else{
        voteToHalt();
    }
}
```

在各节点中，通过 msgIterator 接受以前节点的 PageRank 值。此值在 sum 变量的基础上受到 0.85 程度的影响。这样求出的值通过 setVertexValue( ) Method 设定为当前节点的新值。这类过程与之前的用 MapReduce 计算 PageRank 的示例完全一致。最多可运行 30 次 superstep，通过 sendMsgToAllEdges Method 将新值传送给下一个节点。完成所有的 superstep 后，用 voteToHalt( ) Method 中断 BSP 计算的运行。

完成所有计算后，结果将作为文件使用，通过下列的过程实现。

- Giraph PageRank 示例（输出）

```
public static class BSPPageRankVertexWriter extends TextVertexWriter
    <LongWritable,DoubleWritable,FloatWritable>{
    public BSPPageRankVertexWriter(RecordWriter<Text,Text> lineRecordWriter){
        super(lineRecordWriter);
    }

    public void writeVertex(BasicVertex<LongWritable,DoubleWritable,
        FloatWritable>,->vertex)throws IOException,InterruptedException{
        //在一组中输出顶点的 ID 和 PageRank 值
        getRecordWriter().write(
            new Text(vertex.getVertexId().toString()),
            new Text(vertex.getVertexValue().toString())
            );
    }
}
```

```
public static class BSPPageRankVertexOutputFormat extend TextVertexOutputFormat
    <LongWritable,DoubleWritable,FloatWritable>{
    public VertexWriter<LongWritable,DoubleWritable,FloatWritable>
        createVertexWriter(TaskAttemptContext context) throws IOException,
        InterruptedException{
        RecordWriter<Text,Text> recordWriter=textOutputFormat.getRecordWriter
            (context);
        return new BSPPageRankVertexWriter(recordWriter);
    }
}
```

VertexOutputFormat Class 生成 VertexWriter Class。在此 Class 中通过 writeVertex( ) Method 创建输出结果。此示例中用 Text 的形式输出了个节点编号和 PageRank 值。最终，输出结果在一行中由节点和相应节点的值以键值对的形式构成。

7.4 小　　结

本章中介绍了与 Hadoop 相关的数据分析工具的简单安装过程和示例。Mahout 作为 Apache 软件公司支持的项目，它支持基于 Hadoop 的扩展性机器学习和数据挖掘任务的执行。RHive 是统计分析工具 R 与 Hadoop 中工作的数据仓库 Hive 集合成的工具，可以进行扩展性的数据分析。Giraph 可以减轻 Hadoop MapReduce 中产生的负载，它是基于图形的分布式数据处理框架。这些工具可以让用户更加容易地访问 Hadoop 和 MapReduce，让用户更加熟练地进行大容量数据的分析。

通过此类工具，可以将分析结果作为基础资料向用户通过更加卓越的服务。例如，利用 Mahout 将计算出的用户的相似度存储到关系型数据库或 NoSQL 数据库中并使用到实时推荐中。下一章将详细介绍关于实时服务的各种工具。

第 8 章　数据中的 DBMS，NoSQL

8.1　NoSQL 出现背景：大数据和 Web 2.0
8.2　NoSQL 的定义和类别特征
8.3　NoSQL 数据模型概要和分类
8.4　NoSQL 数据模型化
8.5　主要 NoSQL 的比较和选择
8.6　小结

※ 摘要

> 本章将介绍备受瞩目的大数据的存储、实时查询及分析的技术 NoSQL。NoSQL 的作用不是用于代替已有的关系型数据库（RDBMS）。NoSQL 根据种类的不同，优缺点也不同。由于其特性非常鲜明，按照需要使用的服务的类型和特性，在预算范围内选择合适类型，可以充分发挥其功能和角色。本章的目的在于，在使用开发及发布服务时，或是大数据环境中，将 NoSQL 作为一种可用的解决方案进行客观的评价。同时，将简略地了解 NoSQL 的登场背景、特性、大数据和当前网络服务的特征。之后，为了理解 NoSQL 的数据建模方法，将介绍最具代表性 NoSQL 种类的特征，也会介绍与 NoSQL 实际运用相关的基本的建模方法。

NoSQL 是"Not Only SQL"的缩写，2000 年初期到中期这段期间，很多的 Web 企业都在进行各自的巨型平台化升级，伴随着大量服务的登场，大容量、大数据等开始受到瞩目。NoSQL 正如其字面意思，不局限于现有的 SQL，根据需要即使放弃 SQL 的部分功能，通过服务的强化可以选择应用更加适宜的数据库。各种 NoSQL 根据使用服务的不同具有各自的特点，种类可分为 11 大类，总个数有 122 个（http://nosql-database.org）。

NoSQL 的作用绝不是完全抛弃并代替现有的关系型数据库（RDBMS）。正如前文中提到的，NoSQL 根据种类的不同，优缺点也不同。由于其特性非常鲜明，按照需要使用的服务类型和特性，在预算范围内选择合适类型，可以充分发挥其功能和角色。虽然这类使用情况可能受到条件制约并产生困难，但是，即使在关系型数据库的设计、构建、运行中再投入大量的费用，也无法在大容量服务或频繁更新的环境及变动的扩展性问题方面获得满意的结果，这也是 NoSQL 未来会受到更多关注、被广泛使用的原因。目前，大家的关注点逐渐转移到用低廉的费用构建具有服务扩展性和可变动性的数据存储中。

NoSQL 并不适用于所有业务，如 Sliver Bullet 的"单一的""万能的"解决方法。在 NoSQL 的运用和分析方面需要注意以下事项：

- NoSQL 不是能在费用、技术方面代替关系型数据库的解决方案技术。
- NoSQL 有多种类型，每种类型都具有不同的特性、运用环境、trade-off 的解决方案和产品。
- NoSQL 和 SQL 型数据库的差别在于，根据服务模型的不同有多种"数据模型"，按照使用服务的类型来有效地设计"数据模型"，可以有效地利用 NoSQL 的特性进行运用。
- 明确服务在功能、性能、费用等方面的要求，在此范围内按照以上三种标准来对关系型数据库和 NoSQL 进行同等地位的比较。

本章的内容将帮助你理解以上内容，为了将 NoSQL 作为一个应用解决方案进行客观的、成功的评价，将对 NoSQL 的基本特性、NoSQL 种类的特性、NoSQL 的基本数据建模方法——进行介绍。为了加深对 NoSQL 的登场背景、特性、运用的理解，将简单介绍大数据和目前互联网服务的特征、NoSQL 的定义和数据库的特性。之后，通过介绍最具代表性的 NoSQL 各种类的特征来理解关于 NoSQL 使用的数据建模方法，介绍 NoSQL 实际使用中的基本数据建模方法。

8.1 NoSQL 出现背景：大数据和 Web 2.0

从互联网急速发展的初期开始，主要的搜索引擎企业和电子商务企业一直在与不断增加的数据进行较量。近期，社交网络网站也在为不断增加的数据犯愁。如今，许多企业通过收集的数据来理解用户，这个宝贵的资源可以帮助企业获得业务成果并增加业务基础设施的效率。NoSQL 作为一种新的大数据和数据库的形态，它不仅定义了新的分类，同时还受到了大众的关注。本节中将介绍在这种急速发展环境下的 NoSQL 的登场背景。

8.1.1 基于 Web 2.0 的大数据的登场

Web 2.0 是大数据、云等技术的始发点。Web 2.0 不是指具体的某一种技术，是对某种特性或模式进行说明的术语。Web 2.0 的概念始于 2004 年 10 月 O'reilly Media, Inc.公司的代表性团队 Tim O'reilliy。互联网企业（dot-com）泡沫破灭之后，将留存的互联网企业（Google、Ebay、Amazon 等）具有的共同点进行区分后定义为 Web 2.0 的特性。通常，被大众广泛认知 Web 2.0 的大概特征如下：
- 作为平台的 Web。
- 提供更加便捷的 Web，丰富的用户协作及体验。
- 定义为集开放和参与、共享为一体的服务。
- 数据（crowd sourcing）作为集体智慧的原动力。
- 基于网络效果（network effect 或 network externality）的服务评价。
- the long tail 效果。
- 将内容与服务融合的 lightweight business model。
- 提供弹性服务扩展和更改的永久的测试版（the perpetual beta）服务。
- 与原有收入模式不同的新型商业运营模式（wikinomics 和 freenomics）。

 小贴士

Wikinomics

作为 Wikipedia 和 Economics 的合成词，它源自 Don Tapscott 和 Anthony D.Williams 共同编写的书中。在基于被少数的效率性和比较优势所左右的旧的经济（Economics）基础上，集合了多数的个体/非专业的协作及团体活动形成集体智慧（Collective Intelligence），具有代表性的是 Wikipedia，它是 Web 2.0 时代集合了大众智慧的新型经济结构。

通过 Web 2.0，互联网的属性从单纯的在线应用进化成了用户可以直接参与并可以进行更改的形式。服务及数据产生过程中，通过开放消费者或大众的参与，提高了生产效率并提供多种衍生服务，实现了将服务使用过程中所定义的消费者和生产者的单方向性转变成了生产者也可以成为消费者的双方向性。通过这类客户主导的革新，大量的服务和网站随之登场。如图 8-1 所示，网页用户从 1996 年的 4500 万爆发性地增长到了 2015 年的 30 亿，用户使用的网站数量由 25 万个增长到了 25 亿个。不仅是网站数量的增加,与原来的网站不同的是:不仅向用户提供了固定形式的内容,同时可以由用户直接上传内容的网站也得到了普及。

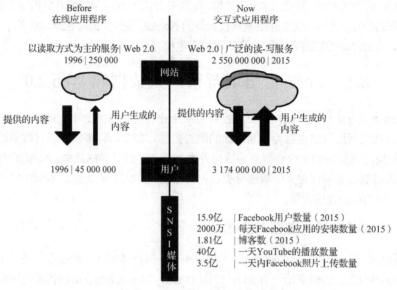

图 8-1 Web 服务的变化

此类网站不仅局限基于社交网络的 SNS 网站,还有各种由客户参与的用 UCC(user created contents)、UGC(user generated contents)运营的 online media 网站。1.5 亿名用户运营着博客,每天通过 Youtube 播放的视频超过 20 亿个。作为代表性的 SNS 服务商,Facebook 的 10 亿用户每天安装 2000 万个 Facebook 应用程序,一天上传 1 亿张照片。Facebook 通过被称作 HBase 的 NoSQL 其中一种数据库进行运营,关于数据库具体的内容将在下一章中介绍。

Long Tail 是 Web 2.0 的一种重要特征。这一概念是由连线杂志主编 Chris Anderson 在 2004 年提出的。它与 Pareto 定律不同,意味着:发生概率或发生量较小的部分,即"尾巴"之和压倒了"头"部分之和(如图 8-2 所示)。

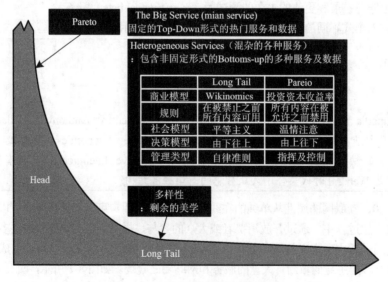

图 8-2 Long Tail 和 Pareto 的比较

Pareto 定律是关于上端主流的占有率大于剩余的非主流占有率的传统市场经济理论，基于此理论，过去的在线应用或是集中于上端 20%的顾客或产品，从中可获得 80%的收入。即服务提供商没有必要运行 100 个内容或数据，只需要运营其中的 20 个，比起 100 名客户只需要集中服务于 20 名客户就可以获得大部分的收入。比起售卖 100 种不同书籍的书店，只售卖最畅销的 20 种书籍的书店在运营上会更加有效率。

随着网络的发展、存储容量及计算能力提高等基础技术发展带来的运营费用的减少，随着用户体验的提高带来的非主流的"多样化"服务，让"多样化"用户得到了更多的关注。例如，随着网络技术的发展，书籍的销售部不仅限于线下的形式，书也不局限于印刷的形式，通过软拷贝的形式提供给用户，用户的媒介已逐渐变得多样化。线上的书籍销售不需要只陈列畅销书籍，所有种类的书和非热门书籍都可以进行销售。同时，通过网页和因特网可以将全世界作为目标市场，原来一年销售量为两三本的书籍可以提高到几万本。这类少量的需求和供给可以用较少的费用维持，同时可扩大访问范围，这成为了类似于 App Store 的新生态界的登场背景。

再举几个 Long Tail 的例子。Google 在网页搜索网站中向大企业提供低价的广告刊载服务，用户可以直接对广告进行 Tagging，这种"积土成山"式的广告服务（Google AdSense）可以让各种企业使用低廉的费用就可以刊载目标广告，通过此服务 Google 整体的销售额提高了 50%以上。同时，作为全球代表性的运营云/大数据的书籍销售网站 Amazon，在非热门书籍销售部分，整体销售额提高了 30%以上。Amazon 为在线上销售全世界种类最全的书籍而构建了巨大的数据中心，现在这个数据中心和它的运营诀窍成为了 Amazon 云和 Amazon 大数据服务的基点。

Web 2.0 以后，大量的新形态的服务推出，包含结构性数据的非结构性数据的特性也在当前业务扩展的基础上受到了关注，"大数据"由此登场。

8.1.2 基于大数据的 NoSQL 的登场

从新形态的各种服务中产生的、配载的、需要处理的数据正在爆发性增长，对于这类数据的处理问题也在逐渐受到重视，"大数据"术语由此登场。在此之前也存在关于数据的存储和对应的解决方案。假设所有处理大数据的企业的资源和费用为无限大，那么大数据术语其本身也不会存在。一般情况下，大数据是指保有相应数据的企业在限定的费用和时间内难以处理的数据集。处理难度大的理由为：数据以种类多（variety）、数量大（volume）的方式快速（velocity）导入或是需要处理。同时，大数据是自身具有一定意义（value），具有难以变形、很难将其一部分简单化或是单纯删除的属性的数据。

- Volume：数据的大小难以用已有的技术处理。不仅代表数据的大小，同时是指需要处理和整理的数据。难以处理和整理的是指在恰当的费用和时间内难以用现有的技术解决。
- Variety：传统数据根据其来源和用途，意义和形态都是明确的。服务的多样化和使用类型多样化导致了服务日志、用户上传文件、SNS 数据等各种非结构性数据的产生。
- Velocity：代表处理数据的速度。即使数据再大，如果给予足够的时间是可以处理的。在人数据中，主要的要求是在有效的时间内处理并运用数据。有效的时间可以是实时，也可能是被分配的周期性时间。
- Value：被处理的数据的价值。数据在配载和分析中具有充分的意义，难以在费用方面和用已有的技术处理以上三个项目时称作大数据。

这类大数据配载在服务中的每个地方，可以被用作多种用途和目的。现有的数据通过数据库中的数据进行决策，如果数据的事务被认为是重要的，在大数据中，将通过多种用途产生的数据进行综合、分析后运用到决策中。虽然单个的数据在业务中可能并不那么重要，但经过大量积累后可成为获取新信息的数据集合。此类数据可以在产品分析、用户行为方式分析、商用逻辑的改善方面创造价值。

大数据的处理过程可以简述为图 8-3 所示的内容。此过程包含了本节中将要讨论的装载、数据模型化、查询及分析技术。

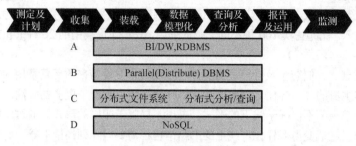

图 8-3　大数据处理过程

完成此过程需要的技术大体分为 4 种。第一种为图 8-3 中 A 对应的关系型数据库、传统的 BI、DW 技术及解决方案。但由于费用相对较高或目标数据集自身的多种原因（数据大小、多样性、处理所要求的速度）在某些时候不能进行处理。其他的选择如图 8-3 中的 B、C、D，以配置和实时性的基准进行分类。

将数据进行配置或周期性处理的是图 8-3 中的 C 类技术，即首先将数据装载到分布式环境中，再将装载的数据通过多种分布/分割处理技术经过一定时间进行分析的方法。前面介绍的 Hadoop 就属于这类。Hadoop 为有成本效益地处理这类大量数据，将运算作业分割为小的单位，再通过集群内各个服务器进行分布式处理，为确保成本效益性和水平扩展性（horizontal scalability）借用了特定的编程模型 MapReduce。这类运算模型包含了"Hadoop 分布式文件系统"（HDFS），作为可以交换的构造也有几个商用及开源文件系统的应对方案。

具有实时属性的数据处理技术有图 8-3 中的 B 和 D，B 是在已有的关系型数据库的基础上增加了分布式属性从而进化为分布式数据库。D 是放弃了数据间的关系性、一致性、可用性，确保了数据扩展性的 NoSQL。

8.1.3　适合大数据和 Web 2.0 的数据库 NoSQL

Web 2.0 时代大数据的产生增加了对数据进行实时处理的需求，NoSQL 技术随之登场。Web 2.0 以后，大量的形态各异的服务随之产生，本节中将介绍处理大数据的 NoSQL 的登场背景。

在大数据和 Web 2.0 以前的环境中，一种服务用户的增加只需要增加相应服务处理的节点即可。例如，假定提供的是 Web Service，访问 Web 的数量增加时，将执行该任务的多数的 Web 服务器进行复制，将用户的访问量进行平均分配后处理即可。可以这样处理的理由是因为对用户访问的处理相对比较单纯，对于数据一致性的维持要求不是很大，只是一般的读取专用访问。这种增加节点的方式称作 Scale-Out，它的特性为随着节点个数的增加处理的容量也按照相应的比例增加，如图 8-4 所示。

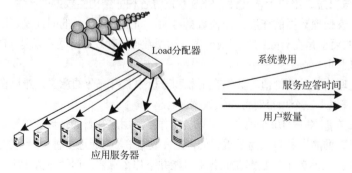

图 8-4　Application 的 Scale-Out

> **小贴士**
>
> **Scale-Up vs Scale –Out**
>
> Scale-Up 也称作垂直 Scale，为了在同一个结构或存储中扩展容量/性能，增大自身的计算能力和物理性存储。即增加物理性程序或增加更高配置的程序达到扩展性能的效果；增加物理性存储或使用更大容量的无形存储通过交换来扩展容量。Scale-Out 也称作水平 Scale，通过增加担任同一角色的物理/逻辑服务器来达到扩展容量/性能的效果。即在已经 Mount 的服务器群中增加服务器并安装同样的服务，通过负载均衡或在类似于云服务的虚拟服务中添加逻辑虚拟机器来实现容量/性能扩展。

在此类大部分用于访问读取专用的 Scale-Out 环境中，根据服务的负荷可以很容易地计算费用，作为防范节点间故障的措施，通过复制节点来进行准备也是相对容易的。在此基础上，因为各个节点没有必要规定同样的指标，节点可按照需求来进行 Scale Up/Out。因此各节点可以由价格低廉的设备构成。然而，如果服务在一个数据库中频繁更新，在重视统一性的在线事务处理（OLTP-Online Trasaction Processing）环境中，这种 Scale-Out 的应用是一个非常棘手的问题。在同时提供数据的统一性、一致性、可用性的环境中，数据库的排斥控制（mutex）将对性能产生最大的影响。

在排斥控制过程花费时间过长的情况下，整体的应答性能随之降低。所有的数据在一个物理场所中时，数据的更新处理的所有过程可以在很短的等待时间内完成，因此可以用少量的费用很快地完成排斥控制。然而，数据的更新处理在多个节点间通过网络通信进行处理的话，等待时间必然会增加，需要根据网络情况和各节点的情况增加复杂的应对机制。出于以上理由，在需要处理 OLPT 数据的环境中，通过 Scale-Out 增加的处理节点的处理能力和可用性不会按照增加的比例提高，反而下降的情况很多。这种情况下需要运用提高单一节点处理能力的 Scale-Up，如图 8-5 所示。

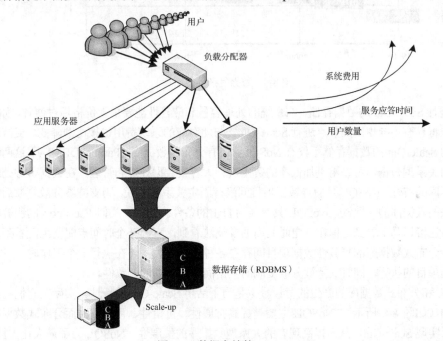

图 8-5　数据存储的 Scale-Up

Scale-Up 按照所分配服务的规模以打包的形式构成单一群，通过 CPU 的处理能力和 memory 的增加、I/O 容量的增加、网络的扩展来应对服务的高工作量。然而系统费用是根据处理能力增加的比例呈几何级数增加的,同时由于硬件和软件的技术局限其规模也是有限制的。由于单一节点的高性能的集成,维持及管理费用会随之增加,相关设备的故障应对、容错费用也随之增加。从图8-5中可知,从某个时点开始,即使投入再多的系统的费用也无法提供服务中要求的处理能力。

出于上述理由,对于怎样在提供大容量的多种类服务的环境中减少数据库中的排斥控制的方法得到了更多的关注。2000年以后,Web 2.0的社交网络、Tagging、Folksonomy等服务的特性为数据间的关系呈现出多样性,而且在这类数据处理需求增加的同时,其复杂性也在增大。图8-6显示这种复杂性的增加。

每种服务中对数据关系处理所要求的事项都有固有的特性。即一种服务中需要的关系型特性可能是其他服务中不需要的。支持OLPT的传统关系型数据能支持各种服务中所需要的数据关系处理。但正如前面所述,由于排斥控制相关的限制,随着服务的规模越大,费用呈指数增加,对操作系统来说,存在不能支撑的终结死点。对各种服务中需要的数据关系,通过效率化地处理来减少排斥控制。这时候,支持横向扩展(Scale Out),而非纵向扩展(Scale Up)的,类似NoSQL的数据存储就出现了。

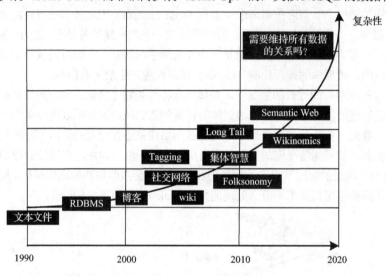

图8-6 数据复杂性的增加

可以进行Scale-Out的数据存储,在系统的处理容量和应答性能要求上价格相对便宜,如图8-7所示根据需求将具有不同规格的节点进行Scale-Out,与此对应的系统费用也按比例降低。支持这类具有集群特性的Scale-Out的数据存储不仅有NoSQL,还有分布式数据库(Parallel DBMS)。这两种数据库相比现有的关系型数据,可以用更加低廉的费用进行大容量数据处理和管理,在数据事务处理的程度方面也有不同的特性。NoSQL是假定数据项目间没有固定关系或关联,为支持被分散复制后的数据或是相互关联的数据间的一致性,NoSQL具有相对自由的条件。例如,类似Facebook的服务中,我写的内容我自己可以马上看到,但在一定时间内朋友无法看到,直到某个时间点朋友也能看到。分布式数据库支持分布式数据库的事务性数据项目间存在各种各样的关系,在执行一个工作时,可以同时支持多个数据项目的执行,同时支持被分散复制的数据间相对较高的一致性。

NoSQL和分布式数据库的产生的背景看似是为了活用Scale-Out的特性,实际上它们的设计出发点是不同的(如图8-8所示)。NoSQL主要是提高扩展性、可信性、可达性,而分布式数据库的主要目的是为了实现Scale-Out,从而提高现有的关系型数据库的扩展性。NoSQL为了最大化支持扩展性,主要目的是将数据运用到以大量的不同种类构成的集群环境中;同时,在大规模的集群环境下驱动,容错性能高,对于大容量访问的应对也是可能的。然而,在局限的事务资源方面和与分布式数据库和关系型数据库相比之下,NoSQL只提供了低水准的查询和相关功能。

相比之下，分布式数据库的查询水平和相应功能仅次于关系型数据库。然而在运用的集群环境内，硬件节点有相应的限制，虽然支持事务性数据的处理，但是关于容错的相关费用较高。同时，在特定的集群内发生特定节点上任务过多时，会发生整体性能降低的瓶颈现象（如表 8-1 所示）。

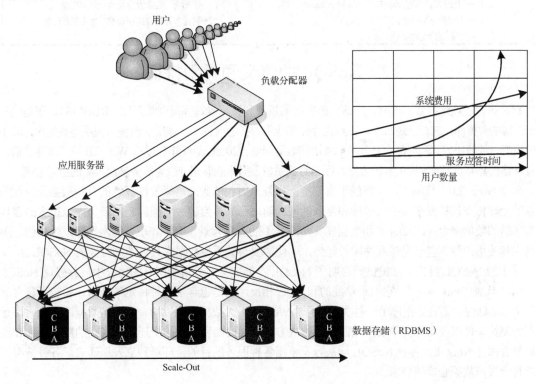

图 8-7 数据存储的 Scale-Out

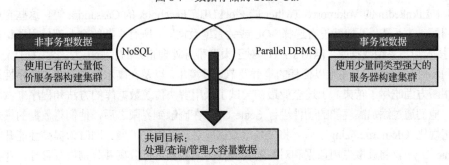

图 8-8 NoSQL 和分布式数据库的特征概要

表 8-1 NoSQL 和分布式数据库的比较

区 分	NoSQL	Parallel DBMS
设计的焦点	提高扩展性、可靠性、访问性	提高 Parallelism 从而改善性能
集群环境	不同型号的硬盘	一般情况下使用同样的硬盘/不同型号的硬盘
有利的作业	数据间的关系是固定的，需要处理大容量数据的作业	高效处理大容量数据
优点	针对大数据的卓越扩展性，卓越容错性 —将数据以动态形式复制到多个节点上 —特定节点上发生瓶颈现象时，将查询重定向对复制进行分散 没有固定的 Schema，服务的扩展性卓越，费用相对低廉	功能性（functionality）十分卓越 (e.g.,schemas,indexes,query optimization, transaction)

续表

区分	NoSQL	Parallel DBMS
缺点	功能性（functionality）降低导致使用困难 —只支持简单的查询接口，不支持 iteration —不支持 value 的索引 —事务支持受到限制	扩展性和容错性功能下降 —不适合于经常发生功能故障的环境 —特定节点变慢或超负载时发生瓶颈现象 费用相对较高

8.2　NoSQL 的定义和类别特征

已经讨论了在选择数据库时，应该按照服务的规模和预算来选择商业数据库（RDBMS），还是选择基于开源的数据库。在商业逻辑中，在数据存储和应用服务的前提下，理所当然使用关系型数据库，其中该使用哪一种解决方案和产品应充分考虑费用和时间问题。20 世纪 90 年代以后 Web 2.0 正式萌芽之前，没有能够代替关系型数据库的解决方案，在当时关系型数据库能够充分成为商务解决方案的应对方案。

随着 Web 2.0、智能平台（智能手机，智能电视）时代的到来，爆发性登场的各种服务及以此为对象的全球化规模扩张带来的效率性和复杂性问题随之而来，为解决这类问题的云、虚拟技术的登场成为了新的数据平台（Hadoop）和数据库（NoSQL）的登场背景。服务和平台的水平爆发性扩张，随之产生和使用的数据量也呈爆发性增长趋势，因此需要与关系型数据库具有不同特性的 NoSQL。

许多的 NoSQL 解决方案提供商声明了 NoSQL 不能完美地应用到所有的情况中，并强调 NoSQL 的"No"代表"Not only"。它不是单纯的和 SQL 相反，而是包含了某种特定的技术，超越了包含硬件、平台、软件、语言数据库单一种类的界限。Web 2.0、大数据时代以前，关系型数据库是当时满足所有的制约条件以及与服务的要求最匹配的解决方案。然而随着时代的变迁，与现在的制约条件和要求最符合的是 NoSQL。各种 NoSQL 解决方案根据各种服务的目的、环境独立发展而来，各种情况下都能符合目前数据仓库的要求。

NoSQL 的发展始于 Web 2.0 企业为解决自身的大数据问题，案例有 Amazon 的 Dynamo、Google 的 BigTable、LiknkedIn 的 Voldmort、Twitter 的 FlockDB、Facebook 的 Cassandra 等。这些企业为了解决自身的问题，并不是一开始就没有选择 SQL 或关系型数据库，所有早期的企业都使用了稳定的被认证的 SQL 技术和关系型数据库，但由于：① 对于大型事务处理带来的容量压力；② 关于大型数据集的等待时间和时间预测；③ 在难以信任的集群及节点环境中，以及在高水准的容错的容错性及服务运营能力的垄断方面吃尽了苦果，上述企业最初尝试了采用解决传统数据库的方法和程序来试图解决大数据问题。他们通过添加高性能的硬件进行 Scale-Up，在碰触到界限之后，他们将数据的模式进行简单化、非正规化（de-normalizing）后，将关系型数据库进行了水平扩展。同时为提高性能开发了各种 Query Cache Layer，将读取专用数据和对写的要求较多的数据进行分离并分别进行管理，并将数据本身进行 Partitioning。这类尝试都是在已有的关系型数据库上进行了功能扩展，虽然满足了一定水准的服务需求，但也仅仅是有一定界限的弥补之策。这些尝试导致额外的费用增加和技术 trade-off 的发生，这也成为了各企业开发符合自身服务条件的数据库的背景。这类领先企业的定制数据库成为了 NoSQL 的源头。他们开发 NoSQL 的共同要求和问题概括为下列几点：

● 利用关系型数据库的 Scale-Up 难以应付的数据急剧增加；
● 对于难以负担关系型数据库高费用的企业，作为其数据管理政策的转换；
● 容错、灾难恢复、地理分布的要求；
● 在价格低廉的集群内对硬件费用的要求；
● 不是所有的数据都需要 Transaction；
● 不是所有的数据都需要强大的一致性条件；

- 对服务中产生的非标准数据的处理要求。

这类企业对数据解决方案的要求不仅要提供稳定性、灵活性和扩展性，同时在性能和费用方面能够更加有效率。他们希望 Web 和商业逻辑，像在动态的 contents 环境中运营服务，因此往往被数据库问题所困扰。同时他们也希望数据库像前文中的 Web Server 一样能进行水平扩展（Scale-Out）。但是为了实现此目的，需要放弃现有的关系型数据库的许多优势和性能，并需要向 trade-off 妥协。从这类 trade-off 中获取的特性便是目前 NoSQL 所具有的特性。在讨论从 trade-off 获得的特性时无可避免地会涉及 CAP 理论。

 小贴士

Brewer's CAP Theorem

分布式系统需要具备的特性可分类和定义为一致性（consistency）、可用性（availability）、生存性（partition tolerance）。此理论的要点为：要同时保证分布式系统的三种特性是不可能的，必须要对一种特性进行妥协。

构成 CAP 理论的一致性（consistency）、可用性（availability）、生存性（partition tolerance）定义为如下内容。
- 一致性（consistency）：所有的节点在同一时间内，将同一项目中同样内容的数据展示给用户。
- 可用性（availability）：所有的用户都能读和写，即使个别节点发生故障但不能对其他节点产生影响。
- 生存性（partition tolerance）：即使节点间发生信息损失也需要正常运行。

CAP 理论中讨论的内容是不能同时满足以上三个条件。在分布式环境中，数据库完整地提供以上两种特性。CAP 中具备 AP 属性的数据库也能提供一定水准的一致性（consistency），而不是完全不满足此属性。

在 NoSQL 中，作为 Scale-Out 的延伸性概念，生存性（partition tolerance）是必备的属性，在一致性（consistency）和可用性（availability）中选择一种属性进行妥协。与此相反，在传统 RDBMS 中，因为最重要的属性为事务性数据的处理，因此放弃了生存性（partition tolerance），具备了一致性（consistency）和可用性（availability）。通过这两种特性，关系型数据库满足 ACID（Atomicity、Consistency、Isolation、Durability）并提供 Transaction。

 小贴士

ACID（Atomicity、Consistency、Isolation、Durability）

为保证 Transaction 的安全执行，需要具备原子性（Atomicity）、一致性（Consistency）、孤立性（Isolation）、持久性（Durability）。原子性（Atomicity）代表在一个事务中以所有作业的成功或失败作为原则的单位作业的特性。即在我的账户中给朋友转账时，相应的金额全部转账成功或转账失败时部分金额不会被转移。一致性是指一个事务成功后，所有的数据同时维持一致性的状态。即在我的账户中给朋友转账时，两个账号的总和需要跟开始时一致。孤立性是指一个事务作业在执行过程中，其他的事务作业不能执行。即我的账户在完成转账之前不能执行其他的存款事务。持久性是指事务完成后，需要永久地反映出相应的最终状态。即我的账户资金转账成功后，即使银行的交易网络瘫痪，重启包含我的账户信息的 DB 后，我的转账记录会始终保持为最终状态。因此需要保存所有的事务日志之后处理为 commit 状态。

NoSQL 的概念与此相反，具备 BASE 的特性。ACID 至少需要两个阶段的 commit 构造的支持，分布式环境中的实时两个阶段的 commit 构造 Scale-Up 和 Scale-Out 中的排斥控制的费用非常贵。在此背景下出现了 UC Berkeley 教授 Eric Brewer 定义的 BASE 特性，BASE 可定义为以下三种。

- Basically Available：表示数据总是可以被访问的可用性。即与 ACID 的 I（Isolation）不同的属性。
- Soft-State：节点的数据状态的决定不是通过节点自己决定，而是通过外部节点中传送的信息决定。
- Eventual Consistency：虽然提供一致性，但一致性的状态不能在所有的节点上同时保证。即几个节点先在同一数据中维持一致性，相反的情况下几个节点稍微晚一点维持数据的一致性。但是在经过了充分的时间后，所有的节点都能维持相应数据的一致性。即此特性能够允许临时的非一致性状态，在一定时间以后保障"延迟的一致性"的属性。

具备 BASE 属性的 NoSQL 在 CAP 模型的生存性（partition tolerance）的基础上添加了一致性（consistency）和可用性（availability）其中的一种，可以总结为具有下列特性的服务。

- 一致性（C）+ 生存性（P）：是一种所有的节点一起凸显出它们的性能并保障一致性的类型，作为数据的存储或用于分布式文件系统。表示系统故障发生时，在一部分或全部的节点中无法接受应答（如 Google BigTable、HBase 等）。
- 可用性（A）+ 生存性（P）：是非同步服务中专业化的数据存储类型，在发生故障时虽然可以获取数据，但无法保障数据为最新的正确数据（Amazon Dynamo、Apache Cassandra 等）。

在此类的 CAP 模型中，按照各自的特性选择的关系型数据库及 NoSQL 解决方案，可按照图 8-9 所示进行分类。各个分类的特征会在下一节介绍 NoSQL 数据建模时详细讨论。

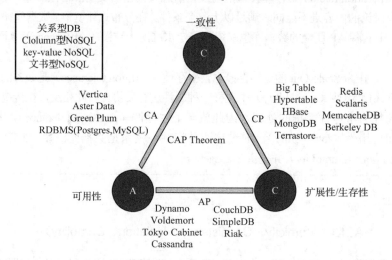

图 8-9　CAP 模型的 NoSQL 解决方案特性比较

正如上文所提到的，NoSQL 是将水平扩展进行专业化的非关系型分布式数据存储，它没有提供 Transaction 的主要特性 ACID，而是提供了 BASE 的属性。使用 NoSQL 解决方案的数据存储和产品虽然多种多样，它们的共同和主要特征可概括为以下内容。如果将这些特性用文字进行说明将很难理解，本节中将介绍 NoSQL 为什么需要具备这些特性的相关背景，下一节中介绍 NoSQL 数据建模的方法，NoSQL 的以下特性可以很容易地被记住和列举。

（1）灵活的 Schema 使用

NoSQL 数据库没有既定的数据 Schema，相对而言可以自由地放入数据。

（2）提供简单的 call level interface

NoSQL 不能提供类似于关系型数据库 SQL 的丰富的查询语言，只提供通过 API call 或 HTTP 简单访问的接口。但是，可根据要求将 NoSQL 和 SQL 类似的语言直接结合后使用（如 HBase+Hive）。

（3）超高水准的弹性（elasticity）和扩展性（scalability）

NoSQL 在集群环境中自动将数据项目进行分割和配载。此时考虑到容错性，将数据复制为多个，即使几个节点失败或是增加，也能将此数据项目自动地复制和分割配载。同时，在用户提出访问请求时，会将分散后的复制数据项目进行分布式处理，因此可提供高可用性。

（4）不能同时提供数据的完整性和可用性

由于一个数据项目已经被分散和复制，因此不能同时保证数据的完整性和可用性。

（5）功能性不及关系型数据库

不提供关系型数据库的 JOIN、INTERACTION 等功能。为了克服此类限制，在数据建模时尽量避免用户 JOIN 的发生。

8.3 NoSQL 数据模型概要和分类

上节讨论了 NoSQL 数据库的非功能需求事项角度的扩展性（scalability）、性能（performance）、一致性（consistency）。根据 NoSQL 的登场背景，NoSQL 满足了已有数据库在 CAP 理论中 P 所对应的生存性和分散型属性，先导企业在学术研究领域的关注点也集中在了非功能要求上。作为必然的结果，为了解决 trade-off 容错性能低下的问题，而解决这个问题的最佳方案不是开发附加的支持各种功能属性的技术，而是根据服务的要求为借用的 NoSQL 进行最合适的数据建模。

在数百种的 NoSQL 商品中，按照不同数据模型的业务非功能/功能要求来选择合适的 NoSQL，根据相应的 NoSQL 解决方案、产品、数据存储、数据库来设计合适的数据模型。

包含与 NoSQL 相反的 SQL 的关系型数据库模型，从很早开始，为了使用与最终用户的 INTERACTION，进行了如下各种用户中心/功能属性的设计。

- 最终用户不仅是对数据的访问，还关注整体的统计/综合信息。SQL 类的关系型数据库的功能在这些部分提供了大量支持。
- 最终用户不能满足同时性（concurrency）、完整性（integrity）、一致性（consistency），以及数据类型的有效性（data type validity）。基于此理由，关系型数据库在提供基本的 Transaction 功能的同时还提供 Schema、参照完整性（referential integrity）。

然而，不是所有的应用程序都需要数据库中的统计信息（in-database aggregation），在很多情况下，虽然应用程序自身是受限的，但在服务运营时能提供充分的完整性和有效性。反而在一定程度下放弃此类的统计性、完整性、有效性等，作为放弃的代价能确保性能和扩展性，正如前文中介绍的大数据、Web 2.0 类的服务的价值。在这类访问和时间内，脱离了 SQL/关系型数据模型的 NoSQL 建立新的数据模型。

本节将在数据建模的角度，对 NoSQL 系统产品进行分类和比较，介绍几种基本的能应用各种 NoSQL 类型的数据建模方法，在介绍数据建模方法之前，首先需要对 NoSQL 数据模型的趋势和相互关联性进行判断。图 8-10 所示的是从进化的角度描述的主要的 NoSQL 系统产品。

各种 NoSQL 系统的产品的特性和内容可总结为以下几点。

（1）Key-Value Model

- 此模型提供基于 Key-Value 的简单快速的 Get、Put、Delete 功能，是 NoSQL 分类中最基础的模型。

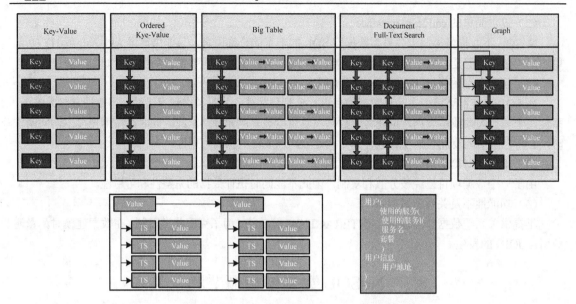

图 8-10　各种 NoSQL 数据模型的简介和进化

- Key-Value 十分简单的同时因为十分基础，反而是最强大的模型。本章中介绍的大部分数据建模技术可以应用到大部分的 Key-Value 模型中。
- Key-Value 最大的缺点是在需要 Key 范围（Range）时使用受到限制。可以克服这些限制因素的模型为 Ordered Key-Value 模型。

（2）Ordered Key-Value Model

- 不仅能支持 Key-Value 模型中按照 Key 的顺序进行范围搜索的功能，还支持单一数据的访问和特定范围的数据集访问等按照顺序的访问方式，提供了优于 Key-Value 的功能。
- Key-Value、Ordered Key-Value 模型都不提供关于 Value 的建模方法，因此需要在应用程序直接进行 Value 的建模。克服这类部分限制条件的模型是 BigTable-style 数据库模型。

（3）BigTable-style Model

- 与基于行（row）的关系型数据库不同，由 Value 的 column 作为基本构成。
- BigTable-style 模型的 value 由持续的多次元的 Map 构成。多次元是指支持 Map 的 Map。对于此 BigTable-style 模型将在下一章中通过 HBase 进行更详细的介绍。

（4）Document Database Model

- Document Database 模型与 Big Table 模型相比，提供了两种改良。第一种是 Value 本身不仅限于"Map 的 Map"形式，而是可以使用各种任意的 Schema。第二种是数据库的基本索引的提供。这类特性与提供灵活的 Schema 和自动化的索引功能的 Elastic Search 的 full-text 搜索引擎类似。但是，这类搜索引擎和 Document Database 模型最大的差异是：Document Database 的索引由 field name 构成，而搜索引擎的索引由 field value 构成。
- 将 SON、XML 类型的文件进行结构性存储。
- 在 NoSQL 类型的 Database 模型中，添加索引或二次索引来提供 Value 的搜索功能是近期的主要关注点和要求点。具体内容会在下一章中和 HBase 一起讨论。

（5）Graph Data Model

- Graph Data Model 从根本上是从 Ordered Key-Value 中分支和进化而来的模型。

- Graph Data Model 跟 MySQL 类似的关系型数据库一样，用节点表示项目，关系用节点点间的边表示，扩展性用图形表示。

8.4　NoSQL 数据模型化

本节将介绍 5 种 NoSQL 概念性建模方法和模式。在此之前，首先了解为满足系统要求和设计目的的 NoSQL 建模的一般出发点。

① NoSQL 的建模与关系型建模相反，它是从应用程序的特征查询开始。

- 关系型建模基于典型的可用数据构造。数据建模的主要主题是"我的答案是什么"。即在关系型建模中需要定义数据模型以后，开发适合应用程序的查询。
- NoSQL 数据建模根据典型应用程序的特征型的访问方式来进行建模。建模的主要主题是"我的疑问是什么"。即在 NoSQL 建模中对需要的查询和性能定义后，按照要求来构成数据模型。

② NoSQL 数据建模在数据构造和访问算法方面，需要比关系型数据库建模建立更深层次的理解。本章中将介绍可应用多种 NoSQL 的数据构造。

③ 关系型 DB 不适合存储和处理阶层构造或图形构造等数据模型，且使用非常不便。与这类构造最适合的是 Graph Data Model，其他大多数的 NoSQL 解决方案可以通过各种数据建模方法解决。本节中介绍的是可以在各种 NoSQL 中使用的阶层图形构造的数据建模方法。

数据建模方法对于任何一种 NoSQL 解决方案都是独立的、没有特征性的。按照本书中的分类，代表性的 NoSQL 解决方案可分为下面几种。

① Key-Value Stores
- **Amazon SimpleDB**：非开源代码
- **Azure Table Storage**：支持自由形式的项目构造（row key、partition key、timestamp），支持 Blob 和 Quene 存储，三种数据复制，通过 REST 或 ATOM 支持访问。
- **Chordless**：支持语言（API）—Java/协议—internal/基础语言—Java
- **Redis**：支持语言（API）—多种语言/基础语言—C
- **Scalaries**：基础语言—Erlang
- **GT.M**：支持语言（API）—C、Python、Perl/协议—native，inprocessC
- **Scalien**：支持语言（API）：C、C++、Python/协议—http（text、html、JSON）
- **Berkeley DB**：支持语言（API）—多种语言/基础语言—C
- **Berkeley DB Java Edition**：支持语言（API）—Java/基础语言—Java
- **MemcacheDB**：支持语言（API）—Memcache/协议—get、set、add、replace、etc/基础语言—C
- **NorthScale**：Memcached 基础
- **Pincaster**：支持语言（API）—HTTP、JSON/基础语言—C
- 除此之外：GenieDB、Mnesia、Tokyo Tyrant、LightCloud 等

② BigTable—style Databases
- **HBase**：支持语言（API）—Java/协议—any write call/基础语言—Java
- **Cassandra**：支持语言（API）—Thrift（Java、PHP 等）/协议—Thrift/基础语言—Java
- **Hypertable**：支持语言（API）—Thrift（Java、PHP、Perl、Python、Ruby 等）/协议—Thrift
- **Cloudera**：Professional Software &Services based on Hadoop

③ Document Databases
- CouchDB：支持语言（API）—JSON/协议—REST/基础语言—Erlang
- MongoDB：支持语言（API）—BSON（Binary JSON）/协议—支持多种语言/基础语言—C++
- Riak：支持语言（API）—JSON/协议—REST/基础语言—Erlang
- Terrastore：支持语言（API）—Java&http/协议—http/基础语言—Java
- OrientDB：支持语言（API）—Java/基础语言—Java

④ Graph Databases
- Neo4J：支持语言（API）—多种语言/协议—Java REST/基础语言—Java
- Sones：支持语言（API）—.NET/协议—.NET REST、WebServices/基础语言—C#
- InfoGrid：支持语言（API）—Java、http、REST/协议 PRISO、OpenID、RSS、Atom、JSON、Java embedded/基础语言—Java
- HyperGraphDB：支持语言（API）—Java/基础语言—Java
- AllegroGraph：支持语言（API）—Java、Python、Ruby、C#、Perl、Clojure、Lisp/协议—REST/基础语言—CommonLisp
- Bigdata：支持语言（API）—Java/基础语言—Java
- DEX：支持语言（API）—Java/协议—Java Embedded/基础语言—Java、C++

⑤ Full Text Search Engines：Apache Lucene、Apache Solr

8.4.1 NoSQL 数据模型化基本概念

本节介绍 NoSQL 数据模型化的基本原则。

1. 非正规化

适用性：Key-Value Stores、Document Databases、Big Table-style Databases

非正规化是指允许数据的重复。即为了将查询 processing 简单化或优化，或为了将用户的数据与特定的数据模型对接，将同样的数据复制到多种 Document 或 Table 中，并允许数据的重复。本节中介绍的所有数据建模方法都将这种非正规化方法作为基本使用。

一般情况下，非正规化基本具有以下的 trade-off。

（1）每个查询的 I/O 和查询数据大小 VS 整体数据大小

为了通过非正规化执行查询，需要将所有的数据聚集到一处后再进行查询，减少整体 I/O 的数量可以提高整体性能。然而，将相应的数据进行其他的查询时需要将数据重复存储到其他 document 或 table 中，因此整体数据的大小必然会增加。

（2）查询的复杂程度 VS 整体数据大小

数据建模时点上的数据自身的正规化（重复数据的清楚）或查询时点上的数据集的连续 join 都会增加查询进程的复杂程度。在系统和数据大小较大的分布式环境中，复杂程度会增加得更多。相反，如果将数据进行非正规化，可以将查询所需的所有数据以查询熟悉的构造聚集到一处（document 或 table），因此可以将整体的插叙进程简单化并缩短执行时间。

2. Aggregation

适用性：Key-Value Stores、Document Databases、Big Table-style Databases

大部分 NoSQL 解决方案提供了以下"灵活的 Schema"。

- Key-Value Stores 和 Graph Databases 一般对存储的值（Value）和数据没有制约条件，因此可以

由各种任意的 format 构成。同时，在设计 Key 时，活用复合键（composite key）将多个 record 组成一个项目（entity）。例如，用户账户根据应用程序的要求可以将多个项目表现为一个复合键或是构成一个 document 或 table。
- BigTable 模型通过 Value 中的各种 Column Family 和其中的多个 Column 集提供灵活的 Schema。
- Document Database 天生具有 schema-less 属性。

"灵活的 Schema" 属性可以允许数据 Class 由复杂多样构造的内部项目（nested entities）构成。这类特征提供了以下优点。
- 使用多种构造的内部项目资源最小化 1 对多（1：n）关系，最终减少 join 运算。可以达到缩短执行时间和以低廉的价格支持大容量数据的效果。
- 通过一种 Document 类型或 Table 数据构造容纳复杂多样的 business entities。通过这样可以灵活应对之后的扩展性和变动性的问题。

这类特征可以在图 8-11 中进行确认。图 8-11 描述了类似于在线产品市场（online contents market）中可以容纳多种产品项目信息的数据建模。所有的产品在市场中具有固有 ID 和销售金额等共同属性。各种产品按其类型不同都具有各自的固有特性，例如，E-Book 的 ISBN、作者、出版社等信息，电影的等级、导演、发行商、演员等信息。一种类型的商品也可能具有不同种类的属性。例如，游戏产品根据游戏运营平台的不同可以具有不同属性的信息（single 或 multi 游戏信息、不同平台的兼容硬件终端版本、OS 版本等）。同时，每个产品可能存在一对多（1：n）的关系，类似于电影和演员的关系。此类一对多的关系主要通过关系型数据建模中的正规化来解决数据一致性和整合性（整体性）问题。然而，这种一对多（1：n）、多对多（n：m）的关系随着复杂多样的类型的增加，整合性和一致性的维持难度也随之增加，各产品可容纳的信息受到限制，因此需要将整体的数据模型进行再一次的正规化。同时，在一对多（1：n）、多对多（n：m）的关系中为取得数据集，需要将多个的 document 和 table 相互比较所关联的 JOIN 运行多次。随着对象 document 和 table 大小的增加，JOIN 的查询运行时间不仅持续增加，相应的维持管理费用也随之增加。

"灵活的 Schema" 的属性可以让各种产品的信息和属性以图 8-11 中方式自由地放入一个被 Aggregation 的数据模型中，同时能灵活应对之后因各数据类型的变动和服务的扩展而带来的数据属性的增加和再结构化。同时，通过最小化数据间的 JOIN，可以用相对低廉的费用支持大容量数据的处理。

3. 应用程序上的 JOIN

适用性：Key-Value Stores、Document Databases、Big Table-style Databases、Graph Databases

NoSQL 从本质上不考虑 Data Query Time 时的 JOIN，因此反而受到了很多限制。更准确地说，使用 NoSQL 构成数据存储时是不发生 Query Time 时 JOIN 的，需要对数据模型进行非正规化和 Aggregation。即 NoSQL 中的数据模型是通过利用相应的数据的应用程序来决定怎样对相应的数据进行利用（查询）并结构化，而不是通过数据本身的关系和属性来构成。

这是作为通过数据的正规化将重复最小化并保障一致性和整合性的原则。应用程序在进行数据查询时，将正规化后的数据相互 JOIN 后，组成一个完整的 Table，这个是 NoSQL 与关系型模型最大的差异。此类关系型模型的 "Query—Time JOIN" 根据数据的大小和复杂度提高而增加是导致查询应答性能下降的最主要原因。

在大数据中保证快速应答性能和扩展性、可用性是 NoSQL 的首要目的，为了最大限度避免 Query—Time JOIN，对数据模型的构成进行假设。根据此假设，JOIN 对象的数据和非正规化和 Aggregation 执行时，主要问题是 JOIN 对象数据经常发生的变动和（n：m）的关系。

在对象数据频繁发生变动的情况下，通过非正规化和 Aggregation，许多的 entity 允许相应数据的重复；相应数据更新时，即使 NoSQL 具有"eventually consistency"，因为需要查找到所有的数据后一个一个地进行更新，毫无疑问费用会增加很多。这种情况下，挑选出频繁变更的数据，在 Query Time 时进行 JOIN，费用反而会更加低廉。

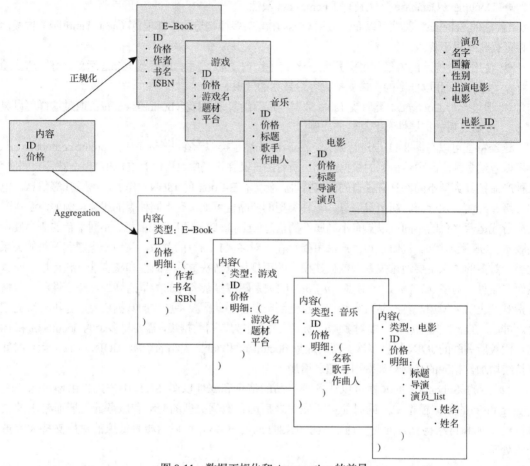

图 8-11 数据正规化和 Aggregation 的差异

8.4.2 一般的 NoSQL 建模方法

本节将介绍各种适用于 NoSQL 的基本数据模型化方法。

1. 原子化（Atomic）Aggregation

适用性：Key-Value Stores、Document Databases、Big Table-style Databases

如前文所述，NoSQL 解决方案用 BASE 代替了 ACID 属性，因此对于 Transaction 的支持有局限性。在某些情况下，通过"分布锁定支持"或应用程序上的 MVCC 来支持 Transaction，但大部分的 NoSQL 解决方案是通过 Aggregation 方法来支持一部分的 ACID 属性。如图 8-12 所示为通过 Aggregation 支持 ACID 属性。

由于关系型模型中的各数据都被正规化和分割，因此在处理 Transaction 时需要将分割后的所有数据进行一致性的更新管理。由于此类特性，在处理 Transaction 时需要包含排斥控制的复杂机制；由于此类特性，各数据在网络环境下分割后的分布式环境中具有很高的延迟时间。NoSQL 通过 Aggregation 将一

个 "row-key" 的 "value" 中需要查询的所有数据预先进行合并，因此 Query Time 时即使没有与关系型模型相似的 Transaction 算法，也可以管理一部分 Transaction。虽然还不够完整，但只要支持使用的 NoSQL 解决方案的基本锁定、原子化功能，就可以通过使用 Aggregation 对限制的 Transaction 进行处理。

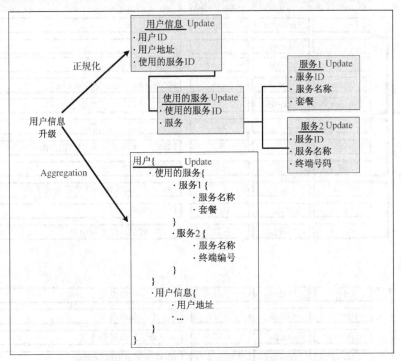

图 8-12　通过数据 Aggregation 支持有限的 ACID 属性

2. 列举型 Key/复合 Key 索引

适用性：Key-Value Stores、Big Table-style Databases

成为 NoSQL 出现背景中的一项要求为：在应用程序上，复杂的查询相对较少，一致性的维持条件不是十分快速的实时，为积极应对极大的数据提供了很高的扩展性和可用性，同时需要能提供快速应答性能的数据存储。NoSQL 在集群环境的多种节点上，将数据和项目进行分散装载，用低廉的费用进行维持管理成为了一种主要的功能。Unordered Key-Value 最大的优点是简单的数据划分及管理功能。在很多 Server 节点中，即使只有一种简单的 Hash 算法，也可以通过数据的划分装载及查询获得相应的功能，因此 Unordered Key-Value 成为了 NoSQL 算法最基础的模型。Ordered Key-Value 由于需要考虑各项目间的顺序，因此需要更加复杂的 Hash 算法和 Data Partitioning 方法，只用一个简单的排列存储功能就可以在应用程序中提供各种好处。

某些 NoSQL 存储提供了可以按顺序自动生成不重复 ID 的 counter。通过利用 counter，将依次生成的 ID 以复合的形式构成 Key-Value Store 的 Key，这样可以获得多种好处。例如，在类似于手机短信发送的 SNS 服务数据存储的 NoSQL 模型中，通过下列的方式用 Key—Value 的 Key 构成复合的查询。

Key=User_ID+Sender_ID+Message_ID

——用户（收信人）ID：User_ID

——发送人 ID：Sender_ID

——信息 ID：Message_ID（按顺序自动生成的 ID 值）

如图 8-13 所示，活用发送人和收信人以及按顺序发放的短信 ID，可以按照发送人类别创建信息并按照信息的顺序将内容存储到服务器中。图中的 Aiden 用户在服务器中打开自己的短信 SNS 服务并确认短信时,因为所有的 Key 被列举出来通过 Rage Query 可以很快获得 A、B、C。

Key			Value
User_ID	Sender_ID	Message_ID	Message_Txt
Aiden	David	100	吃饭了吗
Aiden	David	104	跟 Jang 哥联系过了吗
Aiden	David	108	我5点比较方便,你联系 Eric 吧
Aiden	David	116	在中央图书馆? 我知道了
Aiden	Eric	110	晚餐? 跟谁一起吃的
Aiden	Eric	112	知道了,那么在中央图书馆前面见
Aiden	Eric	108	中央图书馆? 好的
Aiden	Jang	102	David 说一起吃饭,跟你联系过了吗
Aiden	Jang	106	什么时候吃
Aiden	Jang	115	好的。我估计好时间出发
David	Aiden	101	不是。一起吃饭吧
David	Aiden	105	恩,刚刚联系过了
David	Aiden	107	Jang 哥说什么时候方便
David	Aiden	113	5点在中央图书馆前面见
Eric	Aiden	109	5点一起吃晚饭吧
Eric	Aiden	111	David,Jang 还有我,三个人
Jang	Aiden	103	好,我刚到,哥也会一起吃吧
Jang	Aiden	114	5点中央图书馆,跟 David、Eric 一起见

A 组: 前四行 (Aiden-David)
B 组: 接下来三行 (Aiden-Eric)
C 组: 接下来三行 (Aiden-Jang)
D 组: (David-Aiden) 四行

图 8-13 使用复合 Key 的数据建模示例

```
SELECT Value WHERE key="Aiden:*"
- Query Result = A+B+C (图 8-13)
```

同时,通过快速的范围扫描(range scan)可以在自己已接收短信中获取特定用户发送的信息。

```
SELECT Value WHERE key="Select * from Aiden:David:*"
- Query Result = A (图 8-13)


SELECT Value WHERE key="Select * from Aiden:Eric:*"
- Query Result = B (图 8-13)


SELECT Value WHERE key="Aiden:Jang:*"
- Query Result = C (图 8-13)
```

服务器中存储的用户的对话按时间顺序排列在聊天窗口中,在对信息进行显示时首先需要使用下面的两个 Query 获取两个用户间的对话内容。

```
SELECT Value WHERE key="Aiden:David:*"
- Query Result = A（图 8-14）
SELECT Value WHERE key="David:Aiden:*"
- Query Result = D（图 8-14）
```

获得结果 A 和 D 后，根据 Message_ID 进行合并排列，如图 8-15 所示向用户提供了查看对话内容的聊天室功能。

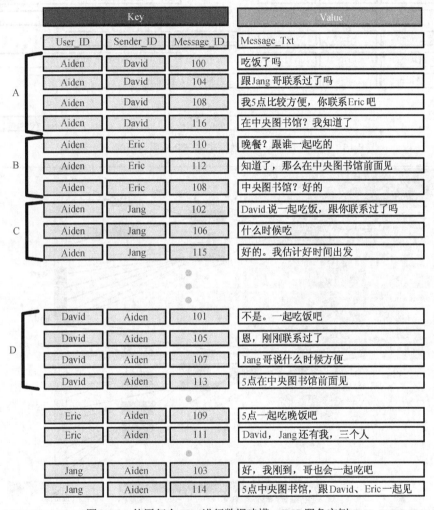

图 8-14　使用复合 Key 进行数据建模—SNS 服务实例

聊天室功能一般适用对象不能是用户间数万、数千条的对话内容，而是相对较小的值，这样可以在用户的终端、应用程序中直接进行快速合并和排列。但是如果在聊天室类似的服务器端执行每个用户的所有请求并以完成的方式传达给用户的话，服务器端会产生很大的负荷，同时导致应答时间的迟缓。即在扩展性方面存在很大的制约。

活用这类复合 Key 的 NoSQL 存储的数据建模是一种常见的技术，但在应答性能和扩展性方面带来了很大的优势。这类复合 Key 的运用根据构成 Key 的构成方法不仅仅以上的方式，还有空间的表现、Tree 构造的表现等。

例如，图 8-16 是通过 Tree 构造来描述 Online Marker 目录中的产品。

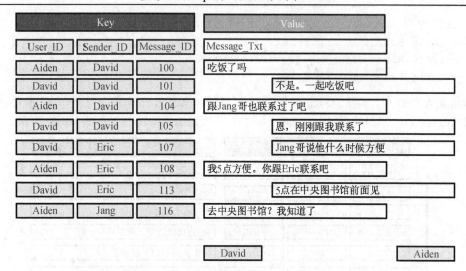

图 8-15　使用复合 Key 进行数据建模—SNS 服务示例—对话窗口

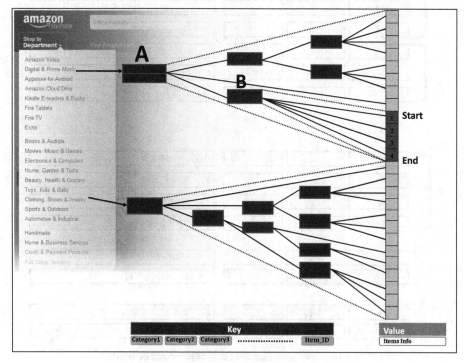

图 8-16　使用复合 Key 的 Tree 结构体现

每个目录作为构成复合查询的一个 Key。通过 Key 执行下列的插叙可以获得需要的目录产品。

```
SELECT Value WHERE key="A:B:*"
-Query Result={1,2,3,4}
```

8.5　主要 NoSQL 的比较和选择

截至目前，我们已经了解了 NoSQL 的一般特征和属性，并且为了有效利用其特征和属性，我们介绍了几种最基础的数据建模方法。正如前文所述，NoSQL 根据支持的数据模型类型的不同，分为从

Value 到 Graph 等多种模型。各种 NoSQL 根据其主导开发企业的要求具有各自独特的数据模型和不同的特征，但是将所有的 NoSQL 技术构成一个完整的商品，从而使其具有一套完整技术栈，在实际中是无法实现的。作为下属的数据存储所，在使用分布式文件系统或完善不足的功能时，可以使用与 SQL 类似的查询语言处理层。因此，如果只单纯地了解各种 NoSQL 解决方案，在进行应用时会存在问题。在使用的网站及集群环境中，可以存在基于分布式环境系统的 NoSQL 存储，也可以是方便与大数据服务联动的 NoSQL。为了理解 NoSQL 并选择适用于服务的 NoSQL，最好了解 NoSQL 的生态界和基本的技术栈。图 8-17 描述了 NoSQL 最基本的技术栈。

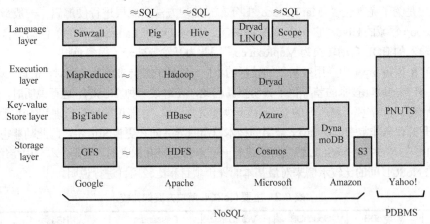

图 8-17　NoSQL 技术 layer 结构

各技术 layer 的说明如下。

(1) Storage layer
- 用于存储大容量数据的分布式存储，将数据自动复制及分散装载到集群中。
- 以 Google 开发的 GFS（Google File System）的 ID 作为基础，Hadoop 分布式文件系统（HDFS）成为了开源代码生态界的主导。此类基础技术以集群内各节点不完整且环境的信赖度较低作为假设，支持数据的快速分散复制存储。

(2) Key-value store layer
- 作为不支持一般的 Schema 值支持灵活的 Schema 的数据存储，基本的数据存储构造基于 Key—Value 形式。
- 最有名的是 Google 的 Big Table，Google 对此 Big Table 进行了扩展并支持各种系列的 Transaction，将支持单数索引和查询语言的 megastore 进行了扩展，这成为了 Google AppEngine 活用 AppEngineDatastore 的基础。
- 基于 Google Big Table 的开源代码作为 HBase，将类似于 Google GFS 的 Hadoop 分布式文件系统放置于其中，Facebook 随着自身 Messaging 系统的 Cassandra 的使用受到了最大的瞩目。HBase 在固有的环境中具有很高的扩展性，是在对适合大数据的 NoSQL 进行讨论时，提到最多的 NoSQL。

(3) Execution layer
- 执行并行处理（Parallel execution）的层。主要是将下层无法执行的 JOIN 或数据合并、并列等进行分布式处理后运行的层。
- 前文中提到的 NoSQL 只能提供简单的功能。开发者需要考虑怎样将这些功能有效利用并适用于服务的数据建模中。很多的 NoSQL 为完善这些功能从而支持分布式处理方法。一般这些分布式处理方法基于 MapReduce 使用，同时也是从 Google 衍生的方法。但是 MapReduce 的有效使用对于开发者来说也是非常困难的事情。尤其是在分析或查询内容复杂的情况下，需要将 MapReduce 多次循环，将 MapReduce 进行编程可能是一种本末倒置的做法。

（4）Language layer

- 此层支持用户通过类似 SQL 的上端查询语言查询或访问下端的 NoSQL。一般情况下，此层中支持的所有查询功能不能保证在下层中的支持，很多时候开发者需要额外在下层中构建"storage handler"实现以上的功能。
- 此层是为了完善包含 MapReduce 的分布式处理方法在底层进行硬解码。一般最常使用的是 Hadoop 领域的 Hive，它支持 SQL 的 HQL（Hive Query Language）等类似的语言。Hive 将用户输入的 HQL 自动转换为 MapReduce，因此为开发者减轻了很多负担。

NoSQL 根据各 layer 中借用或基于的技术的不同，特性的差异非常大。同时，根据 layer 中基础技术的不同，外部的联动技术的差异也十分明显。因此，在对某一种 NoSQL 进行说明时，应该包含以上技术的所有指标，需要了解所有的 layer 且至少能进行评价，才能正确地将所理解的进行传达。然而，NoSQL 的开源代码非常多，各 layer 借用的技术日新月异并随之更换和衍生，因此功能也发生了很大的改变。如果在本书中对 NoSQL 解决方案进行一一解释是没有意义的。但是，本节中将用表 8-2 中最具代表性的 NoSQL 间的比较示例来对最基本的评价项目和比较项目进行说明。

表 8-2 主要 NoSQL 解决方案的比较

分类	MongoDB	CouchDB	Voldmort	Cassandra	HBase	CouchDB
语言	C++	Erlang	Java	Java	Java	C++
证书	AGPL	Apache	Apache	Apache	Apache	—
数据模型	Document	Document	Key/Value	Wide Column	Wide Column	Wide Column
协议	BSON	HTTP/REST	—	Tcp/Thrift	HTTP/REST or TCP/Thrift	—
存储所	Disk、Memory Mapped b-trees	Disk、COW-b-tree	RAM Pluggable BDB MySQL In-memory	Disk、Memtable/SSTable	HDFS	File or HDFS
并发控制	Lock	MVCC	ACID	MVCC	Lock	Lock
数据复制	Async	Async	Async	Async	Async	Sync
节点构成	M/S (Master-Slave)	M/M (Multi-Master)	M/M	M/M	M/S	M/S
支持搜索	Yes	No	No	Yes	Yes	Yes
MapReduce 构成	Yes	No	No	Yes	Yes	Yes
其他	Index、Automatic sharding	Secondary Index(b-tree)	—	Compaction Async flush, None locking	Async flush	Async flush/ Global locking
支持一致性	Partial consistency	Async replication	Eventually Consistency	Eventually Consistency	Consistency	Always
使用的企业	SNS.SNG	Zynga	Linkedin	Facebook	Facebook	Baidu

在对 NoSQL 进行比较和评价时，主要以 NoSQL 提供并使用的开发语言、基于的数据模型作为基础。通常，为了访问和利用相应的 NoSQL，提供什么样的协议是开发的重要量度；根据其使用的存储场所，可以理解相应的 NoSQL 存储属性（读/写性能、数据丢失问题、容错特性）。为了了解数据的事务处理性能可以到哪个阶段，有必要了解其并发控制程度，根据与此相关联的数据复制的程度来了解怎样提供一致性。根据分布式环境的假设，需要确定各节点的构成。在一般的大众 Master 环境中，容

错性非常卓越；在存在很多节点的环境中，很多时候主从结构（Master/Slave）在扩展性方面反而具有很大的优势。这类技术类的讨论在图 8-18 中进行详细的评价。

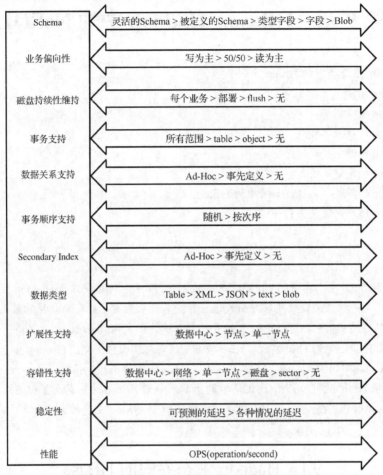

图 8-18　包含关系型数据库的 NoSQL 数据库选择尺度

针对这之后的各种 NoSQL，在确认其支持哪种分布处理方法、附加提供索引和压缩功能与否等之后，在其应用的服务中就可进行评价。还有，最快捷和重要的参照标准就是，了解那些和自身构建的服务最相似的先进企业采用的解决方案，并参考之。

8.6　小　　结

前文中已经强调过，在多种分类中选择一种 NoSQL 时，根据开发及有效使用服务的要求的不同，选择 NoSQL 的种类也不同。关系数据库也是众多选择项目中的一种，在大的框架下，NoSQL 也是其中的一种项目。各个 NoSQL 包含了 CAP 理论，在数据建模、技术指标等方面根据不同的要求进行了特殊化处理，因而具有不同的特性。无论选择怎样的 NoSQL 都会存在取舍，不存在"包治百病的药"。如果真的存在这样的 NoSQL，那么为什么会有很多 Google 这样的企业自己开发 NoSQL 进行使用呢？

选择服务的数据库就像 RPG 游戏中选择游戏角色一样。根据开发/运行的服务的功能/非功能要求及时间、费用、战略等要素，选择和开发满足于以上特性和标准的数据库。即需要充分考虑包含关系型数据库的 NoSQL 解决方案间不同的能力、使用环境和各自的取舍等，进行选择。

第 9 章 HBase：Hadoop 中的 NoSQL

9.1　Hadoop 生态界中的 HBase
9.2　HBase 介绍
9.3　HBase 数据模型
9.4　HBase 的数据库模式
9.5　HBase 构造
9.6　HBase 的构建及运行
9.7　HBase 的扩展——DuoBase 中的 HBase
9.8　HBase 的用户定义索引
9.9　小结

※ 摘要

本章将对 Hadoop 生态界中的 NoSQL 即 HBase 进行介绍。HBase 作为 Hadoop 生态界的第一个非结构性组件，是一种在大数据处理方面能进行数据装载及变更、具有卓越性的数据存储系统。随着最近关于大数据的"实时性"（OLPT）话题的急增，许多类似 Facebook 的先导企业选择并使用了 HBase，因此 HBase 受到了很大关注。在本章中，通过对比大数据处理 Hadoop 生态界的构成图来介绍 Hadoop 生态界中的 HBase 的位置。在了解了 HBase 的特征性数据建模和 Schema 以后，将对 HBase 的系统构造进行说明。另外，通过简单的示例来介绍 HBase 的基本设置和运营的方法。最后，为完善 HBase 的限制因素和不足，将介绍 NHN 和 KT Cloudware 主导的国内开源项目——DuoBase 中的 HBase。

9.1　Hadoop 生态界中的 HBase

正如前几章中提到的那样，从互联网急速成长的初期开始，搜索引擎和电子商务等企业不断地在与无限增长的数据作斗争。近期，社交网络网站也在为不断增加的数据犯愁。如今，许多企业通过收集的数据来理解用户，这个宝贵的资源可以帮助企业获得业务成果并增加业务基础设施的效率。

Hadoop 作为能在费用方面有效地处理大数据的系统快速崛起。Hadoop 将数据运算划分为小的单位，再交给集群内的各服务器进行分布式处理，为确保费用效率性和水平扩展性（horizontal scalability）采用了 MapReduce 编程模型。这类运算模型基于大容量数据可扩展"分散"处理，因此任务的处理时间具有"配置"的属性。

Hadoop 是伴随着最早主导大数据处理的 Google 的技术和模型的成长发展而来的。Google 最早在 2004 年发表了关于 GFS 和 MapReduce 的论文，Hadoop 开源项目随之在 2006 年登场，这成为了大数据分配处理的始发点。为了将复杂的 MapReduce 编程模型简单化，Google 开发了 Sawzall 语言。Hadoop 团队则在 2008 年开发了 Pig 和 Hive 查询语言。然而，在大数据处理中不仅有数据的分配，同时需要对数据进行的实时装载及变更，在使用方面也需要确保扩展性，因此 Google 发布了具有卓越扩展性的数据存储系统 BigTable。在此基础上，Hadoop 的 HBase 也随之登场。

HBase 由于支持实时性及受限的功能性（支持查询语言的不足、Join、Group By 等），在使用时存在很多困难点。为了解决这类问题，Google 于 2010 年发布了支持在线查询的数据存储系统——Dremel，并于 2012 年在 Cloudrea 中发表了 Impala 开源项目。

目前 Hadoop 还未开发出类似于 Google 能支持 Transaction 处理的数据库——Spanner，随着 Hadoop 的发展和应用企业的增加，可以预测，Hadoop 的相应数据库也能很快登场。如表 9-1 所示对 Google 和 Hadoop 进行了比较。

表 9-1　Google 和 Hadoop 的比较

功　能	Google		开源代码（Hadoop）	
大容量数据的装载、分布式配置运算、支持编程	2004	GFS&MapReduce	2006	Hadoop
配置查询	2005	Swazall	2008	Pig&Hive
在线 Key-Value 引擎	2006	BigTable	2008	HBase
在线查询	2010	Dremel/F1	2012	Impala
Transaction	2012	Spanner	?	?

HBase 是为了解决实时数据处理而登场的 NoSQL。为了便于理解，首先一起来看看 Hadoop 的生态界。图 9-1 按照大数据处理进程的顺序对 Hadoop 的各种解决方案进行了 Mapping。

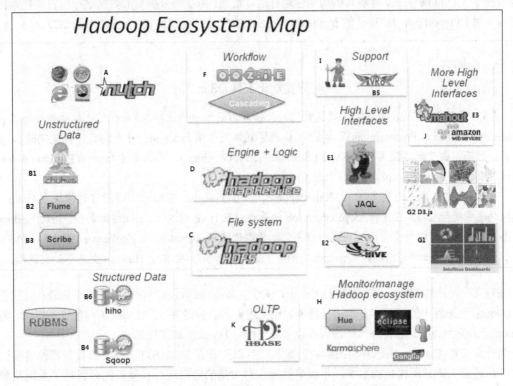

图 9-1　按照大数据处理进程排列的 Hadoop 生态界地图

作为 Hadoop 生态界的开始和大数据的根源的 Nutch（图 9-1 中的 A），它能收集 Web 上的巨大的数据并进行 Crawling。不仅是 Web 上的数据，同时为收集非定型数据开发了 Chukwa（图 9-1 中的 B1）、Flume（图 9-1 中的 B2）、Scribe（图 9-1 中的 B3）等收集模块及解决方案。Sqoop（图 9-1 中的 B4）的登场成为了获取或发送已有的构造化的关系型数据的方法。Avro（图 9-1 中的 B5）作为在此过程中将数据串联并能在各种模块中进行沟通的方法,也被编入了 Hadoop 生态界中。

通过这类方式收集的数据被存放在大容量分布式存储,即 Hadoop 分布式文件系统(HDFS)(图 9-1 的 C)中。通过 Hadoop MapReduce(图 9-1 中的 D)和分析 coding 进行配置分析。正如前文所提到的,将 Hadoop 分布式文件系统和 Hadoop MapReduce 统称为 Hadoop,这也是 Hadoop 生态界的基点。Hadoop 在大容量数据的装载和分析方面比其他任何系统都便宜,同时由于其强大的性能,关注点都集中在 Hadoop 的应用和活用方面。但在 Hadoop 的应用方面存在以下问题:怎样将已有的基础设施转移到 Hadoop 中?如果基础设施基于传统的关系型数据库和 SQL 又该怎么办?大量的 SQL 用户、数据库设计师及管理员怎样在数据存储仓库中通过 SQL 筛选信息,一般的用户怎样利用 Hadoop?

为了解决这些问题,支持查询语言的 Hive(图 9-1 中的 E2)随之登场。Hive 提供了可以查询存储在 Hadoop 集群中数据的 SQL 语法"Hive 查询语言"(HiveQL 或 HQL)。通过类似的 Pig Latin 语言,Pig 可以将 MapReduce 进行 warpping。

SQL 在效率、数据结构化及使用上是相对直观的模型,因此被广泛使用。将 SQL 转换为 Hadoop 所使用的低 level 的 MapReduce Java API,即使对高级的 Java 开发者来说也是非常吃力的。Hive 负责这类烦琐的转换工作,用户只需要专注于数据查询即可。Hive 向用户提供了熟悉的 SQL 查询环境,将大部分的 SQL 查询转换为 Hadoop 的 MapReduce 作业,并维持了 Hadoop 扩展性的优势。Mahout(图 9-1 中的 E3)实现了基于机器学习的数据挖掘,Oozie(图 9-1 中的 F)将上面的所有分析按照顺序构成程序性的 Flow 形式,并对其周期性运行进行管理。为了将分析后的数据进行报告或视觉化处理可以使用 UI reporting,BI Tool 的 Intellicus(图 9-1 中的 G1)和 D3.js(图 9-1 中的 G2)。

 小贴士

数据视觉化工具 D3.js

D3.js 是目前用 Web 提供交互式视觉化的最强有力且唯一的选择,随着视觉化库最原始形态的 Processing 的新版本 Processing.js 开始支持,出现了媒体艺术从 Processing.js 走向数据视觉化的 D3.js 局面。然而,由于此库使用的是 SVG(Scalable Vertor Graphics),不能支持 Internet Explorer 6/7/8,因此需要使用 Internet Explorer 9 以上或 Chrome、Firefox。

Hadoop 生态界中的 H 即 Hue、Karmasphere、Cacti、Ganglia,可以对上述所有的模块或 Hadoop 模块的运营进行监控,它支持 MapReduce Job 的管理以及 Hive 的运行、HDFS 的监控。同时 Hadoop 生态界中还存在可以将上述的模块进行框架化和集群化的 coordinator — Zookeeper(图 9-1 中的 I),可以让 Hadoop 在云端上启动的 Amazon EMR(图 9-1 中的 J)也属于 Hadoop 生态界的大范围。

在前文中讨论的 Hadoop 生态界的例子中,关于大数据处理过程进行说明的例子是最具有代表性的。Hadoop 生态界中的解决方案和项目种类远比上述提到的多得多,彼此对应的问题也不相同。随着 Hadoop 开始受到关注,各种外部解决方案及项目支持与 Hadoop 兼容及联动。

为什么支持 Hadoop 生态界中的解决方案和项目以及兼容/联动的解决方案的数量和种类会这样多呢?是运营大数据所构建的系统,不仅单纯要求对大量的数据进行存储,同时包括了系统及服务自身和其中发生的企业价值链的维持。正因为上述理由,Hadoop 生态界中存在具有各种特性及个性的开源项目,同时也意味着没有一种最佳组合能广泛使用于所有的地方。即在运营大数据时,应该选择适合的解决方案和项目进行组合后来运营大数据,并需要具备内外兼顾的能力。在表 9-2 中,按照解决方案和项目的属性列举和区分了构建运行大数据的系统时,需要考虑的 Hadoop 生态界的多种解决方案和项目。

第 9 章　HBase：Hadoop 中的 NoSQL

表 9-2　包含在 Hadoop 生态界中的解决方案及项目

功　能	名　称	说　明	链　接
Web Crawling	Nutch	网页搜索	http://nutch.apache.org/
收集	Chukwa	日志收集/分析/输出/监测	http://incubator.apache.org/chukwa/
	Sqoop	数据收集	http://incubator.apache.org/sqoop/
	Flume	事件数据收集	http://incubator.apache.org/flume/
	Kafka	数据收集	http://incubator.apache.org/kafka/
	S4	事件数据处理	http://incubator.apache.org/S4/
数据串联化	Thrift	数据串联化	http://thrift.apache.org/
	Avro	数据串联化	http://avro.apache.org/
配载	HDFS	Hadoop 分布式文件系统	http://hadoop.apache.org/hdfs/
	Fuse-DFS	MountableHDFS	http://hadoop.apache.org/hadoop/MountableHDFS/
	HCatalog	Table 管理	http://incubator.apache.org/hcatalog/
数据建模及处理分析	MapReduce	数据分析引擎	http://hadoop.apache.org/mapreduce/
	Mahout	数据挖掘	http://mahout.apache.org/
	Giraph	图形分析	http://incubator.apache.org/giraph/
	Hama	并列计算	http://incubator.apache.org/hama/
查询支持	Pig	数据分析语言	http://pig.apache.org/
	Hive	数据查询语言	http://hive.apache.org/
工作流支持	Oozie	工作流管理	http://incubator.apache.org/oozie/
实时分析/搜索	HBase	NoSQL	http://hbase.apache.org/
	Lucene	搜索引擎	http://lucene.apache.org/core/
监测及管理	Zookeeper	集群管理	http://zookeeper.apache.org/
	Ambari	环境设置，监测	http://incubator.apache.org/ambari/
集群管理	Whirr	集群发布	http://whirr.apache.org/
	Bigtop	包的开发	http://incubator.apache.org/bigtop/

表 9-3 所示的是可以与 Hadoop 进行联动的外部项目及解决方案的分类和列举。前文中已经介绍过，大数据系统不是通过一次的构建和管理就能实现的系统，Hadoop 是根据服务和商务需求的变化而进行持续进化的系统。在 Hadoop 生态界的各种分类中，根据选择和使用的解决方案的种类，来开发能应对将来的扩展性和变动性的解决方案。大数据系统在特性上难以在短时间内构建完整的系统，将表 9-2 与表 9-3 中的各种技术通过逐渐的添加来构建完整的系统，这种尝试和使用本身是非常重要的。

表 9-3　Hadoop 兼容开源代码

分　类	名　称	链　接
收集	Scribe	http://github.com/facebook/scribe/
	Hiho	http://github.com/sonalgoyal/hiho/
	Honu	http://github.com/jnoulon/Honu/
	Gig Streams	http://code.google.com/p/bigstreams/
数据串联化	Protocol Buffers	http://code.google.com/p/protobuf/
配载	CloudBase	http://cloudbase.sourceforge.net/
	HadoopDB	http://db.cs.yale.edu/hadoopdn/hadoopdb.html/
查询支持	JAQL	http://code.google.com/p/jaql/
	Cascalog	http://github.com/nathanmarz/cascalog/

续表

分　类	名　称	链　接
分析语言支持（Python）	Pydoop	http://sourceforge.net/apps/mediawiki/pydoop/
	dumbo	http://github.com/klbostee/dumbo/
	Hadoopy	http://github.com/bwhite/hadoopy
	Mrjob	http://github.com/Yelp/mriob/
分析语言支持（Ruby）	Happy	http://code.google.com/p/happy/
	Mrtoolkit	http://code.google.com/p/mrtoolkit/
	Wukong	http://github.com/mrflip/wukong/
分析支持（统计/图形）	R	http://www.r-project.org/
	Golden Orb	http://goldenorbos.org/
实时分析/搜索	Elasticsearch	http://www.elasticsearch.org/
	Katta	http://katta.sourceforge.net/
工作流支持	Cascading	http://www.cascading.org/
	Azkaban	http://sna-projects.com/azkaban/
	Hamake	http://code.google.com/p/hamake/
监测及管理	HUE	http://archive.cloudera.com/cdh/3/hue/
	Karmasphere	http://karmasphere.com/
	Ganglia	http://ganglia.sourceforge.net/

　　从前文中讨论的 Hadoop 生态界的多种分类中可以知道，Hadoop 考虑了大容量数据的分散装载及扩展性，系统的自身构造采用的是最简单的结构，其中所缺少的功能按照目的和适用性在 Hadoop 生态中进行选择，最终成为可以应用的构造。这种简单的 Hadoop 构造的优势在于，通过选择和集中将大容量数据装载到分布式存储上，在进行"分配"分布式运算时非常有效率，同时具有很高的扩展性。然而在这种简单构造中，支持的"分配"特性不能满足所有大数据处理的需求条件，一部分需要满足"实时"特性，因此 Hadoop 系统上还需要其他形式的数据存储。

　　为满足这些条件，在 Hadoop 生态界中 NoSQL 引擎的 HBase 随之登场。HBase 支持 Hadoop 生态界第一个非配置组件的实时 Key—Value 运算。随着最近对大数据实时性话题讨论的增加，大众的关注度也在增加。下一节将正式对 HBase 的特性进行介绍。在此之前，Hadoop 存储仓库和特征可概括表为 9-4 中的内容。

表 9-4　HDFS 和 HBase 的基本特性比较

分　类	HDFS	HBase
写（write）模式	只允许添加（Append）	随机写，批量写入
读（Read）	扫描所有表 扫描分区表	随机读取，局部扫描 扫描表格
Hive 性能	好	4~5 倍
最大数据容量	30PB 以上	1PB

　　正如前文中提到的，Hadoop 分布式文件系统（HDFS）是由分散节点的本地磁盘捆绑成的一个文件系统。此系统最大可以处理数十 PB 的数据。同时，通过自动复制来预防各节点的故障，系统发生故障时将进行自动恢复。HBase 作为下端的基本存储仓库，因为使用了 Hadoop 分布式文件系统，因此具有此类故障恢复的特性。HBase 将数据在上端进行 Key-Value 形式的 Mapping，因此它具有 HDFS 所没有的随机写及 Bulk 写的功能。这个功能对随机读取及特定范围的扫描是非常有用的。但由于 Key 是在按照顺序形成及运作，因此它的容量要小于 Hadoop 分布式文件系统的容量。

9.2 HBase 介绍

2003 年 Google 发表 Google 文件系统（GFS）和 2004 年发表 MapReduce 论文以后，关于大数据处理方法的研究和技术的开发随之展开。Hadoop 也是基于这两个论文开发的。这两个研究为大容量数据的有效配置处理提供了环境，但在实时随机（random）读取和写入方面受到了制约。Google 希望开发出可以将小数据进行交互式读和写的数据存储仓库，以便适用于应用程序。Google 文件系统和 MapReduce 作为用户邮件服务、信息服务及其分析的存储仓库还存在着不足。

Google 工程师为了实现大容量环境中小型数据的快速读和写，在开发时放弃了关系型数据库的关系型功能，支持简单的 CRUD（creat、read、update、delete），添加了访问特定范围的 Key 及特定单位 Table 的 scan 的操作，于 2006 年发布了 BigTable。BigTable 将 PB 级的数据以排序的 Map 形式持续并连贯地存储到数千台服务器中。

BigTable 基于 Column 型的 Key-Value Engine 算法在有效处理大量数据的同时保障了一致性。使用基于下端存储仓库的分布式文件系统（ex, GFS）进行大量数据的分析并创建有价值的值时，连同 MapReduce 一起使用会成为最优化的方法。Google 在 Google Analytics、Google Finance、Orkut、Personalized Search、Writely、Google Earth 等 60 个以上的项目中使用了 BigTable。

Google 的 BigTable 发布之后，Hadoop 开发了将此模型开源化的 HBase。HBase 和 BigTable 一样，都属于 Column 型的数据库，2006 年由 Michael Stack 和 Jim Kellerman 开发，目前属于 Apache 项目开发的开源软件。

HBase 受 BigTable 的影响，不仅可以有效地处理大量数据，且保障了一致性。作为 Hadoop 旗下的项目，HBase 将 HDFS 分布式文件系统以及用于分析大数据并创建有价值的值时使用的 MapReduce 进行了优化处理。HBase 由于以 Google 的 BigTable 作为基础开发，因此几乎在所有部分都具有相同的模型，在表 9-5 中相关内容可以进行确认。关于各模型的说明将在对 HBase 的构造进行说明的章节中详细介绍。

表 9-5 HBase 和 Google BigTable 模块间的比较

Google BigTable	HDFS
Tablet	Region
Tablet Server	Region Server
minor compaction	Flush
Merging compaction	Minor compaction
Major compaction	Major compaction
Commit log	Write-ahead log
GFS	HDFS
MapReduce	Hadoop MapReduce
Memtable	MemStore
SSTable	Hfile
Chubby	Zookeeper

HBase 的基本特征如下：

- 支持读/写的数据一致性：HBase 与 Cassandra 支持的结果一致性不同，它保证了数据间强大的一致性，这类特性适用于快速的 Counter Aggregation 等地方。
- 自动 sharding：将 HBase 的 Table 分散存储在多个集群的 Region 中。通过相应的 Table 数据增加，Region 自动将其划分在集群中进行再分散。
- 强大的容错性：Region 服务器自动克服故障。
- 基于 Hadoop/HDFS：HBase 基于 Hadoop 分布式文件系统，支持大容量数据的安全分散复制。
- MapReduce：由于 HBase 基于 Hadoop，因此可以通过 MapReduce 进行大容量分布式处理。
- Java 客户端 API：HBase 支持 Java API 和简易的编程模型。
- Thrift/REST API：HBase 同时支持 Thrift 和 Rest API，能兼容非 Java 系列的模块。
- 支持 Block Cache、Bloom Filters：HBase 由于支持 Block Cache 和 Bloom Filters，可以将用户访问查询进行并提供快速的应答性能。
- 支持运营管理工具：HBase 支持基本的基于 Web 的运营管理工具和 JMX Metric。

图 9-2 为 HBase 的简略变迁史。

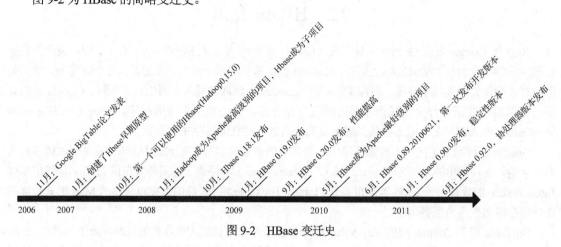

图 9-2　HBase 变迁史

9.3　HBase 数据模型

HBase 数据模型最简单的定义：用户将 row 存储在命名的 Table 中，各个数据的 row 携带了排序键（key）和几个 column，用于存储的 Table 的各行可以具有多个数量和多个种类的列。只通过单纯了解定义来理解 HBase 的数据模型是比较困难的。本节将通过介绍构成定义的几个重要单词，如 map、持续性（persistent）、分布性（distributed）、排序性（sorted）、多维性（multidimensional）、稀疏性（sparse）等来帮助读者理解 HBase 的数据模型。

9.3.1　map

作为 HBase 数据模型最核心的部分：编程语言 Ruby 中的 Hash、Java 脚本中的 object、Python 中的 dictionary 等模型。维基百科的定义为，map 将 key 和 value 进行组合构成抽象的数据类型，各个 Key 和一个 Value 进行关联。Java 用 object notation 表示的示例如下。

```
{
    "C":"小猫"
    "D":"老虎"
    "A":"小狗"
    "E":"幼狗"
    "B":"小鸡"
}
```

9.3.2　持续性（persistent）

持续性的定义与其他文件系统或数据存储一样，将数据输入到 map 之后，在删除以前随时可以进行访问，并需要维持最终的状态。

9.3.3　分布性（distributed）

HBase 与 Google 的 BigTable 一样，是基于分布式文件系统体现的数据存储。它意味着集群内的多个物理机器上的数据仓库中的数据所进行的是分布式的存储。HBase 作为其下面的存储仓库，通过活用 Hadoop 分布式文件系统和 Amazon S3 服务具有分布式属性。数据通过复制到多个分布式节点中，提供了容错特性。

9.3.4 排序性（sorted）

HBase 的 Key—Value map 始终按照顺序进行排列。将上文中的 map 示例进行运用后，内容如下。

```
{
    "A":"小狗"
    "B":"小鸡"
    "C":"小猫"
    "D":"老虎"
    "E":"幼狗"
}
```

在前章中已经提到，这类排序的 Key—Value 数据模型具有 Schema 的优点，尤其是在数据分布存在多个节点的环境中，范围扫描及复合 Key 等是最必要的属性。

因为这样的排序属性，在对各行的 Key 进行设计时需要格外注意。例如，在构建数据模型时，将域名作为行的 Key，将相应的域名访问数设置为 Value 时，结果如下。在这里为了知道"naver.com"域名的所有访问数量需要观察所有的 Key。

```
{
    "blog.naver.com":"183"
    "blog.government.gov":"19"
    "cafe.naver.com":"73"
    "mail.apach.org":"48"
    "mail.naver.com":"66"
    "mail.rent.com":"148"
    "www.apach.org":"458"
    "www.government.gov":"568"
    "www.naver.com":"849"
    "www.rent.com":"348"
}
```

相反的情况下，如果构建数据模型时，将域名逆向构成并排序的话数据模型如下。本模型中将"com.naver.*"作为 prefix-key，在范围内进行搜索，可以很快知道"naver.com"域名的所有访问数量。

```
{
    "com.naver.cafe":"73"
    "com.naver.blog":"183"
    "com.naver.mail":"66"
    "com.naver.www":"849"
    "com.rent.mail":"148"
    "com.rent.www":"348"
    "gov.government.blog":"19"
    "gov.government.www":"568"
    "org.apach.mail":"48"
    "org.apach.www":"458"
}
```

在这里需要着重了解的是：在 HBase 中的排序环境只需要运用到 Key-Value 中各行的 Key 中。HBase 中超出相应行同一列（column）的值不会进行自动排序。

9.3.5 多维性（multidimensional）

这里多维性所代表的意思是，截至目前介绍的 map 中还存在 map。相应的 map 中存在其他形态的 map。通过下列示例来进行解释。

```
{
    "Aiden":{
        "credit":"8"
        "balance":"200"
    },
    "David":{
        "credit":"9"
        "balance":"950"
    },
    "Eric":{
        "credit":"7"
        "balance":"150"
    },
    "Jang":{
        "credit":"10"
        "balance":"120"
    }
}
```

上面的示例中，各行中 Key-Value 的 Key 为人名，Value 内由一种形态的 map 构成。此 map 全部由 "credit" "balance" 构成。在 HBase 中，将这种类似列的集合称为 Column Families。

在 HBase 中，一个 Table 的 Column Families 在创建 Table 时进行规定。如果想要在之后进行更改是不可能的，或是非常困难的。同时，如果事后在 Table 中添加新的 Column Family 因为需要额外的操作，所以在最初设计 Table 时，最好将所有的 Column Family 事先设计好。Column Family 可以具有多个 Column，各 Column 又被称作 label 或 qualifier。下面的示例中对此部分内容进行了说明。

```
{
    "Aiden":{
        "banking":{
            "credit":"8"
            "balance":"200"
        },
        "address":{
            "":"Seoul"
        }
    },
    "David": {
        "banking":{
            "credit":"8"
            "balance":"950"
        },
        "address":{
            "":"Suwon"
        }
    }
}
```

上述示例中有两个行,"banking" Column Family 有两个 column,分别为"credit"、"balance"。"address" Column Family 有一个 column,此 column 作为 qualifier 空白文字("")。在 HBase 中发出数据请求时,column 的整体名称总是以"Column Family:qualifier"的形式提供。

上述示例中体现为"banking:credit""banking:balance""address"。这里的 Column Family 为静态,但其中的 column 则不是静态。即存在如下示例中的情况。

```
{
"Aiden":{
    "banking":{
        "credit":"8"
        "balance":"200"
    },
    "adress":{
        "":"Seoul"
    }
},
"David": {
    "banking":{
        "credit":"8"
        "balance":"950"
    },
    "adress":{
        "":"Suwon"
    }
}
//...
"Jun":{
    "banking":{
        "balance":"200"
    }
 }
 //...
 }
```

上面的示例中,"Jun"行只有"banking:balance"一个 column。由于各行都可以拥有不同的 column,因此 HBase 中不提供可以查询所有行中的所有 column 列表的功能。为获取相应的信息,需要将 Table 中所有的类进行扫描。然而,由于 Column Family 为固定的静态形式,Column Family 的列表可以通过查询获取。

下面的示例中展示了 HBase 具有的 Column Family 的时间属性。HBase 的各 Column Family 中的 column 按照时间顺序进行 versioning。HBase 可精确到毫秒,Google BigTable 可精确到微秒,同时可允许用户定义的单纯整数形式存在。

```
{
"Aiden":{
    "banking":{
        "credit"{
            20:"8"
            15:"6"
            5:"3"
        },
        "balance":{
```

```
                15:"200"
                8:"150"
            }
        },
        "adress":{
            "":{
                25:"Seoul"
                13:"Suwon"
                6:"Daejeon"
            }
        }
    },
    "David": {
        "banking":{
            "credit"{
                17:"8"
                7:"1"
            },
            "balance":{
                13:"950"
            }
        },
        "adress":{
            "":{
                21:"Suwon"
                11:"Chuncheon"
            }
        }
    }
    //...
    "Jun":{
        "banking":{
            "balance":{
                3:"200"
            }
        }
    }
    //...
}
```

使用 HBase 的应用程序在发出数据请求时，如果不用某种 timestamp 进行明示，由于 HBase 的各 column 的数据是根据相应 timestamp 的逆向顺序进行排列，因此一般情况下获取的是最新或是最高值的 timestamp 值。如果特定的应用程序在发出数据请求时用特定的 timestamp 进行明示，获取的数据将比用户需要的 timestamp 小或者相同。上面示例中"Aiden"/"banking：credit"/20 的结果为"8"，"Aiden"/"banking：credit"/15 的结果为"6"。"aiden"/"banking：credit"/3 的结果为"3"。

9.3.6 稀疏性（sparse）

此特性的意义为，各行中具有怎样的 Column Family，各 Column Family 中具有怎样的 column 值，或是不具有怎样的值。即所有的 column 不需要获取所有定义的 Column Family，同时不需要获取各 Column Family 中所有定义的 column。

9.4 HBase 的数据库模式

本节将对 9.3 节中介绍的 HBase 数据模型扩展为数据 Schema，并介绍其构造和形态。至少要对 HBase 的 Schema 有了基本的理解才能将 HBase 灵活应用为 NoSQL。根据所使用服务的特性来构建合适的数据模型和 Schema。如果理解了上述的数据模型和 HBase 的 Schema，可以更快地理解 HBase 提供的强大数据一致性（string data consistency）和基于 Column Family 的 NoSQL 的特征和活用方法。

将 9.3 节中最后的 JSON 示例用最简单的基于 Row 的 Excel 列表形式进行表示，如图 9-3 所示。Table 中包含了各行（row）和列（column），删除了前文中提到的 timestamp 和 versioning 的概念，需要总是包含最新的 Table。

UserID	banking:credit	banking:balance	address:" "
Aiden	8	200	Seoul
David	5	950	Suwon
Jun		200	

图 9-3　用 Excel 表格表现的数据

图 9-4 呈现了一个 Table 中表现的数据根据关系型数据来进行相宜的数据正规化（normalization）的内容。"banking：credit"和"banking：balance"在同一账户中，关联的 column 由额外的"Account"Table 构成，与其他的 Table 进行关联时需要基本 key（primary key）。"address："由额外的地址 Table "Address"构成，与其他的 Table 进行关联时需要基本 key。同时，这两个 Table 参照了"UserInfo"Table，通过外部 key（foreign key）将各用户的账户信息和地址信息放入 Table 中。如果将此地址信息理解为管理相关账户银行支行的信息，在用户的账户信息"UserInfo"Table 中由于只参考银行支行的 ID（addressID），即使之后相应支行的具体位置（address：""）发生改变，在 UserInfoTable 中也不会发生变化。这一点与图 9-3 中的 Table 有所不同，图 9-3 中的 Table 在上述情况下，需要查找包含相应支行地址的所有行，并将值进行替换。这也是关系型数据库中强调数据正规化的理由。

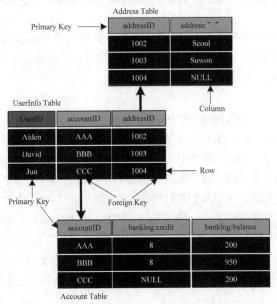

图 9-4　经过正规化过程的 Schema

完成图 9-4 中正规化过程的数据 Schema 如果是用于传统的关系型数据库，需要通过图 9-5 的过程变型为适合于 HBase 的数据 Schema。图 9-5 所示的内容表示将 9.3 节最后的数据模型示例表现为 HBase 的数据 Schema 的形式。

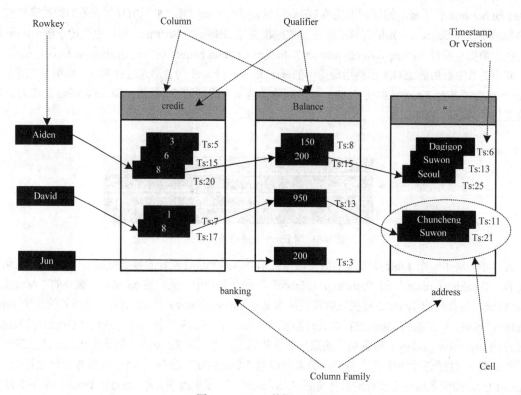

图 9-5　HBase 数据 Schema

为了理解此示例，下面按照 HBase 的数据 Schema 形式整理了 9.3 节的数据模型中提及的术语。

（1）列表（table）

HBase 用 table 管理所有数据。table 中包含了数据设计时点的 Namespace，即多个的行（row）。table 的名称需要有可以印上的文字（printable characters）列构成。简单地说，可以想象成系统 pass 或文件名称所使用的文字。图 9-5 中的整幅图片为一个 table。

（2）行（row）

作为构成 table 的单位，数据存储在行（row）单位中。各行用各种固有的 key 进行区分，将其称为 rowkey。HBase 中的 rowkey 如果不具有某种数据类型（string、int 等）则用 byte 列（byte[ ]）表示。出于这种特性，将前文中的 HBase 用 rowkey 的基准对各行进行排序时，rowkey="3" 排在 rowkey="10" 后面。即在对 rowkey 进行设计时，应该用 byte 列单位进行排序。如果 rowkey 由数字 ID 构成时，应用类似于 "03" 的格式构成。将图 9-5 中的 "Aiden" "David" "Jun" 作为各自的 rowkey，各 Column Family 和其中的 column 的集合构成一个行（row）。同时，在 HBase 中，因为只支持行（row）单位的原子性（atomicity），所以不支持关系型数据库中支持的 "完全的" Transaction。HBase 中在多数的行（row）和所有的 Table 中不支持任何种类的 Transaction。但是，由于同个行（row）单位中的读和写支持原子性，HBase 支持强大的数据一致性（strong data consistency），通过利用此特性可以获取有限的 Transaction 特性。

（3）Column Family

Column Family 是将一行（row）中的数据 grouping 为多个 Column Family。Column Family 不仅对数据的逻辑视图，同时对 HBase 将实际的数据在物理空间中排序并实现存储的过程产生影响。同时，为了改善数据压缩等性能，HBase 的 tuning 以 Column Family 单位实现，对 Column Family 内的 column 数量也没有限制。因此 Column Family 在创建时点或设计时点以后，如果想要进行更改是不容易的，因此它具有静态（static）的属性。如果一个 Table 中的所有列具有同样的 Column Family，那么不需要将所有的 Column Family 数据填入所有列中，这便是前文中提到的 HBase 的稀疏性（Sparse）特性。Column Family 的名称和 Table 名称一样，都是要由可以使用在文件及系统 pass 中文字构成。图 9-5 中的分别为 "banking" 和 "address" Column Family。

（4）Column 和 Column Qualifier

数据存储的单位即构成 Column Family 的数据单位。Column Family 内部的各 Column 可以通过 Column Qualifier 访问数据。Column Qualifier 和 rowkey 一样，在创建时间或设计时间可以不进行明示。同一 Column 不提供各行间的一致性。用图 9-5 中示例进行说明，即 rowkey "Aiden" 的 "banking: credit" Column 值为 "david"，不支持 "banking:credit" 的 column 值间的一致性。Column Qualifier 跟 rowkey 一样，都不具有数据类型，用 byte 列（byte[ ]）进行表示，图 9-5 中 "banking" Column Family 中的 "credit" 和 "balance" 是 Column Qualifier。"address" Column Family 中的 column 和 Column Qualifier 一样，都可以用空白表示或不进行明示。

（5）Cell

Cell 将 rowkey、Column Family、Column Qualifier 作为坐标识别的一种数据存储仓库，存储在 Cell 中的数据称作 Cell 的值（value）（如图 9-5 所示）。这个值不具有任何类型的数据，同时对长度没有限制。总是以 byte 列（byte[ ]）的形式被处理。

（6）Timestamp 和 version

各 Cell 中的各个值都是被版本化的状态，各个值通过固有的 Timestamp 识别版本（如图 9-5 所示）。访问各 Cell 的数据时，不标明 Timestamp，通常使用当前的 Timestamp，同时访问的与当前 Timestamp 同样或是更低版本的数据。各 Cell 中维持的版本个数由 Column Family 种类决定，通过 HBase 进行管理。如果没有单独进行表示的版本个数，HBase 中一般包含三个值。Timestamp 的数据类型在 HBase 中为 "long integer"。

这 6 个概念构成了 HBase 的基点。HBase 中使用的 API 中会使用到上述概念，因此用户至少需要理解以上概念。这 6 个概念是对 HBase 中的数据进行访问的坐标，同时帮助理解 HBase 有限的 Transaction 和性能的线索。

为了访问关系型数据库 Table 中的数据，只需要了解行和同样的 Table 中所有行所共有的是怎样的 column 即可。即只需要知道一个 Table 中的两个信息就可以访问任何 Table 的数据。然而，如果访问 HBase 中的特定数据需要知道 4 个信息。如图 9-6 所示，这 4 个信息分别是 rowkey、Column Family、Qualifier、Timestamp。由于 HBase 属于 Key—Value NoSQL 大的范畴，因此将这 4 个值称作组合的 key，Cell 的数据可以看作 value 的概念。

正如前文中所述，构成 Key 的最后的值 Timestamp 是指跟它一样或比它低版本的最新值。

图 9-6 中第二个和第三个示例是对这个情况进行说明的示例。如图 9-6 中第一个示例所示，不用 Timestamp 进行标示时，相应 Cell 的最高（最新）版本（Timestamp）是 key 的值。

对 HBase 的数据进行访问时不需要放入上述的 4 个值。将 rowkey 放到阶层构造的最上端，将 Timestamp 放到阶层构造的最下端，通过从阶层构造的最上端开始对 key 进行标注后可以访问相应的值。

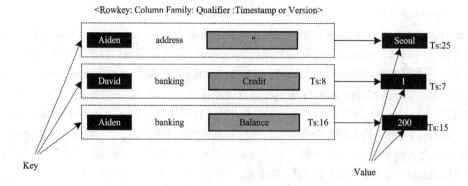

图 9-6 HBase 的 Key 和 Value

图 9-7 中 A，其 Key 中对 Rowkey、Column Family、Qualifier、Timestamp 都进行了标示。此时，与上文中确认的结果一样，在相应的 Cell 值与指定的 Timestamp 一样或是将最新的数据作为 Value。图 9-7 中的 B 是排除了 Timestamp 的情况。如果 API 发出特殊数据的请求，与图 9-6 中的情况相同，将包含最新 Timestamp 的 Cell 的值进行 return。但在 HBase 的内部，一般以相应 Cell 中所有版本的值的 Map 形式进行 return。如图 9-7 中的 C 所示，如果只标示到 Column Family，相应 Column Family 中的所有 Qualifier 的 Map 将被 return。

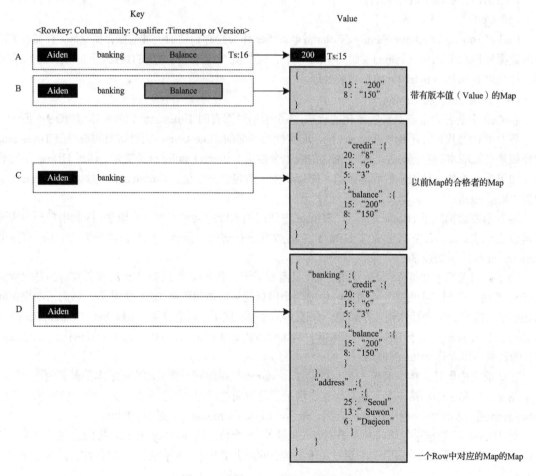

图 9-7 对应 HBase 的 Key 的 Value

如果按照图 9-7 中 D 的方式只在 key 中放入 rowkey，HBase 将相应行中包含 Column Family 的 Map 的 Map 进行 return。综上所述，可以将 HBase 看作将 value 用 Map 的 Map 进行体现的一种 Key—Value NoSQL。

9.5　HBase 构造

HBase 大体由三个模块组成。第一个是客户端库及 API，第二个是 Master，第三个是 Region Server（见图 9-8）。系统运行过程中，为了应对 workload 的变动，可增加或删除 Region Server。HBase 将连续行（Row）的集合 Region 平均分配到 region server 中。执行此作业时，Master Node 需要使用到 Hadoop 开源项目中的 Zookeeper。Zookeeper 可以调整分布式系统的可靠性和可用性。

小贴士

Apache ZooKeeper

ZooKeeper 作为 Apache 开源项目之一，它与 Google Bigtable 和 Chubby 一样，在 HBase 中对分布式环境进行调节。与访问文件系统的目录和文件的方式相同，ZooKeeper 协助系统访问分布式环境中的各节点。ZooKeeper 将这些节点称作 znode，znode 应用于分布式系统在各节点内服务的登录、状态的确认、权限的获得。

HBase 保障任何时候都有一个 Master Node 在运行，为了查找 Region，需要将出发点 bootstrap 的位置进行存储，region server 的注册需要使用 ZooKeeper。ZooKeeper 是 HBase 的重要组成要素，没有 ZooKeeper 的情况下 HBase 无法工作。

在需要控制所有 Region Server 上的各 Region 的负载均衡时，Master Server 将 Region 进行划分并将负载均衡的 Region 所对应的 rowkey 进行再分配。为了预防故障，Master 由多台主机构成。同时，Master 直接负责 HBase 内 data schema 的更改及 Table 和 Column Family 的生成等元数据的运营工作。Master Server 只管理负载均衡和 HBase 集群状态的维持，不提供向用户直接提供数据或进行相应的指导工作，这个为了防止随着服务的增加负荷过于集中于 Master Server 中的情况。Region Server 主要担任访问包含所有 Region 读和写的用户数据的工作，如果 Region 的大小超过了用户设置的临界值（threshold），它担任将 Region 进行分离的角色。用户在进行数据相关操作时直接访问 Region Server 即可。

HBase 中的扩展性和负载均衡的单位为 Region。将 Region 持续地以行的一部分范围的形式进行存储。如果相应的范围变得非常大或负载过大时，Region 将以动态形式进行分离（split）。在与此相反的情况下，将 Region 进行合并，并将 Hadoop 分布式文件系统内的文件数量维持在一定的标准内。

最开始，一个 Table 中只生成一个 Region。当数据持续地增加，其大小超过了设定值时，Region 将其中的 key 按照中间值的标准平均分配后分离成两个 Region。Region 的分离几乎是即时地执行。各 Region 准确的在一个 Region Server 中运作，各 Region Server 可运作多个 region。图 9-9 对这种情况进行了逻辑性描述，其中一个 table 划分为 6 个 Region，分别在三个 Region Server 中运行。

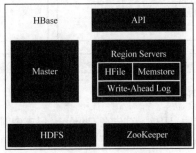

图 9-8　HBase 的大体构造

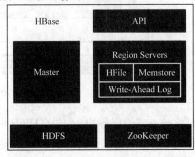

图 9-9　HBase Region 服务器的 Key 分布式存储

> **小贴士**
>
> **Region 的个数和大小**
>
> HBase 中每个 Region Server 管理了 10～1000 个 Region。每个 Region 的大小一般最大维持在 1～2GB 左右。然而，随着物理设备能力的提高，一个节点所能处理的能力也增加，最大 Region 的大小可以变得更大。

这类由 workload 和数据的增加产生的 Region 的分离，在其他的分布式数据库中可以看作自动分片（autosharding）。在服务器出现问题时，每个 Region 可进行快速恢复，因为 Region 可以在各 Region Server 移动，因此特定服务器的特定 Region 的 workload 过于集中时，其他的 Region 通过移动到其他的服务器来保持整体 workload 的均衡。

图 9-10 描述了 HBase 存储数据的构造。在图中可以确认，Region Server 运营的各 Region 的行的数据在分离后进行配载。各个 Region 用 Store 进行数据存储和运营，相应的 Store 中包含了记录在 Hadoop 分布式文件系统中的 HFile 文件。HFile 由包含了索引的顺序 Block 构成，HFile 在打开需要的文件时，相应的索引首先加载并上传到内存中。一个 Block 的大小通常为 64KB，通过设置可以进行更改。HFile 中存储的数据由 Block 构成，相应 HFile 文件的所有 Block 的索引在文件打开的同时上传到内存中，在读取 HFile 中的实际数据时，需要进行一次的磁盘访问。因此在上传到内存的索引中，只需要通过二进制搜索（binary search）就可以确认相应 Block 的位置并进行访问。HFile 一般存储在 Hadoop 分布式文件系统中，因为此文件是分散复制后进行存储，所以访问的可靠性很高。

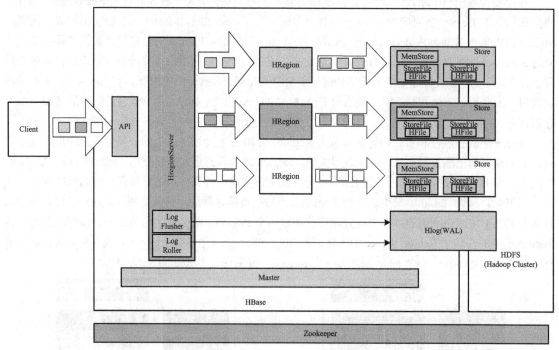

图 9-10　HBase 数据存储构造

通过这种方式访问各 Store 内的 HFile 并完成数据上传后，HBase 首先在 Commit 日志中对相关内容进行存储，接下来将其保管在 HBase 中使用的内存数据仓库 MemStore 中。此时，Commit 日志通过 Hadoop 分布式文件系统（HDFS）将数据复制到多个物理服务器中，因此更改后数据的消失概率较小。

为了保证更快的性能虽然也可以不用进行复制,但发生问题时,MemStore 中存储的 Key—Value 将不能进行恢复。如果 MemStore 中存储的数据比指定的值大,将通过生成文件的形式存储到磁盘中,累积到一定数量的存储文件后,通过压缩来减少文书的大小。成功进行存储后,Commit 日志中存储的数据将在之后被删除。

9.6 HBase 的构建及运行

本节将简单介绍 HBase 的安装及初始化的方法。介绍 HBase 时,通过 CLI command-line interface 对基本数据输入的查询和删除方法进行了解。

在对 HBase 进行正式安装之前,需要确认用户系统的 Java runtime 环境,至少需要 1.6 以上的版本。可在 "http://www.java.com/download/" 中确认 Java 的最新版本。安装 HBase 之前需要在 Apache HBase 网站中(http://hbase.apache.org)下载最新版本,并复制到用户需要的目录下。本示例中复制到了 /usr/local 中。安装完 HBase 后,环境参数的设置如下。

```
$ cd /usr/local
$ tar xvfz hbase-x.y.z.tar.gz
$ export HBASE_HOME='pwd'/hbase-x.y.z
```

在正式启动 HBase 之前,需要指定存储实际数据的位置。在安装 HBase 的目录 conf/hbase-site.xml 中对相应的内容进行设置。下面的 "<PATH>" 指的是 HBase 存储数据的地方。如果不指定数据的存储位置,通常情况下 HBase 将数据存储到 /tmp/hbase-$(user.name) 中。然而许多的操作系统在重新启动时,自动将 /tmp 目录清空,因此选择存储在其他安全的目录中更加可靠。

```
<-xml version="1.0"->
<xml-stylesheet type="text/xsl" href="configuration.xsl"->
<configuration>
    <property>
        <name>hbase.rootdir</name>
        <value>file:///<PATH>/hbase</value>
    </property>
</configuration>
```

成功完成 HBase 的安装后就可以访问 HBase 管理画面 "http://localhost:60000" 了(如图 9-11 所示)。接下来,按照下面示例中的内容运行 HBase,之后可以使用 HBase command shell。

```
$ cd /usr/local/hbase-x.y.z
$ bin/start-hbase.sh
starting master,logging to \
/usr/local/hbase-x.y.z/bin/../logs/hbase-<username>-master-localhost.out
$ bin/hbase shell
Hbase Shell;enter 'help<RETURN>' for list of supported commands.
Type "exit<RETURN>" to leave the Hbase Shell
Version x.y.z,..........

hbase(main):001:0>status
1 servers,0 dead ,2.0000 average load
```

完成上述步骤后，HBase 的安装已经完成并且处于正常运行状态。当前，HBase 以"standalone"模式工作。HBase 有两种模式：standalone 模式和分布（distributed）模式。

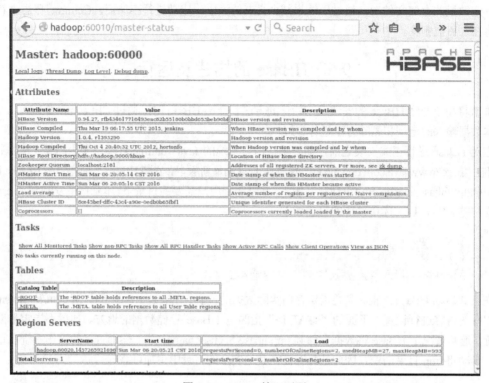

图 9-11 HBase 管理画面

（1）standalone 模式

standalone 模式是 HBase 的基本模式。如果完成了示例中的步骤，则当前工作中的 HBase 为 standalone 模式。在 standalone 模式中，HBase 不使用 Hadoop 文件系统，使用的是本地文件系统。并且在同一 JVM 进程中放入所有的 HBase 守护进程和本地 Zookeeper。

（2）分布（distributed）模式

分布模式大体分为两个。第一个是伪分布模式（Pseudodistributed mode），第二个是完全分布模式（fully distributed mode）。伪分布模式中的所有守护进程在一个节点中工作；完全分布模式中，将守护进程分配到集群内的多个物理机器中再进行工作。为了用两个分布模型进行工作，Hadoop 分布式文件系统实例是必备要素。

接下来，在这里直接放入数据进行观察和查询。

```
hbase(main):002:0>create 'hellotable','colfamily1'
0 row(s) in 0.2120 seconds

hbase(main):003:0>list 'hellotable'
TABLE
hellotable
1 row(s) in 0.0310 seconds

hbase(main):004:0>put 'hellotable','row-1','colfamily1:q1','value-1'
0 row(s) in 0.0820 seconds

hbase(main):005:0>put 'hellotable','row-2','colfamily1:q2','value-2'
```

```
0 row(s) in 0.0300 seconds

hbase(main):006:0>put 'hellotable','row-2','colfamily1:q3','value-3'
0 row(s) in 0.0210 seconds
```

上面的示例中创建了一个 Table，在一个 Column Family 中输入了两个行。同时，在第二行的 Column Family 中创建了两个 Column Qualifier 并输入了两个 Column 值。之后，在创建的 Column Family "colfamily1" 中总共有三个 Column，分别是 "colfamily1：q1" "colfamily1：q2" "colfamily1：q3"。

通过下面的方式查询存储的数据。

```
hbase(main):007:0>scan 'hellotable'
ROW            COLUMN+CELL
row-1          column=colfamily1:q1,timestamp=1315444465509,value=value-1
row-2          column=colfamily1:q2,timestamp=1315444496741,value=value-2
row-2          column=colfamily1:q3,timestamp=1315444507882,value=value-3

2 row(s) in 0.0910 seconds
```

HBase 不是以数据为中心，而是以 shell 为中心将各 Column 进行分离并输出。示例中 "row-2" 有两个 Column，因此被输出了两次。

如果只需要获取某个行中的数据，则只需要使用 "get" 命令即可。在 "get" 中输入 Table 名称和行名称，相应行的数据按照下列方式获取。

```
hbase(main):008:0>get 'hellotable','row-1'
COLUMN              CELL
colfamily1:q1       timestamp=1315444754893,value=value-1

1 row(s) in 0.0520 seconds
```

删除数据的命令为 delete，也需要指定需要删除的 Table 的 key。

```
hbase(main):009:0>delete 'hellotable','row-2','colfamily1:q2'
0 row(s) in 0.0410 seconds
hbase(main):010:0>scan 'hellotable'
ROW            COLUMN+CELL
row-1          column=colfamily1:q1,timestamp=1315444465509,value=value-1
row-2          column=colfamily1:q3,timestamp=1315444507882,value=value-3

2 row(s) in 0.0620 seconds
```

将生成的 Table 失效或删除的方法如下：

```
hbase(main):011:0>disable 'hellotable'
0 row(s) in 1.9230 seconds

hbase(main):012:0>drop 'hellotable'
0 row(s) in 1.1600 seconds
```

最后，退出 HBase command shell 和停止 HBase 的方法如下：

```
hbase(main):013:0>exit
$
$ bin/stop-hbase.sh
stopping hbase......
```

目前为止，介绍了在 HBase 中创建 Table、输入和删除数据，以及 Table 的失效和删除的示例。

9.7 HBase 的扩展——DuoBase 中的 HBase

韩国 NHN Business Platform 主管的"PB 级不同机型集群 DBMS SW 开发"课题得到了韩国知识经济部 Open SEED 项目的支持。本章将介绍作为此课题成果的 DuoBase（www.dubase.org）中 HBase 的扩展。

DuoBase 着眼于将各种不同种类数据库的数据处理问题在一个集群环境中进行一致性处理，是一种大容量的数据存储系统。为了进行更快速的关系型数据库中关系型数据的事务处理和 NoSQL 中非定型的大容量数据处理，DuoBase 系统将数据库放在了下端，系统框架的上端使用了同样的端口，以便能互相访问不同类型的数据库，DuoBase 系统是基于开源代码的项目。如图 9-12 所示是 DuoBase 的系统构成图。

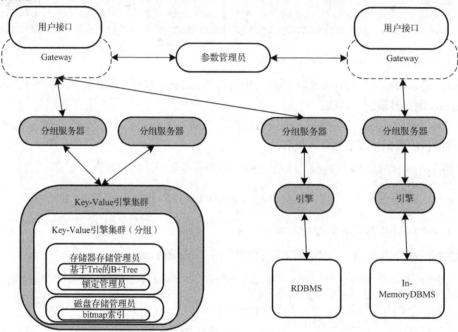

图 9-12 DuoBase 系统构成图

NoSQL 作为三个下端数据库之一，由于基于 HBase，它包含了将原有 HBase 中限制因素进行完善的 HBase。本节中将对此 HBase 中改善的问题和设计进行说明。详细的代码及手册可以在 DuoBase（www.dubase.org）中进行确认。

原来的 HBase 中，在云环境下运行服务存在几点不足。分别是单一用户、日志数据存储速度问题、时间序列数据处理问题、关于值的快速搜索功能。表 9-6 中对相应的问题和 DuoBase、HBase 的访问方式进行了总结。

表 9-6 现有的 HBase 技术议题及方法

Key-Value Engine 议题事项	方　法
column 值的有效搜索	关于存储器上的 Key-Value，利用 B+Tree 和锁定关系提供索引，关于磁盘上不变的 Key-Value，通过 bitmap 提供索引
有效的资源使用	添加 Multi Tenancy 功能，是多个用户可以同时使用特定的 resource
日志数据存储速度问题	添加独立处理日志数据的 SSD 存储装置，开发运行相应装置的模块
时间数列数据处理	为解决在特定 Region 中集中的 Hot Spotting 问题，开发活用数据特性的有效压缩技术

DuoBase.HBase 将 HBase 作为基础内核，维持了 HBase 内核最大的兼容性，它活跃在全世界 NoSQL 领域并灵活运用了 HBase 开源生态界的最大优势。在 HBase 客户端模块或 Region 服务器中能够最大限度地实现 plugin。因此在设计 DuoBase 时，保证了原有的大数据基本框架、与客户端的通信方式、数据管理方式等，同时最大限度地考虑了进行功能扩展的方案。作为基本的开发内容，实现了用户定义代码的运行方法 Coprocessor 及特定 BigTable Class 工具替换的可设置功能。

在 HBase 中，对 Column 数据进行索引（Indexing）时，根据数据特性的不同存在多种的索引方法。一般使用 B+ Tree 可以实现优良的性能，但是需要对具有少量 Cardinality 的 Column 进行索引时，bitmap 索引在存储空间和搜索速度上是被公认的最快、最有效的。它同时保证了新创建的其他索引 Table 与原有 Table 间的一致性，并提供了快速的搜索功能。基于上述理由，在 DuoBase 中，设计并实现了在 MemStore 中基于 Trie 的 B+Tree 索引及对于已存储的不变数据的 bitmap 索引和利用 Cages 生成额外索引 Table 的方式，如图 9-13 所示。

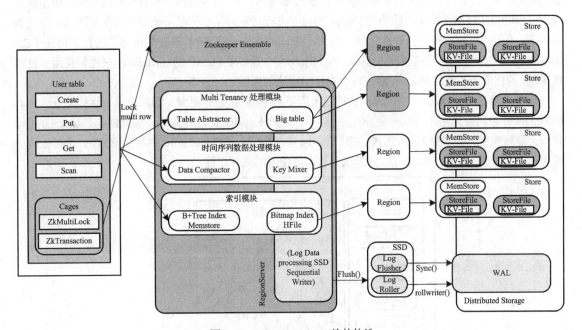

图 9-13 DuoBase.Hbase 整体构造

DuoBase.HBase 中的 Multi Tenancy 是云环境中为了将资源在多个用户间进行共享，以 SaaS 形式提供的将资源进行有效管理的工具。然而在包括 BigTable 在内的所有 Key-Value NoSQL 中，因为不存在当前用户的概念，所有用户账户的添加功能需要通过其他方式实现。在构建了使用服务的用户概念后，在一个巨大 Table 中进行处理，而不是像 Amazon DynamoDB 一样在用户增加后创建额外的 Table。在进行时间序列的数据处理时，通过使用数据的特性将类似的数据进行压缩后存储。压缩后进行存储不会引起性能的下降，使用 Mapped 存储方式还可以不受数据数量的影响而获得弹性的构造。由于 HBase 中的日志存储速度会影响最终的性能，因此使用 SSD 存储装置对 Hlog 及 WAL 日志数据进行存储。SSD 是按次序写入，其比随机写入的速度快 3～4 倍，将数据缓冲后可以实现最快的按次序写入。为了开发 SSD 的按次序写入并防备缓存失败，需要将日志进行复制。

在本书介绍的这 4 种功能中 HBase 最重要，用户定义索引和 Secondary 索引的主要设计及实现方法将在下一节中说明。

9.8　HBase 的用户定义索引

HBase 通过利用以 rowkey 方式排列的 Block 单位的资料构造来提供 Block 等级索引功能。利用 rowkey 的范围搜索方式可实现快速的搜索功能。但是对于特定 Column 值的搜索，由于目前不支持用户定义的索引，整体扫描的方式具有很高的延迟性。为了改善这类缺点，虽然实现了 HBase Contrib 中的 IHBase（Indexed HBase）和 ITHBase（Indexed Transactional HBase），但出于胶着状态、Base 和 Index Table 间的不一致、恢复等多种限制，目前的开发几乎处于中断状态。为了完善 HBase 扩展功能的局限，提供用户定义的索引，DuoBase.HBase 中设计了基于 Bitmap 的用户定义索引。

Bitmap 索引是根据 Column 值生成 bit 排列并进行存储，当查询进入时对 bitmap 执行 Bitwise Logical Operation 并反馈结果的一种索引方法。在 Column 中反复出现的值非常多的情况，即唯一值远远低于 row 数量的情况下，可以发挥出卓越的性能。B+ Tree 索引在一般情况可以进行很好的运用，但是在由规定范围的值组成的情况下，因为 Column 的值时进行重复的保管所以可能导致效率的降低。在此类情况下，使用 Bitmap 索引会更有效果。为此，Oracle、Sybase、IBM 等公司构建了适合于自身 RDB 的 Bitmap 索引，并向客户提供相关服务。在 HBase 中，类似于 OLAP 的 cardinality 在经常使用少量维度 Table 的情况下，使用 Bitmap 索引可以发挥出快速的性能。

但是频繁更新的情况下，Bitmap 的特性上需要将 Bitmap 进行更新，因而会导致性能降低。现有的 BigTable 访问方式是在写入时将 MemStore 中存在的 Key-Value 进行排序，因此创建 Bitmap 并进行管理会导致性能问题频繁发生。因此按照图 9-14 中的方式，在 MemStore 中利用 B+Tree 进行处理。使用基于 Trie 的 B+ Tree 同时可以保障权限管理员使用的高并行性。

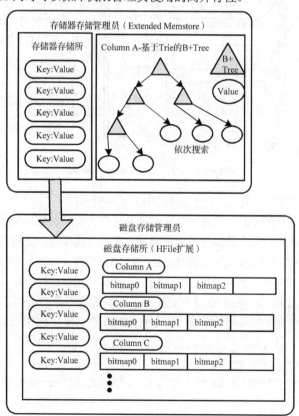

图 9-14　DuoBase.HBase 的用户定义索引构造

9.8.1 HBase 用户定义索引——HFile 格式的扩展

在已有的 HBase HFile 中，将 Bitmap 索引的存储空间按照图 9-15 所示的方式进行扩展。扩展后的 HFile 文件格式是添加了 tree 构造索引（tree structured index）和卷过滤（bloomfilter block）的构造，比起其他的 NoSQL 引擎的内部存储文件格式，这样做可以更有效地使用存储空间。在此基础上，将包含了索引 column 信息的 bitmap indexed columns 添加为 meta block 形式，并添加了 bitmap index meta block 以便存储 column 的 bitmap。通过利用存储的 bitmap 信息，在接受关于特定 column 的搜索请求时，查找相关 column 的 bitmap index meta block，并对需要查找的数据 Block 进行加载后查找相关的值。

"Scanned block" section	Data Block			
	...			
	Leaf Index Block / Bloom Block			
	...			
	Data Block			
	...			
	Leaf Index Block / Bloom Block			
"Nonscanned block" section	Bitmap Indexed Columns(optional)	Bitmap Index Meta Block (optional)	Meta Block	...
	Intermediate Level Data Index Blocks(optional)			
"Loadonopen" section	Root Data Index		Fields For Mid-key	
	Meta Index			
	File Info			
	Bloom filter Metadata			
Trailer	Trailer Fields		Version	

图 9-15 考虑 bitmap 的 HBase HFile 的扩展构造

HBase 内部的 HFile 在满足了特定条件后将进行压缩（compaction）。分别有将三个以上文件创建为一个文件的 Minor Compaction 和将所有文件创建为一个文件的 Major Compaction，进行压缩时，在 MemStore 中发生 flush，以创建 bitmap 相同的方式对合并后的访问进行同样的运用。

9.8.2 HBase 用户定义索引——Region 的扩展

如前一节中介绍过的，HBase 内的数据存储方式为：将各 Table 的行划分为 Region 单位，各 Region 生成 Column Family 的存储个体。同时，在内存上的 MemStore 即各存储仓库中存储最近输入的 Key-Value，填满之后通过 flush 生成扩展的 HFile。最终，以扩展的 HFile 单位创建和存储 bitmap 索引。存储"Cache-On-Write"选项时，可以放入 block cache 中，反之则在读取 HFile 时进行加载。如图 9-16 所示，为了有效地使用内存，在 HFile 加载时只将 Bitmap Index Metadata 放入内存中，Bitmap Index Block 在之后进行加载。此时，这些 Block 存储在 block cache 中，如果在不经常使用 LRU 算法类似的特定规则的情况下，在 Block Cache 中删除 Block。

通过 MemStore 进行 flush 时生成 bitmap 索引，通过图 9-17 中的 Bitmap Index Builder 实现。首先分析相应 column 的值，在用 bit 排列展示后，生成与之相关的元数据，并将元数据放入图 9-16 中的 Bitmap Indexed Columns 中。接下来，各 Column 的值创建为 bit 排列进行存储，如果直接将 bitmap 进行使用，空间的使用上不能达到有效利用，为了实现 Bitwise 和 Logical Operation，同时提高存储效率，提供了支持 EWAH（Enhanceed Word Aligened Hybrid）算法的存储选项。构建的 Bitmap 索引会使用到图 9-17 中 Bitmap Index Writer 扩展后的 HFile 中。

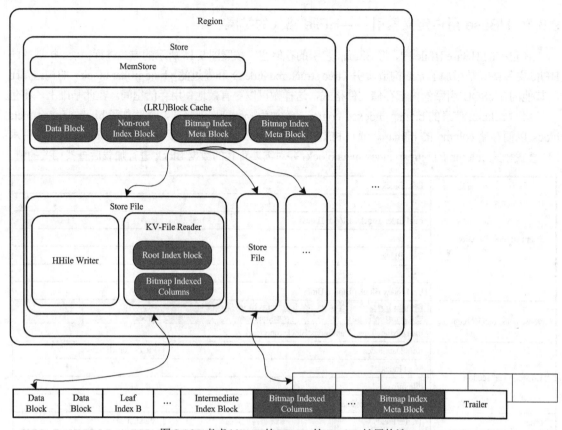

图 9-16 考虑 bitmap 的 HBase 的 Region 扩展构造

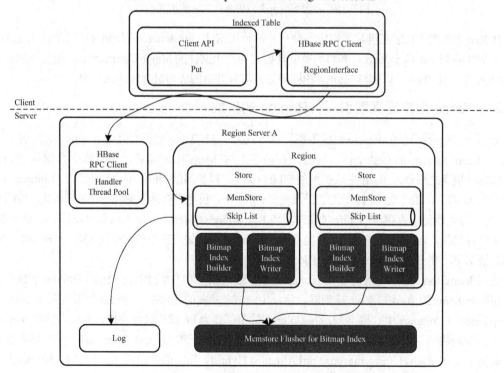

图 9-17 利用 bitmap 索引进行 Put 处理

第 9 章　HBase：Hadoop 中的 NoSQL

HBase 的数据访问操作中，Put 是通过客户端逻辑 Table 的 Htable 发送请求。此请求到达 HBase 的 RPC Server 后，同时传达到处理 rowkey 的 Region 服务器后进行处理。Region 服务器管理多个 Region，各 Region 对处理的 rowkey 范围进行判断并担任准确地传达 Put 请求的角色。

Region 找到相应的 Put Column Family 后，将其传递给进行处理的存储库，如果超过了存储库 MemStore 的最大容量，将通过 Store Flusher 进行 flush。如果存储相应 Column 的 Bitmap 索引，则通过利用 Bitmap Index Builder 在扩展的 HFile 中使用 bitmap 信息。

HBase 的数据存储操作中，Get 是通过客户端逻辑 Table 的 Htable 发送请求。这个请求和 Put 一样，到达 HBase 的 RPC Server 后，同时传达到处理 rowkey 的 Region 服务器后进行处理。Region 服务器管理多个 Region，各 Region 对处理的 rowkey 范围进行判断，并担任准确地传达 Get 请求的角色。但对于用户定义的索引，将直接对 Column 进行搜索，由于没有关于 rowkey 的信息，因此需要扫描所有 Region 的存储库。此时，图 9-18 中的 StoreScanner 将收到关于 Bitmap Index Searcher 要查找的 row 所存在的 Block 位置信息，通过利用位置信息并通过 HFileReader 加载 Blocks。

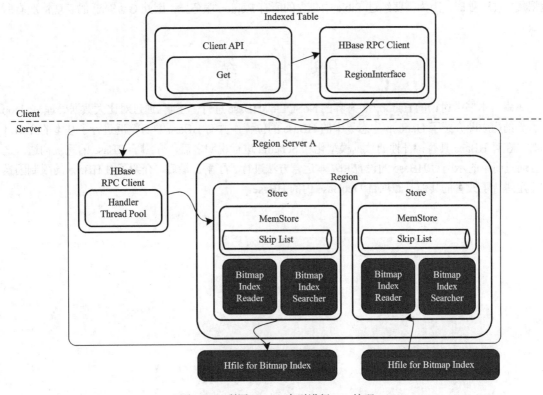

图 9-18　利用 bitmap 索引进行 Get 处理

如上文所述，当 Region 的大小增加到足够大时，Region 将自动分解。分解过程中将生成子 Region，实际的存储文件不会进行分解，因此可以使用 reference 使用多个 Region。Bitmap 索引信息也不需要进行分解，在同一 block cache 中处理时需要避免 Bitmap Index Meta Block 间发生冲突。Region 服务器进程终止后，如果其他的 Region 服务器需要处理终止的 Region 服务器中的 Region，HLog 将按照 Region 类别进行分离。分离后的 HLog 被分配到多个 Region 服务器中，各日志将被 reply。reply 时，因为存储到 MemStore 中，如果尺寸过大将发生 flush，并生成存储文件，Bitmap 索引也随之生成。因此在发生故障的情况下，不需要对 bitmap 索引进行特别处理。

在 MemStore 中添加数据或更改数据时，会发生 rowkey 的排序。因为没有关于值（value）的排序，因此通过 B+Tree 进行索引。随着 B+Tree 数据的增加，内容使用量增大的问题随之发生，如果使用 Memstore，当超过一定大小时（基本为 128M）会存储为 HFile，所以在使用上没有问题。因为如果用 HFile 进行存储会生成新的 bitmap 索引。实际的存储只会存在于最下端，因此搜索需要经历一定的时间。

使用 Tree 后，在发生修改和写入时，整体的 Tree 会进行锁定作业。在此情况下将无法进行读取或其他的存储，这成为了性能下降的原因。因此在 DuoBase.HBase 中，通过额外的锁定管理在对 Tree 进行移动的同时对需要的部分进行锁定，这过程通过基于 Trie 的 B+Tree 实现。

DuoBase.HBase 中提供的 Column 索引方式与 HBase 中提供的 Row Key 的索引方式不同。它通过内部的增加来对某些部分进行更改和构建，而不是额外的添加索引 Table。这种方式比起对 Table 整体进行扫描搜索的方式，可以保障更快速的关于 Key-Value 中的值（Value）的性能。同时，在空间角度上，也比额外创建索引 Table 的方式具有更明显的优势。在进行搜索时，因为需要在多个 Region 服务器中执行，当数据散布在多个 Region 服务器中的情况下，可以很快的收集结果并呈现结果。反之，在数据集中在一处时，因为需要经过 Table 中包含的所有 Region 服务器，因此 Get/Scan 的表现情况有所欠缺。

9.9 小　　结

本章对本书中讨论的 Hadoop 生态界的 NoSQL 即 HBase 进行了了解。通过对比大数据处理 Hadoop 生态界的构成图介绍了 Hadoop 生态界中的 HBase 的位置，并对 HBase 自身情况进行了基本的介绍。同时，在对 HBase 具有特征性的数据模型化和 Schema 进行说明之后，介绍了 HBase 的系统构造。之后，通过简单的示例对 HBase 的设置和基本运营方法进行了了解。最后，介绍了对 HBase 的限制因素和不足进行了改善的其他开源项目 DuoBase 内的 HBase。